数字油藏理论与实践

李功权 著

中国地质大学出版社
ZHONGGUO DIZHI DAXUE CHUBANSHE

内 容 提 要

本书主要阐述了数字油藏建设所关联的关键技术，详细说明了数字油藏建设的解决方案。结合现场实例，按照数字油藏建设思路，阐述了数字油藏的数据管理、地质知识库的获取与管理、空间数据挖掘、油藏实体重构、油藏实体可视化的基本原理和方法。

本书可作为高等学校石油地质专业教学参考书籍，也可供地球物理勘探、地球物理测井、油气田开发等相关专业师生以及广大生产和科研单位的石油地质工作者参考，也可以为油田信息化建设者提供参考。

图书在版编目(CIP)数据

数字油藏理论与实践/李功权著．—武汉：中国地质大学出版社，2014.3
ISBN 978-7-5625-3397-9

Ⅰ.①数…
Ⅱ.①李…
Ⅲ.①油藏-高等学校-教材
Ⅳ.①P618.13

中国版本图书馆 CIP 数据核字(2014)第 081546 号

数字油藏理论与实践 　　　　　　　　　　　　　　　　　　　李功权 著

责任编辑：李 晶	选题策划：张晓红	责任校对：周 旭

出版发行：中国地质大学出版社(武汉市洪山区鲁磨路388号)　邮政编码：430074
电　　话：(027)67883511　　传真：67883580　　E-mail:cbb@cug.edu.cn
经　　销：全国新华书店　　　　　　　　　　　　http://www.cugp.cug.edu.cn
开本：787毫米×1092毫米 1/16　　　字数：416千字　　印张：16.25
版次：2014年3月第1版　　　　　　　印次：2014年3月第1次印刷
印刷：武汉教文印刷厂　　　　　　　　印数：1—500册
ISBN 978-7-5625-3397-9　　　　　　　　　　　　　　　定价：68.00元

如有印装质量问题请与印刷厂联系调换

前言

地下油藏,作为石油勘探开发的首要目标,一直得到了石油研究工作者的极大重视,其描述方法与技术随着石油工业的发展而兴起,随着解决油气田勘探开发所面临的实际问题而得到了长足发展。最典型的代表技术是油藏描述和储层表征。

油藏描述技术是对油藏进行定性、定量描述和评价的一项综合研究的方法和技术,是对油藏的各种特征进行三维空间的定量描述、表征甚至预测。该技术从最初的斯伦贝谢公司在20世纪70年代末提出的以测井为主体的油藏描述,发展为利用地震、测井、地质等多学科协同研究油藏的地质特征。其理论基础是沉积学、构造地质学、储层地质学和石油地质学等地质学学科理论,其手段是最大限度地应用计算机各种技术,综合运用地质、地震、测井和试油、试采等多种信息。其任务是弄清油藏的构造特征,沉积相(微相)的类型和展布,储层的几何形态和大小,储层物性参数分布规律和非均质性及其微观特征,油藏内流体的性质和分布,计算其地质储量,进行油藏综合评价。其最终成果是建立反映油藏几何形态及其边界条件,储集及渗流特征、流体性质及分布特征的三维或四维油藏地质模型。目的是对油藏进行数值模拟,合理选择开发方案,改善开发效果,为提高石油采收率提供充分可靠的依据。

储层表征是指定量确定储层的性质(特征)、识别地质信息及空间变化的不确定性过程,其地质信息应包含两个要素:①储层的空间特性,即储层在空间上的几何特征——三维空间中岩性的变化或延伸范围;②储层的物理特征,主要是指某一储集体内部物理特性(孔、渗、饱)的不均一性(非均质性)。前者重点是研究储层的沉积相(微相)及其在空间中的展布,后者的核心内容是储层的内部物性,尤其是孔、渗、饱在储层内部、层间及平面上的分布特点。由于抽样、算法等的限制导致对油藏特征认识的不确定,需要采用多个模型而不是一个模型来描述其不确定性。

从油藏描述到储层表征，这两者之间没有明显区分的界限。从研究内容方面看，似乎油藏描述以建立油藏静态地质模型为目标，而储层表征侧重建立油藏的预测模型，为油藏的开发服务，但本质上是一致的，只是在研究的尺度上有所差别，都具备多学科融合、软件集成化、方法定量化、成果可视化和数据管理一体化的特点。虽然这些技术解决了油藏勘探开发中的诸多问题，但随着油气田的勘探与开发所面临的地质问题日趋复杂。勘探进入到复杂地质条件领域，油藏开发则进入了中高含水期，勘探与开发的阶段性日趋模糊，多源多尺度数据的有效整合，油藏管理的快速决策，这都需要当前工作流程的重构，数字油藏则随之应运而生。

伴随着数字油田概念的提出，数字油藏也已经不是新鲜事物，但迄今为止，数字油藏还没有一个明确的定义。基于笔者的认识，数字油藏是以地质综合研究为基础，以计算机技术为工具，以地质统计学和各种智能算法为核心，最大限度地整合地质、地震、测井、试油试采和动态生产资料，对油藏从宏观到微观的多层次、多尺度的展现，实现油藏研究与管理的一体化，从而为互动性、实时性、反复性和直观性决策提供支持。数字油藏为决策人员提供有效的协同决策工具，可以为这些决策支持提供快速、全面、扎实、准确的综合研究基础，提供丰富、动态、实时、生动的知识环境，把决策流程变成多学科的互动、并行的工作流程，真正实现决策过程的互动性、实时性、反复性和直观性，进一步提高决策水平。因此，把与油田开发生产相关的各项技术集成在数字油藏框架范围内，在项目研究过程中能够有效地提升研究成果的质量，在决策过程中能帮助决策者更好地发挥自身综合优势，不断扩大数字油藏在油田生产中应用的宽度和广度。

根据作者的认识，本书分为10章。第一章提出了本书的主要研究目标、内容、研究思路。第二章探讨了数字油藏的解决方案。第三章分析了油藏数字化的数据需求、数据特点及应用需求，阐述了其数据管理方式空间数据仓库技术。第四章分析了储层地质知识库的基本内容及建立步骤，讨论了储层知识的分类，提出了储层地质知识库的组织方式、储层地质知识库的构建方法以及储层地质知识库在储层建模中的应用机制。第五章首先分析了油气储层建模中数据挖掘的目的和任务，根据储层建模流程，探讨其研究内容及应用时机，在对其数据挖掘对象特点的剖析之后指出储层建模中常用的空间数据挖掘方法，研究其数据挖掘可能获得的知识类型、一般步骤及应注意的问题。第六章油藏实体重构技术。第七章油藏的可视化。第八章数字油藏平台的构建。第九章以吐哈油田温西一区块作为研究实例说明了数字油藏的整体过程。第十章是结论与展望。

这些内容是笔者多年工作的总结,在此期间,得到了长江大学张昌明教授、陈恭洋教授等的帮助与指导!从他们身上学到了人生中宝贵的财富,使得本人得以在储层表征领域开展较全面的研究。还要感谢长江大学地球科学学院地理信息系刘学锋博士、吴东胜教授和李少华教授等,工作中的交流让我获益匪浅,在此一并感谢。

数字油藏涉及到的学科多,需要的知识面广。由于作者水平有限,书中难免会出现遗漏之处,希望得到广大同仁的批评指正。

笔 者

2014 年 2 月

目 录

第一章 绪言 (1)

第一节 选题背景及研究意义 (1)
第二节 数字油藏的国内外研究现状、发展趋势及存在的问题 (3)
一、数字油藏的研究现状 (3)
二、数字油藏软件的研究现状 (4)
三、油气储层表征的发展趋势 (6)
第三节 空间信息科学技术在油气勘探开发中的研究现状 (7)
一、GIS 的应用现状 (7)
二、GIS 的发展趋势及存在的问题 (8)
第四节 研究内容及目标 (9)
第五节 研究思路及全书结构 (10)
一、研究思路 (10)
二、全书结构 (10)
第六节 小结 (13)

第二章 数字油藏的可行性及其解决方案 (14)

第一节 数字油藏的目的 (14)
第二节 数字油藏工作流程及特点 (14)
一、数字油藏流程分析 (14)
二、数字油藏特点 (22)
三、影响数字油藏的主要因素 (22)
第三节 空间信息科学的关键技术 (23)
第四节 GIS 在数字油藏中的作用 (25)
第五节 数字油藏的实现途径 (26)
第六节 数字油藏系统分析 (27)
一、数字油藏系统的功能需求 (27)
二、数字油藏系统的设计目标 (28)
三、数字油藏系统的解决方案 (29)

第七节 数字油藏系统的整体规划 ………………………………………………… (30)
　　一、数字油藏系统的设计思路 …………………………………………………… (30)
　　二、数字油藏系统的总体架构 …………………………………………………… (31)
第八节 小结 ………………………………………………………………………… (32)

第三章 数字油藏的数据管理模型 ……………………………………………… (33)
第一节 油气勘探开发数据管理现状及问题 ……………………………………… (33)
　　一、油气勘探开发数据管理的研究现状 ………………………………………… (33)
　　二、数字油藏的数据管理问题 …………………………………………………… (34)
第二节 油藏的数据分析 …………………………………………………………… (34)
　　一、数字油藏的数据需求 ………………………………………………………… (34)
　　二、油藏中的地质对象 …………………………………………………………… (35)
　　三、数字油藏的数据特点 ………………………………………………………… (40)
　　四、数字油藏数据管理的应用需求 ……………………………………………… (40)
第三节 空间数据仓库的基本特征 ………………………………………………… (41)
第四节 数字油藏空间数据仓库的设计 …………………………………………… (42)
　　一、空间数据仓库的概念模型 …………………………………………………… (42)
　　二、空间数据仓库的逻辑模型 …………………………………………………… (43)
　　三、空间数据仓库的物理模型 …………………………………………………… (45)
第五节 数字油藏的数据管理解决方案 …………………………………………… (47)
第六节 小结 ………………………………………………………………………… (49)

第四章 油气储层地质知识库 …………………………………………………… (50)
第一节 储层地质知识的研究方法 ………………………………………………… (50)
　　一、露头或现代沉积调查方法 …………………………………………………… (51)
　　二、沉积过程模拟方法 …………………………………………………………… (53)
　　三、开发成熟区的密井网解剖方法 ……………………………………………… (56)
　　四、三种方法的对比 ……………………………………………………………… (57)
第二节 储层地质知识库的基本内容和建库步骤 ………………………………… (58)
　　一、储层地质知识库的基本内容 ………………………………………………… (58)
　　二、储层地质知识库的建库步骤 ………………………………………………… (60)
第三节 储层地质知识类型 ………………………………………………………… (61)
第四节 储层地质知识的组织方式 ………………………………………………… (62)

一、知识库与数据库的对比 ………………………………………………………… (62)
　　二、储层地质知识库的建立 ………………………………………………………… (63)
　第五节　储层地质知识的应用机制 …………………………………………………… (65)
　第六节　小结 …………………………………………………………………………… (66)

第五章　数字油藏中的空间数据挖掘技术 …………………………………………… (67)
　第一节　数字油藏中数据挖掘的目的和任务 ………………………………………… (67)
　第二节　数字油藏中数据挖掘应用条件 ……………………………………………… (67)
　第三节　数字油藏中数据挖掘对象的类型及其特点 ………………………………… (69)
　　一、数字油藏中数据挖掘对象的类型 ……………………………………………… (69)
　　二、数字油藏中数据挖掘的特点 …………………………………………………… (70)
　　三、空间数据挖掘方法分类 ………………………………………………………… (71)
　第四节　常用空间数据挖掘方法 ……………………………………………………… (72)
　　一、空间分析方法 …………………………………………………………………… (72)
　　二、三维可视化方法 ………………………………………………………………… (72)
　　三、人工神经网络的沉积微相识别方法 …………………………………………… (73)
　　四、统计分析方法 …………………………………………………………………… (76)
　　五、支撑向量机(SVM)的储层参数预测 …………………………………………… (76)
　第五节　数字油藏中数据挖掘的一般步骤 …………………………………………… (84)
　第六节　数字油藏中数据挖掘应注意的问题 ………………………………………… (86)
　第七节　小结 …………………………………………………………………………… (87)

第六章　油藏实体重构技术 …………………………………………………………… (88)
　第一节　井眼轨迹重构 ………………………………………………………………… (88)
　第二节　断层面重构 …………………………………………………………………… (91)
　　一、Fault Sticks 的断层面的创建方法 …………………………………………… (91)
　　二、从断层多边形创建断层 ………………………………………………………… (92)
　　三、从离散点创建断层 ……………………………………………………………… (94)
　　四、直接创建断层 …………………………………………………………………… (95)
　　五、断层面拟合 ……………………………………………………………………… (98)
　第三节　层面重构 ……………………………………………………………………… (99)
　　一、断层约束的插值方法 …………………………………………………………… (99)
　　二、层面的创建 ……………………………………………………………………… (101)

第四节 三维储层的重构 ...... (102)
　　一、变差函数的含义和理论模型 ...... (103)
　　二、地质统计学插值方法 ...... (104)
　　三、随机模拟原理 ...... (107)

第五节 重构的不确定性因素 ...... (112)
　　一、数据尺度和体积变化引起的不确定性 ...... (112)
　　二、构造模型的不确定性 ...... (113)
　　三、测井曲线粗化和细分层引起的不确定性 ...... (113)
　　四、储层建模的不确定性 ...... (115)
　　五、不确定性的级次 ...... (116)

第六节 三维储层模型的优选 ...... (116)
　　一、生成储层模型的整体表示 ...... (116)
　　二、三维储层模型的优选原理 ...... (117)
　　三、三维储层模型的优选流程 ...... (122)

第七节 小结 ...... (125)

第七章 油藏的可视化 ...... (126)

第一节 油藏可视化的需求分析 ...... (126)
　　一、可视化的应用需求 ...... (126)
　　二、可视化的功能需求 ...... (127)
　　三、可视化软件包的选择 ...... (127)
　　四、实现方法 ...... (129)

第二节 空间数据结构 ...... (129)
　　一、基于面表示的数据结构 ...... (130)
　　二、基于体表示的数据结构 ...... (132)
　　三、混合数据结构 ...... (133)

第三节 油藏的可视化技术 ...... (133)
　　一、散乱数据场的可视化 ...... (133)
　　二、常用体绘制技术 ...... (133)
　　三、地震数据体的可视化 ...... (138)
　　四、油藏数值模拟模型的可视化 ...... (140)

第四节 交互技术 ...... (145)

  一、三维交互技术 ……………………………………………………………………… (145)
  二、体数据的抽取 ……………………………………………………………………… (146)
  三、水平切片的交互技术 ……………………………………………………………… (148)
  四、层面交互编辑 ……………………………………………………………………… (148)
 第五节　数据的集成展示 ………………………………………………………………… (149)
  一、层位的集成展示 …………………………………………………………………… (150)
  二、井筒集成 …………………………………………………………………………… (150)
 第六节　小结 ……………………………………………………………………………… (151)

第八章　数字油藏系统的开发技术 ………………………………………………………… (152)
 第一节　数字油藏系统的开发方法及思路 ……………………………………………… (152)
  一、开发方法 …………………………………………………………………………… (152)
  二、开发思路 …………………………………………………………………………… (154)
 第二节　系统分析 ………………………………………………………………………… (155)
  一、功能分析 …………………………………………………………………………… (155)
  二、设计目标 …………………………………………………………………………… (156)
  三、系统数据需求 ……………………………………………………………………… (157)
  四、系统体系结构分析 ………………………………………………………………… (157)
 第三节　系统功能模块划分 ……………………………………………………………… (158)
  一、数据管理功能 ……………………………………………………………………… (159)
  二、图形编辑功能 ……………………………………………………………………… (160)
  三、查询、统计与分析功能 …………………………………………………………… (160)
 第四节　系统开发所需要的关键技术 …………………………………………………… (161)
  一、面向对象方法及组件开发技术 …………………………………………………… (161)
  二、SQL Server 2008 开发技术 ……………………………………………………… (164)
  三、常用地质图件的编制方法 ………………………………………………………… (165)
  四、模板思想 …………………………………………………………………………… (168)
  五、储层模型的动态更新 ……………………………………………………………… (169)
 第五节　系统总体设计 …………………………………………………………………… (169)
  一、系统设计思想 ……………………………………………………………………… (169)
  二、系统设计目标 ……………………………………………………………………… (170)
  三、系统设计原则 ……………………………………………………………………… (170)

  四、系统总体结构设计 ………………………………………………………… (170)

  五、系统数据库设计 …………………………………………………………… (171)

  六、系统用户界面设计 ………………………………………………………… (172)

 第六节 系统功能组件设计与实现 ……………………………………………… (173)

  一、平面图组件 ………………………………………………………………… (174)

  二、单井图组件 ………………………………………………………………… (174)

  三、连井剖面图组件 …………………………………………………………… (175)

  四、三维可视化组件 …………………………………………………………… (176)

  五、常规图绘制组件 …………………………………………………………… (177)

  六、专业算法组件 ……………………………………………………………… (177)

 第七节 软件成果展示 …………………………………………………………… (179)

  一、主界面 ……………………………………………………………………… (179)

  二、井位图 ……………………………………………………………………… (180)

  三、单井图 ……………………………………………………………………… (181)

  四、连井剖面图 ………………………………………………………………… (183)

  五、三维图 ……………………………………………………………………… (184)

  六、统计分析 …………………………………………………………………… (184)

  七、空间数据挖掘 ……………………………………………………………… (189)

  八、储层模型优选 ……………………………………………………………… (190)

 第八节 小 结 …………………………………………………………………… (191)

第九章 应用实例 ……………………………………………………………………… (192)

 第一节 温西一区块油藏概况 …………………………………………………… (192)

  一、构造特征 …………………………………………………………………… (192)

  二、油层划分 …………………………………………………………………… (193)

  三、勘探开发简况 ……………………………………………………………… (193)

 第二节 储集砂体划分与对比 …………………………………………………… (194)

  一、基准面旋回的确定 ………………………………………………………… (194)

  二、地层等时对比及地层格架 ………………………………………………… (197)

 第三节 沉积微相分析 …………………………………………………………… (200)

  一、三间房组沉积微相特征 …………………………………………………… (200)

  二、沉积微相的分布特征 ……………………………………………………… (202)

三、沉积演化特征 …………………………………………………………（203）

第四节　储层分布特征 ………………………………………………………（207）
　　一、砂体纵向分布特征 ……………………………………………………（207）
　　二、砂体横向分布特征 ……………………………………………………（207）

第五节　储层非均质性研究 …………………………………………………（215）
　　一、层内非均质性 …………………………………………………………（215）
　　二、层间非均质性 …………………………………………………………（217）

第六节　储层地质知识的提取 ………………………………………………（217）
　　一、储层分布知识 …………………………………………………………（217）
　　二、数据挖掘在储层地质研究中的应用 …………………………………（218）

第七节　地质知识约束的地层格架模型的建立 ……………………………（222）

第八节　储层属性模型的建立 ………………………………………………（225）
　　一、模拟网格的定义 ………………………………………………………（225）
　　二、纵向分旋回 ……………………………………………………………（225）
　　三、储层属性模型的建立 …………………………………………………（226）

第九节　模型优选 ……………………………………………………………（231）
　　一、温西一区块开采特征 …………………………………………………（231）
　　二、模型优选方案 …………………………………………………………（233）
　　三、模型优选分析 …………………………………………………………（233）
　　四、参数敏感性分析 ………………………………………………………（235）

第十节　小结 …………………………………………………………………（237）

第十章　结论与展望 …………………………………………………………（238）
　　一、取得的主要成果 ………………………………………………………（238）
　　二、本书的特色 ……………………………………………………………（240）
　　三、进一步的工作展望 ……………………………………………………（240）

主要参考文献 ………………………………………………………………（242）

第一章 绪 言

从油气储层表征的地位和作用出发,论述了其在建模步骤、模拟算法、建模软件开发和实际应用等方面的研究现状,讨论了其发展趋势及存在的问题。分析了与地理信息系统相关的数字化技术在石油工业中的应用现状及其存在的问题,指出了该技术在储层表征中的作用。在此基础上提出了本选题的主要研究目标、内容、研究思路和本书的结构。

第一节 选题背景及研究意义

油气储层表征是贯穿油气田勘探开发各个阶段的一项基本工作。随着勘探和开发程度的不断提高,对油气田的认识程度也不断加深,许多易于被发现和认识的大油田已逐渐被发现和开发,而有待于进一步发现和认识的油气田的地质特征越来越复杂;另一方面,随着油气田开发的不断进行,面临着含水上升、产量递减等诸多生产实际问题。储层表征技术正是在这种条件下发展起来的,其核心是通过以地质统计学为主体的定量预测技术,尽量如实地刻画地下储层的真实特征,为油气田勘探、开发、井网部署和方案设计等一系列问题提供可靠的地质依据,以达到最好的经济效益。实践证明,要对油藏客观、全面地认识,最关键、最基础的一步就是油气储层的地质精细描述,在此基础上建立精细的、具有较强预测功能的定量储层地质模型,从而直接为油气田勘探、开发管理提供服务。

经过十几年的努力,国内外许多科研工作者从各个学科的角度研究了数字油藏,提出了一系列理论和方法,开发了一些软件,取得了一些认识和成果。特别是在数字油藏的方法上得到了广泛深入的研究。由于地质过程是一个多样化的、复杂的过程,这就决定了数字油藏是一个反复的过程,而且需要的绝大部分资料是间接的、多学科的、不同尺度的。而目前不同学科研究技术和软件相互独立,造成项目资料管理停留在纸介质的报告、图件以及简单的数据文件、表格上,致使资料查找费时费力、加工处理困难、基础资料整理工作繁重、多学科之间的协同研究难以实现等一系列问题;综合储层地质研究工作缺乏高效的辅助工具,导致研究成果和原始数据之间缺乏高效的互动反馈机制,在已有的研究成果中补充新资料和信息极为困难,无法在应用全部的资料上得出合理的解释和判断,致使研究周期漫长。可见,目前的数字油藏技术没有与储层的地质精细描述工作有机地融合起来,无法满足油气田勘探开发生产快速、高效、准确的要求。

空间信息科学(GIS)是在 20 世纪 60 年代兴起和发展的地理信息系统的提升和拓展。近年来,随着计算机技术的飞速发展,GIS 技术也得到了迅猛发展。其方便快捷的多源数据采集与编辑功能、强大的数据处理与空间数据管理功能、独具魅力的多种空间分析方法,以及直观的图形交互显示功能等,广泛应用于城乡规划、资源评价、环境管理、宏观决策、灾害预测、作战指挥以及全球性问题等社会生活的各个领域。在矿产资源的勘探开发方面,GIS 亦愈来愈多地为世界各国地质调查部门所采用,并在区域地质调查、区域矿产资源与环境评价、矿产资源与矿权管理中发挥越来越重要的作用。许多地学工作者对 GIS 在地学中的应用作了探讨,并有不少成功的实例见于报端。然而,在多数情况下的现状是:由于纯 GIS 专业领域的研究人员对地学知识的了解相对缺乏,对有着广阔发展前景的 GIS 在地学中的应用关注相对较少;地学领域的专家又由于缺乏计算机及 GIS 等方面的相关知识,无法将 GIS 与地学领域的专业知识有机结合来解决地学领域的专门问题。可见,开展这两个领域之间的交叉与融合研究有极大的理论和实践意义。

数字油藏的基本对象是客观存在的地下储层,是具有确定空间位置的客观实体。数字油藏的各项研究内容明显都与特定的空间位置相关联。从 GIS 技术的角度看,开展数字油藏的过程实际上可以看作是一个空间数据分析、挖掘和知识发现的过程。将 GIS 技术与数字油藏技术的融合,明显具有如下优势:①利用 GIS 的数据采集、管理功能,可以将数字油藏的各种基础数据、研究成果甚至各领域的专家知识录入到计算机,采用空间数据库和属性数据库进行统一管理,各领域专家及相关决策部门可以通过对空间数据库的访问来提取相关信息;②利用 GIS 的强大空间分析功能,可以对油气储层空间数据库中的数据进行挖掘及知识发现提供支持,当然该过程是在储层地质知识约束下的空间分析过程。可见,数字油藏的相关问题都可以借鉴 GIS 的相关理论开展分析研究。然而,面向大众的 GIS 平台软件通常提供的是一些通用的空间分析模型,无法满足数字油藏的所有需求。但是利用目前出现的组件式 GIS 平台,可以把数字油藏方法做成独立的组件,耦合到通用的 GIS 软件平台中去。

鉴于此,在全面分析了数字油藏的表征研究现状以后,本书着眼于:①数字油藏与信息技术两个学科的交叉与融合,力图将油气储层表征的整个过程置于数字环境中开展分析研究,探讨在 GIS 支持数字方式下的油气储层表征的可行性以及实现方法,提出数字油藏系统的解决方案;②把 GIS 中的通用功能与数字油藏集成,构建数字油藏研究的数据管理平台,解决数字油藏过程中的效率问题;③加强储层地质精细描述研究与数字油藏过程的融合,试图总结油气储层地质知识的获取、管理方法,从而提高数字油藏的知识水平;④扩展 GIS 平台的可视化和数据挖掘功能,提高数字油藏的实用性。开展上述研究工作有着重要的理论和实践意义。

(1) 基于 GIS 的数字油藏是 GIS 与数字油藏理论的结合,无论对于 GIS 领域,还是对于数字油藏领域,无疑都是一个创新性尝试。

(2) 探索基于 GIS 的数字油藏的实现途径和解决方案,将为 GIS 在油气田勘探开发领域提供一个成功的案例,也为 GIS 的研究与应用提供一个有效的方法。

(3) GIS 中强大的空间数据管理能力、空间分析能力将为数字油藏提供有力的工具,丰富了数字油藏的内涵和外延,为油气储层地质精细描述和数字油藏两个环节提供有力的辅助工具,并合二为一,极大地提高了油气储层表征的效率,满足油气田勘探开发的需要。

(4) 把数据库、空间数据挖掘技术、数字油藏方法库和知识库统一起来。一方面,可以有效地提高数字油藏的计算机自动化水平;另一方面,整合了专家知识的储层模型更加精确。

第二节　数字油藏的国内外研究现状、发展趋势及存在的问题

数字油藏技术融合了沉积学、石油地质学、地球物理学、油层物理、油藏工程、计算机图形学等多学科理论与技术,其主要目的是预测储层物性在多口井之间的分布。其资料也来源于多学科的数据和知识,其预测手段是地质统计学技术,其交流工具是三维可视化技术,其表现形式是定量的三维储层精细地质模型。

一、数字油藏的研究现状

与储层随机建模相关的第一篇论文出现在1984年,介绍了在油田尺度下的泥岩模型的建立方法,但这方面的研究在1990年以后才得到开展和重视,提出了开展储层建模工作的六大理由:①缺乏各种尺度下有关储层的空间分布、内部结构和岩性变化资料;②储层成因单元或相带具有复杂的空间组合;③难以掌握岩性和物性参数随空间位置的变化规律;④不清楚储层参数值与所代表的岩石体积大小之间的关系;⑤静态资料比动态资料要多;⑥方便、迅速。在此之前,地质统计学主要用于插值和固体矿产的储量计算。

储层表征是在确定性储层上的随机性表征。其确定性是指地下储层及其属性是客观存在的,但由于取样条件等诸多因素的限制导致人们主观认识上的随机性。这并不是意味着地下储层是不能认识的,而是应该遵循储层形成及其演化的地质规律。可见,数字油藏过程也就必须从地质研究流程出发,因而数字油藏过程必须遵循一个步骤。Damsleth等提出了两步建模步骤:第一步建立相分布模型;第二步是在相边界控制下建立不同相(微相)的岩石物性模型。其基本思想是同一沉积微相或岩相内具有相近的岩石物理性质,在相同的沉积微相内建立岩石物性分布参数、分布模型会较大地提高预测精度,也就是常说的相控建模。Weber K J、Petit F M等进一步提出了建立储层随机地质模型的三步建模步骤:建立构造模型、沉积微相模型和相控下的岩石物性模型。

1. 地层格架模型

精细的地层格架模型是开展数字油藏工作的基础,主要是由地层层面和断层面所组成。在勘探阶段,正确认识地层和断层面在空间中的相互关系是认识和理解储层沉积、演化的关键,研究断层的时空演化、封堵性是研究油藏的成藏时间、规模的有力武器。在油田开发的中后期,数字油藏中小断层的识别、断层对流体流动的影响、开展微构造研究是寻找剩余油均需要研究的问题。

在建立地层格架模型的过程中,只有井资料和地震资料可以利用。根据高分辨层序地层学原理,对研究区从单井分析到剖面对比,然后进行全区对比,建立起研究区的地层框架。这是在开发阶段主要采用的办法;在勘探阶段,井资料较少,只有依靠地震构造解释,当然这也得依靠井资料进行标定,其纽带是时深关系。速度是地震中最棘手的问题,建立起高精度的速度场是比较困难的。如何根据井上的时深关系,利用地震构造解释的成果-时间层面,得到深度域的地层格架模型就成了许多研究人员的目标,Abrahamsen P等利用地质统计学办法研究了时深转换的方法,但这些研究的前提是认为时间与深度为线性关系,这还需要进一步的研究。

2. 岩相（微相）模型

岩相模型必须在已经建立好的地层格架模型中实现，目前主要有两种方法：一种是基于对象的方法；另一种是基于网格的方法。第一种方法往往适用于河流相的沉积体系，主要有Bool模拟、示性点过程、马尔可夫贝叶斯模拟。第二种方法一般在三角洲沉积体系中较常使用，模拟方法有序贯指示模拟、截断高斯模拟等。当相在空间中的分布有很大的随机性且少有高阶的连通性时，序贯指示模拟特别有用；截断高斯模拟由于只有一个变差函数，所以缺乏序贯指示模拟的灵活性，但能表征相在空间中的自然组合。需要注意的是，基于网格的模拟方法常常会产生一些小尺度内的空间变化，这种现象在实际的地质现象中是不存在的，因此需要做一个低通过滤，以便更符合实际情况，也有助于以后的油藏数值模拟。

3. 储层属性模型

储层属性模型包括孔隙度、渗透率、含油饱和度等，在每个微相类型中分别进行模拟，然后组合。这些连续变量的模拟往往采用基于高斯的方法，在模拟孔隙度时还可以整合地震资料，在模拟渗透率时也可以把孔隙度作为约束条件；还有一种方法是采用序贯指示模拟，这就要求在模拟连续变量时通过一系列门槛将其离散化，在每一个门槛内考虑其空间变化模式来进行估计或模拟，这种方法明显的优点是可以整合非线性的软数据；第三种方法是模拟退火，其模拟过程就是追求一个最优的过程，可以整合一般方法不能处理的数据，但其非常耗时，还决定于模拟参数的精细调整，否则很难达到理想中的效果，这也是它在实际应用中很少使用的主要原因。

在物性模型的建立过程中，建立渗透率模型是最困难的，常常是通过油藏数值模拟中的历史拟合来修正储层模型中的渗透率模型，而这种办法得到的渗透率模型只是答案之一。这样，许多研究工作者考虑在建立渗透率模型中整合各种动态资料，如试井资料、DST、生产资料等。

除这些传统的方法以外，还有许多非线性优化算法，如人工神经网络、模糊逻辑、遗传算法以及它们相互结合的算法。

4. 模型优选

储层模型建立的目的是为了量化油藏动态的不确定性，建模的结果产生了许多等概率的、井间储层属性不确定的储层模型。储层模型网格大小由原始数据测量尺度决定，如由岩芯和测井得到的流动属性的测量尺度相对很小，需要在模型中用小尺度的网格块来再现，这样就导致网格数目非常之大，一般达到了几百万个网格，即使在粗化以后，油藏数值模拟也要面对所建立的许多实现模型，所以有必要对模型实现进行排队。一般有3种方法：第一种是使用简单的流动模拟技术，但这种方法过于简单，一般很少使用；第二种是用井间示踪剂流动的数值模拟技术；第三种是经常使用的油藏数值模拟技术，这种方法费用高，时间长，计算量大。一般在挑选好模型以后使用，是目前常用的方法。

二、数字油藏软件的研究现状

在国内见到的第一套成熟的商业化产品是20世纪90年代初期引入的由美国DGI公司开发的Earth Vision，该软件具有很强的三维可视化功能，但该软件的主要开发人员是从事计算机图形设计的工程师，因此在地质统计学方面功能较弱，而且受当时硬件条件的限制，只能运行于SGI公司的UNIX图形工作站上，但该软件对于国内三维地质建模工作的启动和发展发挥了重要的作用。隶属于法国石油研究院的 Beicip Franlab 公司在 20 世纪 90 年代早期推出了基于 VPC 计算方法的地质建模软件 Heresim，该软件不仅具有独特的建模方法，还可以分沉积相带分别进行模拟计算，其地质思路深受一些地质专家的欣赏，但由于该系统在用户界面上不太友好，使用起来难度较大，没有得到广泛应用。归纳起来，属于随机模拟方面的软件主要有：美国 Strata Model 公司研制的地质模型计算机系统软件(SGM)、英国 BP 研究中心研制的储层综合表征系统软件(SIRCH)。属于条件模拟方面的软件主要有：美国斯坦福大学研制的三维多指示条件模拟软件(ISIM 3D)、美国新墨西哥矿业技术学院研制的用于储层对比的系统软件(TUBA)、荷兰皇家壳牌集团公司研制的储层三维连通性和构形的"君主"软件(MONARCH)。属于智能模拟的软件主要是加拿大 GEOSTAT 系统国际公司和 McGILL 大学联合研制的智能模拟或专家系统软件(GEOSTAT)，该软件具有地质解释中的专家经验和知识，可对储层地质特性进行模拟和立体化定量显示，这些软件在中国市场很少见到。

石油行业两个最大的软件开发商 Landmark 和 Schlumberger 也都开发了自己的地质建模软件。Landmark 的 Stratamodel 虽然具有其他同类软件的绝大部分功能，但没有明显的特色。Schlumberger 的 Property 3D 是最早将 Fluvsim 算法商品化的商业软件，但在其他方面同样没有什么特色，而且只能使用矩形网格。这两个产品只能运行于 UNIX 操作系统，也没有得到广泛使用。

目前国外已开发出一系列较为成熟的储层模拟软件。在地质建模软件中影响较大，评价普遍较高的是挪威 Roxar 公司的 RMS。在早期，该系统的模拟计算模块 Storm 就具有很高的评价。经过多年的不断发展，目前已经发展为比较全面的地质建模软件包，并从 UNIX 版本的基础上发展出 Windows 版本。该系统最突出的优点是属性模型计算和相分析方面功能十分齐全、强大，是现在普遍应用的数字油藏软件之一。

在所有三维地质建模软件中发展最快也最有潜力的是挪威 Technoguide 公司开发的 Petrel，现已被 Schlumberger 公司收购。该软件有 3 个最突出的优点：一是三维可视化技术十分优秀，交互功能十分强大，是目前市场上最为出色的；二是处理复杂断层的能力极强，而且精度很高，对于中国东部复杂断块油藏更具有实用意义；三是采用工作流程辅助，用户界面十分友好，极易掌握，有利于在生产单位的普及。

值得一提的还有 GOCAD 地质建模软件，由于该软件最初并不是为数字油藏设计的，因而地质建模功能强大，可以制作精细的构造模型，现在 GOCAD 也正向数字油藏方向扩展。Standford 大学的 Gslib 软件，作为免费的、源代码公开的软件，提供了许多储层随机模拟算法，但没有现在流行的图形化界面，使用不方便，但受到了研究人员的热烈欢迎。

国内目前已有少数单位和储层地质工作者尝试用地质统计学、分形几何学、常规条件模拟技术及随机建模等技术手段来研究储层的二维、三维数学描述和计算机模拟。国内具代表性的软件有：南海西部石油公司研究院研制的以克里格方法为核心、集绘图和计算油气储量于一体的综合软件(KCR 1.20)；北京石油研究院研制的分形几何软件和 Geomodeling 软件，已在大庆、塔里木、辽河、中原等油田推广使用；西安石油学院研制的地质统计学和随机建模软件(GASOR 1.0)；石油地球物理勘探局物探地质研究院研制的集综合地质、交互目标处理、测井分析、储层综合解释为一体的储层研究综合系统软件(IRSS)；海洋石油勘探开发研究中心研制的 PRES 储层条件评价人工智能专家系统。上述软件的研制、开发和应用，都为我国的数字油藏和模拟研究的不断深入起到了积极的推动作用。

三、油气储层表征的发展趋势

数字油藏技术已经发展了较长的时间。总体上看,地质统计学已经广泛应用到矿产勘查、油藏描述、环境评价、农业生产、水资源等多个领域。这些说明地质建模技术在数学方法上已经比较成熟。经过多年的不断努力和研究,目前油气储层随机模拟也取得了很大的进步。主要体现在以下几个方面。

(1)应用范围的不断扩大促进了该技术理论上的不断完善。一方面,由贝叶斯理论、分形理论、最优化理论、沉积学理论等产生的各种随机模拟方法,大大完善了随机建模的理论体系;另一方面,已有较多的学者从不同的角度对随机建模的步骤、要求进行了综合,使其更加系统化。

(2)数字油藏方法加强了多源数据的整合,从最初的整合地震资料,提高储层模型在平面上的分辨率,发展到整合测试资料和油田开发生产动态资料。

(3)随机建模理论的发展促进了应用的发展。随机建模技术在许多领域得到了广泛应用,同时促进了计算机数字油藏软件的迅速发展。

(4)各种地质统计方法相互融合,使地质统计学的分析处理更合理、更稳健。

随着研究的不断深入,数字油藏具有广阔的发展前景。在今后,油气储层随机模拟还会在以下方面得到发展。

(1)当前国内外数字油藏和模拟研究方面所具有的共同突出的特点及趋势是:从定性到定量,从宏观到微观,单学科与多学科相结合,传统方法与新技术、新理论相结合;将储层岩性的空间展布特性(宏观特征)和孔、渗、饱等物理特性(微观特征)相结合,采用一系列数学方法,利用计算机技术来实现储层在三维空间的立体静态显示和任意切片,甚至在四维空间实现立体动态显示、旋转和任意切片。

(2)理论研究将更加充实。结合现代科学技术,充分利用时空多元地质统计学和多元动态条件模拟技术的优势,增强现代地质统计学对多元信息的综合提取和合成能力。

(3)紧密结合相关学科技术的发展。人工智能是地质统计学今后的发展方向之一,加强现代地质统计学与专家系统、神经网络及人工智能之间的结合。加强软件的可视化研究,提高图形输出质量。

(4)加强地质统计学的实际应用研究,注意提高应用水平。不断研制、完善各种建模软件系统并使之商品化是发展地质统计学的重要组成部分。

(5)建立丰富的动静态数据库,露头、现代沉积类比知识库和油田地下地质知识库。

(6)认识到地质学家的地质基本功和预测是数字油藏的重要基础。随着计算机和各种新技术的不断发展,未来缺少的不是各种软件和硬件,而是具有丰富的地质经验,能对不同来源、不同资料类型全面合理使用和综合。

虽然随机建模技术解决了不少地质问题,并使有关区块的地质认识有所深化,但也存在一些问题。

(1)精细储层地质研究缺乏有效的技术手段。由于储层形成的复杂地质过程,储层模型精度的提高仅仅通过对一些模拟算法的研究是远远不够的,更多地应依赖于储层地质认识的程度和水平。目前虽然有一些相应的储层地质研究软件,要么是包含在一些其他专业软件中,要么自成体系,与数字油藏软件交流功能十分有限,导致了精细储层地质研究效率低下,数字油藏工作周期长。

(2)数字油藏的知识水平还有待提高。在数字油藏的过程中，需要计算许多地质统计学参数。如储层物性的变差函数参数，由于钻井位置的确定带有主观性，往往由此得到的计算结果过高估计了地下的实际情况，这就要求整合多学科研究成果，为数字油藏提供足够的储层地质知识。

(3)储层模型的准确性和精确性还无法完全满足油藏开发生产的需要。特别是在中国东部的复杂断块油藏中，如何解决构造和地层关系等基础工作中存在的问题、储层地质模型多个实现的优选问题、储层地质模型直接为油田开发服务等问题，需要更加注意基础数据和精细储层地质研究成果的可靠性和准确性。这方面的研究还不十分完善，需要进一步提高研究水平。

(4)数据质量的控制方法还要进一步研究。基础数据和精细储层地质研究成果的可靠性和准确性是建立三维储层地质模型的原材料，直接影响到三维储层地质模型的可靠性和实用性。但国内外的储层三维地质建模研究工作多数关注于模型计算过程中的计算方法、应用软件等方面。

(5)数字油藏软件非常之多，但和储层地质精细研究工作结合甚少，缺乏有效的数据管理方式。如现在流行的 Petrel 建模软件对数据的管理是文件方式，只是提供了多个接口进行数据转换，储层地质研究工作也只有地层对比功能。多数软件对储层知识库的有效利用考虑得还不充分；对随机模拟得到的多个实现分析和评价还不是很理想。

纵观这些问题，不外乎两个方面：一是数字油藏的效率，提高数字油藏的效率可以通过改变建模思路、利用计算机技术来实现；二是数字油藏的精度，应更多地依赖于储层地质精细研究工作。当前储层地质研究方法已十分丰富，如高分辨层序地层学方法、储层建筑结构要素方法、流动单元分析方法等，关键是如何把这些研究成果融合到数字油藏中去。

第三节 空间信息科学技术在油气勘探开发中的研究现状

一、GIS 的应用现状

作为处理空间地理信息的新技术兴起于 20 世纪 60 年代，世界上第一个地理信息系统是由加拿大测量学家 Tomlinson R F 于 1963 年提出并建立的加拿大地理信息系统(CGIS)，主要用于自然资源的管理和规划。随着计算机软、硬件技术的飞速发展，尤其是大容量存储设备的使用，促进了 GIS 朝实用的方向发展，各国政府投入了大量的人力、物力和财力，研制了大量的各具特色的地理信息系统。GIS 的空间数据管理、显示、处理与分析功能迅速增强。至 20 世纪 80 年代，GIS 逐步走向成熟，并在世界范围内全面推广，应用领域不断扩大。空间信息科学(geo-information science，简称 Geomatics)也随之形成。

GIS 在油气生产领域的应用起步较晚，20 世纪 90 年代，GIS 越来越多地被石油公司或地质部门所利用。从公开发表的文献来看，2000 年以前，AAPG 极少刊登 GIS 在石油与天然气勘探领域应用的学术论文，直到 2000 年，该协会才在其"计算机的地质学应用"专刊中编辑出版了《地理信息系统在油气勘探与开发中的应用》(*Geographic information systems in petroleum exploration and development*)一书，专门介绍 GIS 在油气勘探领域中应用的最新成果，极大地推动了 GIS 在油气勘探领域中的应用和推广。进入 21 世纪后，国外有关 GIS 在油气生产中应用的学术论文逐渐增多，而且其应用向油气勘探开发领域的更多分支学科渗透，应用于油气生产的各个方面，如油气田勘探开发管理、区域性油气资源评价与潜力分析、油气田勘探开发数据的集成管理和应用、油气田地面设施和管线的管理等。尤其是在 GIS 应用于油气勘探开发研究方面作了许多有益的尝试。Amoco 油田开发公司的 Barren K A 等应用 GIS 来重新评价 Port Hudson 油田的生产能力，展现了一个全新的、高效率的商业评价过程，实现了多学科研究成果、多种数据集和多种应用软件的整合，讨论了 GIS 应用于油气勘探的方法，指出勘探取得成功的关键是研究人员、数据资料和多种应用软件的整合，而 GIS 所具备的功能为这种多学科研究的整合提供了一种非常有效的途径，使研究人员可以共享信息，以新的方式分析数据和综合评价从而提高研究效率和成果的准确性。还有许多学者将 GIS 应用于储层裂缝预测、盆地烃源岩成熟度、区域性不整合面的描述、沉积盆地流体运移模拟以及盐丘特征的描述和模拟等方面的。

我国地理信息系统的发展起步于 20 世纪 70 年代，80 年代开始在土地利用、环境监测、城市规划等领域试验性应用。由中国地质大学吴信才教授组织开发的具有自主知识版权的地理信息系统软件 MapGIS 的早期版本 MapCAD，在 20 世纪 80 年代末就开始在地矿行业使用，但主要限于专题制图方面。进入 90 年代，随着 MapGIS 软件功能的不断完善，该软件的空间叠加、统计分析等功能逐渐被地矿行业的专业技术人员用于某些地质概念模型的求解，推动了 GIS 在地质行业的推广应用。在基于 GIS 的油气勘探开发应用研究方面，国内目前已有一些论文涉及，内容主要涉及基于 GIS 的石油勘探图形的显示与管理和油气资源评价等方面。叶德燎等人利用 GIS 的多源信息复合技术和空间分析功能，综合应用各种资料进行了油气成藏条件的时空配置研究。王红梅等讨论了海洋油气资源预测集成系统，应用 GIS 进行了海洋油气资源的远景评价。在油气勘探数据库建设方面，石油行业起步相对较早，很多学者如刘江梅、苟学敏等，探讨了将 GIS 引入油气勘探开发数据库建设的理论和方法，并取得了初步的成果。近年来，国内开发了一些具有一定 GIS 功能的油气勘探方面的专业软件，国内开发的油气勘探方面的专业软件已具有了一定的 GIS 功能，如侏罗纪公司的 GeoMap 和双狐公司的 DFDRAW，但尚未完全体现 GIS 与油气勘探专业软件融合的优势。胜利油田 1981 年就开始利用 SOCRATE 数据库管理井位数据、钻井数据、测井试油成果、测井解释成果、岩性地层分层等十几种地质数据，1990 年，完成了符合中国石油集团公司要求的数据库总体设计，目前，该数据库的建设已初具规模。与此同时，大庆油田、中原油田等油田企业也相继开发了能够满足本行业生产和科研要求的数据库，并在此基础上开发了油气田勘探、开发、信息管理、油气田地面建设等信息系统，为进一步开展基于 GIS 的油气勘探开发研究打下了基础。但 GIS 在国内油气勘探开发专题研究中的应用还处于起步探索阶段。

二、GIS 的发展趋势及存在的问题

地理信息系统技术的发展是与计算机技术的发展密切相关的。近几年来，随着计算机硬件技术、数据库技术、网络技术、多媒体技术、客户服务器技术的迅速发展，地理信息系统显现出如下发展趋势。

(1)"4S"的集成。将 RS(遥感)、GPS(全球定位系统)以及地面测量和调查资料作为数据来源和数据更新手段，将 GIS(地理信息系统)作为一种搜集、管理和分析这些空间数据的灵活、高效,具有交互性和可视性的环境与平台,以 ES(专家系统)作为实现管理与决策自动化的手段。

(2)与虚拟环境技术结合。虚拟环境(Virtual Environment)是指靠计算机系统建立的一种仿真数字环境,通过计算机将数字转换成图像、声音和触摸感受,从而为人们提供一个逼真的模拟环境,用户可通过人的自然技能来与此环境进行沟通、对话。地理信息系统与虚拟环境技术相结合,将虚拟环境技术带入地理信息系统,使地理信息系统更加完善。

(3)三维 GIS 与时空 GIS。现实世界中,物理实体具有三维几何特性,但是,目前大多数GIS 系统及其应用基于二维笛卡尔坐标,缺少管理、分析复杂三维实体的功能,难以满足地理科学以及相关学科研究三维空间特征的要求。三维空间数据模型、三维空间拓扑关系、数据内插、三维可视化、三维实体量测分析和多维图解模型等是目前三维 GIS 关注的主要问题。

(4)开放式 GIS。"开放和分布"是当今计算机发展的重要趋势,为实现地球资源和信息共享,GIS 同样也需要不断"开放"。这是 GIS 要发展成为公众信息系统及进入信息高速公路的基石。随着 GIS 应用范围的进一步扩大及网络技术的进一步提高,在大力发展资源共享的信息时代,建立面向用户的资源共享的开放式 GIS 已是大势所趋。

由于数字油藏的研究对象是三维客观实体,数字油藏本身也应该是一个三维 GIS 系统,因而这里主要讨论三维 GIS 的有关问题。

(1)大数据量的存储与快速处理。在三维 GIS 中,无论是基于矢量结构还是基于栅格结构,对于不规则地学对象的精确表达都会遇到大数据量的存储与处理的问题。

(2)完整的三维空间数据模型与数据结构。三维空间数据库是三维 GIS 的核心,它直接关系到数据的输入、存储、处理、分析和输出等各个环节,它的好坏直接影响着整个 GIS 的性能。而三维空间数据模型是人们对客观世界的理解和抽象,是建立三维空间数据库的理论基础。三维空间数据结构是三维空间数据模型的具体实现,是客观对象在计算机中的底层表达,是对客观对象进行可视化的基础。虽然有很多人展开过相关方面的研究与开发,但还没有形成能为大多数人所接受的统一理论与模式,还有待于进一步研究和完善。

(3)三维空间分析方法的开发。空间分析能力在二维 GIS 中就比较薄弱,目前大多数的GIS 都不能做到决策层次上来,只能作为一个大的空间数据库,满足简单的编辑、管理、查询和显示要求,不能为决策者直接提供决策方案。其中很大一个原因就是在现有的 GIS 中,空间分析方法的种类及数量都很少。在三维 GIS 中,同样也面临着这个问题。

第四节 研究内容及目标

针对上述讨论,在参考大量文献和重点解剖当今流行数字油藏软件的基础上,开展数字油藏的研究工作。通过对当前油气储层表征的现状分析表明,其研究核心是数字油藏的效率和精度。提高油气储层表征的效率可以借鉴 GIS 原理来实现,但利用现有的 GIS 平台在油气勘探开发领域的应用还需要进行大量的扩展性研究,把 GIS 原理与技术真正融入油藏的专家知识库中来解决数字油藏的精度问题,在理论上和实践上均有许多问题需要探索和解决,这就给本书的深入研究提供了较广阔的空间。本书的研究内容主要在于借鉴 GIS 中的一些基本原理,如 GIS 中的空间数据管理功能,扩展 GIS 的图形显示和可视化功能,提高数字油藏的效率;增强 GIS 的空间分析和数据挖掘功能,将精细储层地质研究和建模融合,自动提炼油气储层地质知识。力图在以下几个方面开展研究工作,并达到相应目标。

(1)首先对 GIS 的关键原理与技术和油气储层表征所需解决的基本问题进行深入的剖析。阐明数字油藏需要解决的关键问题;寻找二者的切入点,进而探讨数字油藏的基本途径和解决方案,从理论上证明开展数字油藏的可行性与必要性。

(2)然后探讨油藏的数据及成果数字化的有效管理方式。开展油气储层表征的流程、地质研究方法、成果等关联问题的研究,构建油藏数据、成果管理及应用的方法,以达到提高数字油藏效率的目的。

(3)深度分析油藏地质知识的来源、内容及挖掘方法,进而研究油藏地质知识的存储方式及应用机制,探讨有效的数据挖掘及知识发现方法,达到提高建模精度的目的。

(4)全面归类数字油藏过程中所生成的地质图件,结合 GIS 平台的图形功能,研究这些图件的可视化方法。

(5)设计出数字油藏系统框架,提出该系统的开发准则。采用 CASE 辅助分析工具对系统各功能组件进行详细的设计与规划,在.NET 开发平台支持下,借助一些开源组件进行组件式模块化的系统开发。该系统应具备油藏数据成果管理、知识库管理及提取方法、可视化显示和数字油藏等功能。

(6)针对实际的油气区块,开展具体的油藏数字化研究,论证系统开发的可行性,对过程及结果进行深入的分析,论证数字油藏系统的应用潜力及价值。

第五节 研究思路及全书结构

一、研究思路

本书研究的内容主要涉及空间信息科学和石油与天然气地质学两个地学分支学科,是二者的交叉与融合。为完成本书提出的研究内容,实现相应的研究目标,在研究思路上拟将理论探讨与应用分析相结合、数据库与知识库相结合、系统开发与实例验证相结合。首先从两个学科的关键领域的单独解剖入手,通过对 GIS 功能的全面深入剖析,了解 GIS 的基本功能,然后探讨本次数字油藏研究所需解决的关键问题,研究在 GIS 支持下进行数字油藏的可行性和解决途径,进而寻求相应的基于 GIS 的数字油藏系统的解决方案,研究该方案下的具体实现方法,并将这些方法实现与通用 GIS 平台集成,开发出数字油藏系统;最后通过具体范例对该系统进行实践检验和有效性与可行性评价(图 1-1)。

二、全书结构

本书的编写按照研究思路紧紧围绕研究内容逐项展开。全书结构及各部分研究内容见图 1-2。

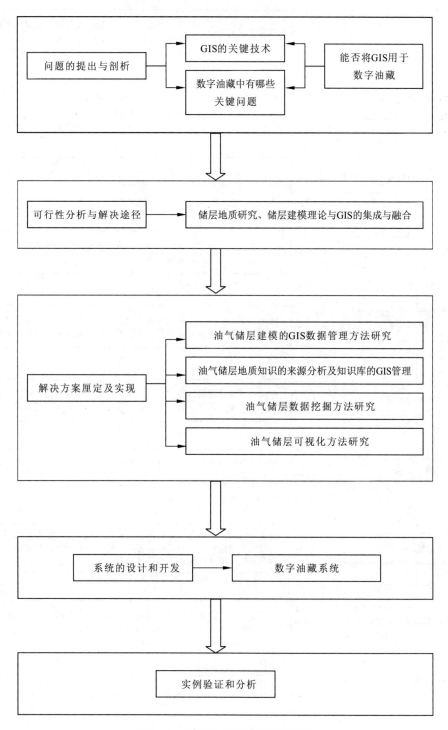

图 1-1 数字油藏系统的研究思路

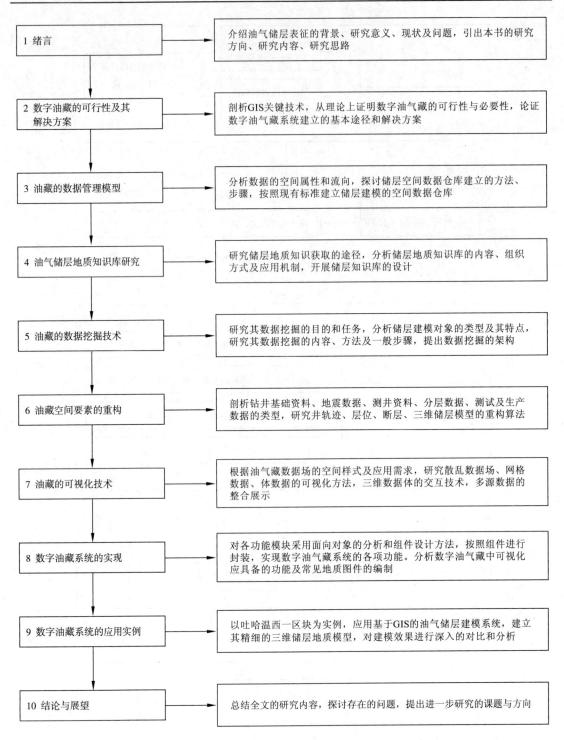

图 1-2　全书结构及各部分研究内容

第六节 小结

通过对目前数字油藏的应用分析,提出了本书的研究意义、目标、内容及思路,主要有以下几点认识。

(1)数字油藏是一个反复的过程,需要的绝大部分资料是间接的、多学科的、不同尺度的。而目前不同学科研究软件相互独立,造成多学科之间的协同研究难以实现;综合储层地质研究工作缺乏高效的辅助工具,导致研究成果和原始数据之间缺乏高效的互动反馈机制;数字油藏工作没有与储层的地质精细描述工作有机地融合起来,无法满足油气田勘探开发生产快速、高效、准确的要求。

(2)油气储层是客观存在于地下的一个三维实体,具有确定的空间位置,数字油藏的相关问题都可以借鉴 GIS 的相关理论开展分析研究。利用组件式 GIS 理论,可以把数字油藏的有关方法做成独立的组件,耦合到通用的 GIS 软件平台中去。

(3)数字油藏的过程是沉积学、石油地质学、地球物理学、油层物理、油藏工程、计算机图形学等学科整合、分析和提炼的结果,主要目的是预测储层物性在多井之间的分布。其加工的原材料是来源于多学科的数据和知识,其预测手段是地质统计学技术,其交流工具是三维可视化技术,其表现形式是定量的三维储层精细地质模型。

(4)数字油藏的研究核心内容是效率和精度,借用通用 GIS 软件平台的数据管理功能,扩展 GIS 的图形显示和可视化功能,可以提高数字油藏的效率;增强 GIS 的空间分析和数据挖掘功能,提炼数字油藏的专家知识,把精细储层地质研究和建模融合,可以提高数字油藏的精度。

第二章 数字油藏的可行性及其解决方案

在深入研究数字油藏的特点、影响因素及建模流程的基础上,剖析 GIS 的关键技术和数字油藏过程所需解决的基本问题,指出 GIS 在数字油藏中的地位和作用,进而提出数字油藏的解决方案,构建基于 GIS 的数字油藏系统的框架。

第一节 数字油藏的目的

数字油藏的目的是利用随机模拟技术建立沉积相的空间展布,并在此基础上建立孔隙度和渗透率等物性参数在储层内部的空间分布。利用油气储层随机建模技术,可提供三维定量地质模型,使油藏非均质性的描述和认识更直观、更合理,从而制订合理的油气田开发方案,以采取有效的生产措施,达到提高油气采收率和油气产量的目的。

储层内的沉积相(或沉积亚相、微相)的空间分布是储层的一个重要属性。它的特征控制着流体在储层中的分布和流动,支配着一系列影响油藏生产的重要因素。诸如,渗透率和孔隙度的空间分布,砂体中泥岩夹层的几何尺寸和空间分布,不同成因砂体之间的连续性和储层的几何位置与尺寸等都受到沉积相,特别是沉积微相的控制。储层非均质性包括岩石非均质性和流体非均质性,是储层固有的地质-物理属性的表现,主要取决于沉积相的空间分布。沉积相的空间分布的建模是整个储层非均质性建模正确的基础和核心。利用储层随机建模技术确定的沉积相空间分布,还应满足一定的沉积模式。这是沉积相空间分布建模的一大难题。储层非均质性建模就是对储层物性的空间分布进行预测,在河流相的储层内,渗透率、孔隙度和含油饱和度等物性参数比较高的区域,经常也是河道所在的位置。如果储层内断层和裂缝发育,其位置、方向、长度,对油气生产也有很大的影响。

第二节 数字油藏工作流程及特点

一、数字油藏流程分析

储层表征流程很多学者都讨论过,从最初的为储层的某一属性建模,发展到相控建模,随后提出了三步建模,即在相控建模的基础上增加了地层格架模型。由此可见,数字油藏是作为储层表征的一个特定的环节展开的,即在完成构造解释、沉积相分析、储层特征、测井解释等基础地质工作已经完成的基础上开展的。这主要存在两个问题:一是储层地质研究工作的反复性,导致各研究阶段的交流困难,特别是在中国东部复杂断块内,储层变化快,导致基础地质研究不确定性大大增加;二是数字油藏过程中的地质知识约束力度不够。基于这一思想开发的软件因而也存在着这些问题,如 Petrel、GOCAD 等,都没有提供有力的地质研究工具,更不用说地质知识的约束。因此,从储层表征的角度来讲,需要把数字油藏过程与地质研究过程融合,加强多学科研究的相互验证;从数字油藏软件设计的角度来讲,需要把储层地质研究工具与数字油藏工具结合,提高数字油藏的效率和精度。

数字油藏的研究流程,总体上可分为四步(图2-1)。第一步是多源数据的抽取及数据质量控制,主要是从现有专业数据库中提取有关油藏数据,并用一系列数据质量控制方法,检查数据的一致性和完整性;第二步是精细储层地质研究,通过地震资料解释、地层对比、沉积微相(相)分析、储层特征分析,最终建立储层地质知识库;第三步是常见的储层建模研究工作,通过建立地层格架模型、沉积微相模型、物性模型,根据建模算法的特点对多个储层"实现"进行优选,力图获取一个或多个吻合油藏生产规律的"实现";第四步是油藏数值模拟,根据第三步的研究结果进行油藏生产动态分析,对油藏进行开发评价或剩余油预测。在这样统一的框架下,减少了数据和研究成果的转换环节,提高了研究效率,加强了多学科研究成果的相互验证,提高了储层模型的精确度,糅合了开发的软件工具包,提高了软件开发效率。

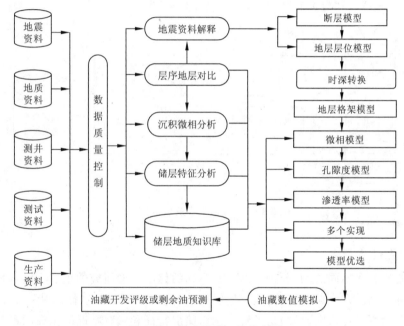

图2-1 数字油藏工作流程图

(一)数据集成及数据质量控制

ETL作为构建数据仓库的一个环节,负责将分布的、异构数据源中的数据如关系数据、平面数据文件等抽取到临时中间层后进行清洗、转换、集成,最后加载到数据仓库或数据集市中,成为联机分析处理、数据挖掘的基础。ETL是企业数据集成的主要解决方案。ETL中3个字母分别代表的是Extract、Transform、Load,即抽取、转换、加载(图2-2)。①数据抽取:从源数据源系统抽取目的数据源系统需要的数据。②数据转换:将从源数据源获取的数据按照业务需求,转换成目的数据源要求的形式,并对错误、不一致的数据进行清洗和加工。③数据加载:将转换后的数据装载到目的数据源。

数据质量控制就是通过采用科学的方法,制订出数据的生产技术规程,并采取一系列切实有效的方法在空间数据的生产过程中,针对数据质量的关键性问题予以精度控制和错误改正,以保证数据质量。数据质量控制是针对数据特点来进行的,数据质量主要包括数据完整性、数据一致性、数据位置精度、数据属性精度、数据时间精度以及元数据。数据完整性是指数据的精确性和可靠性。它是应防止数据库中存在不符合语义规定的数据和防止因错误信息的输入输出造成无效操作或错误信息而提出的。数据完整性分为4类:实体完整性、域完整性、参照完整性和用户自定义完整性。数据一致性主要是当多个用户试图同时访问一个数据库,如果多个事务同时使用相同的数据时,可能会发生以下4种情况:丢失更新、未确定的相关性、不一致的分析和幻想读;数据位置精度主要是指数据的位置精度,数据属性精度主要是指数据所包含属性与其真实值的符合程度;空间数据时间精度是数据本身所代表的时间信息的正确性,比如,20世纪70年代的测井数据与90年代的测井数据就有很大的差别;关于数据的说明称为元数据,如:对于数据库的数据源的说明等。由上述可以看出,数据质量控制是一件非常庞杂的工程,假设建成一个数据库需要5年,而其数据的质量控制就要在这5年的过程中自始至终地进行,而且还要持续到数据的维护更新的全过程。

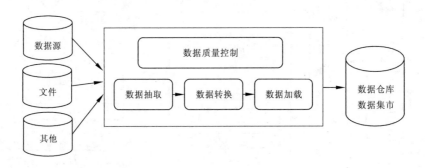

图2-2 数据集成及质量控制

(二)储层地质研究

储层地质研究在不同的勘探与开发阶段,不同的储层类型研究的重点不同,运用的研究方法和手段也有区别。在区域勘探阶段,以储层构造、成因、沉积环境、储层特征及其空间展布、岩石学特征等为主进行研究,目的是了解和认识储层特征和发育状况的主控因素,预测有利储层。在开发阶段,以开发井网的优化布置、开发方案的制订、储层保护和改造、开发过程中剩余油分布的分析、油田开发调整方案的优化、提高油气最终采收率及优化方案的设计与实施等为重点进行研究,目的是深化对储层认识,达到提高油气开采效率和最终采收率。

储层地质主要的研究内容包括储层的岩石学及沉积学特征、储层分布模式、储层孔隙演化及其控制因素、储层孔隙结构、储层裂缝、储层非均质性、储层地质模型、储层敏感性及储层综合评价等。目前,储层地质研究不是地质学科的单独研究,常常需要把地质、测井、地震、岩石物理、地球化学、油气开发工程、油藏监测等多学科的资料进行综合研究,可以说储层研究是在多学科整合基础上的系统研究。最常用和有效的除了传统的地质学研究方法外,根据岩石物理性质响应特征的测井储层和地震储层研究方法以及其他新技术,在储层研究中发挥着日益重要的作用。

(三)储层建模

油气储层建模的目的是利用计算机建立沉积相在储层内部的空间分布,并在此基础上建立渗透率和孔隙度等物性参数在储层内部的空间分布。利用油气储层随机建模的结果,可提供三维定量地质模型,使油藏非均质性的描述和认识更合理,从而制订合理的油气田开发方案,以采取有效的生产措施,达到提高油气采收率和油气产量的要求。

在进行相控建模之前还应考虑划分(模拟单元)的等时性与成因控制因素。等时控制原则是基于层序地层学的原理,在由等时界面确定和控制的模拟单元或流动单元(ZONE)内进行;而成因控制的原则是参考可容空间的变化,依据相序规律、砂体空间叠置规律和微相组合方式,依照定量地质知识库的数据来进行。因而依据地质约束方法进行的建模过程,强调在等时控制的基础上考虑以下几个问题:①可容空间变化(A)和沉积物供给(S)的相互关系(A/S)对沉积物分布的影响;②定量地质知识库建立的可靠性及其在研究区的具体应用;③普遍的相模式如何在研究区内得到具体应用和量化;④在优选相控建模方法和定义相控建模参数(相边界、宽/厚比等)时应充分体现砂体之间的成因关系,而不仅仅是数学上的空间分布关系,即遵循:逼近地质真实,而不是逼近数学真实这一原则。

1. 构造模型及网格设计

弄清油藏的三维模型,首先需要建立构造模型。地层之间的关系主要由一系列构造面来定义:层面构造、恢复的层面、断层面。建立断层模型主要依靠地震解释成果和钻井地层对比资料。在复杂断块区,断层模型的可靠性对整个地质建模工作具有决定性的影响,而且建立准确的断层模型又是整个建模工作中最难控制、最难完成的工作。因此,为了使断层模型准确化,必须充分利用地震、钻井等多种数据进行综合的研究和分析。采用地震资料建立框架→三维可视化模型修改→地层对比与模型细化交互的工作步骤,并充分利用三维可视化功能进行严格的质量控制使模型趋于准确、细致。

断层模型首先以地震解释为基础建立断层框架。地震资料虽然精度较低,但对于地层的整体构造特征和断层体系却有较好的把握。例如,地震解释的断层位置不够精确,但对于哪里发育有断层,以及断层之间的关系却可以有较好的反映。根据地震解释成果建立断层模型的框架有以下两种途径。

(1)直接利用地震资料的断层解释成果。这种方法的优点是可以更直接、更准确地使断层模型与地震解释相吻合,但缺点是需要对地震解释的断层数据进行时深转换。这项工作在国内一般的地震解释中并不开展,因此需要地震解释人员提供更全面的支持。

(2)直接利用层位解释成果建立断层模型。由于层位解释的端点正好相当于断层的断棱,因此可根据每个层位的断层多边形数据来建立断层模型。这样建立的断层模型虽然与地震解释成果有一定的偏差,但由于后面还要利用钻井数据对断面进行校正,所以这种偏差是可以忽略的。

然后根据钻井断点位置在三维空间校正断层三维形态。由于地震资料本身所固有的分辨率低、精度低的问题,以地震解释为基础建立的断层模型与钻井数据之间必然会存在一定的偏差。两者之间的误差最小可能几米,最大的可以相差几十米。产生这种差距的主要原因是地震资料与钻井资料之间在精确性方面的差异。解决这一问题最好的方法是在三维可视化的帮助下利用钻井资料对断层模型进行校正。

地震解释层位和钻井分层两类数据可以用来计算模拟单元的构造模型。地震解释成果虽然精度较低,但对整体构造形态和构造趋势有比较好的反映。钻井分层数据虽然准确性较高,但分布不均匀,尤其是井比较少的构造低部位。尤其是小层以下级别的沉积界面只有钻井分层数据可以使用。这些界面需要在基本构造框架基础上根据地震解释反映的构造趋势利用钻井分层数据进行内插。因此,构造模型应首先利用地震解释成果建立起基本构造框架。

在建模过程中,合理的网格设计非常重要。一方面,为了节省计算机资源,网格数目应尽可能少;另一方面,为了控制地质体的形态及保证建模精度,网格又不能过少。因此,应根据工区的实际地质情况及井网密度设计出合适的网格。为了获得能够充分反映储层非均质性的精细的储层地质模型,网格的定义必须具有足够的密度,定义的依据主要考虑横向上的井网密度和纵向上砂层的厚度。

划分纵向单元的一个重要参数是网格的厚度。如果纵向单元划分得过粗,很可能无法控制或描述出薄层沉积的各地层单元,从而无法在模型中细致、精确地反映出地层的岩性和岩石物性特征及其在三维空间的变化。但另一方面,过细的网格单元又会大量地增加模型的网格单元数量,导致大量增加模型的计算量和计算时间。按照高分辨率层序地层学的观点,一套短期旋回代表了一个等时沉积单元,从储层的非均质性看,不同时间单元沉积储层之间的非均值性总是要比岩性单元的非均值性要强。因此,模拟单元根据划分的最小沉积单元来建立,建模参数也是如此。这样做的另一个好处就是可以比较准确地控制垂向上砂岩含量的变化规律。根据模拟的要求,纵向上网格划分主要参考砂岩厚度分布来确定。

由于模拟算法是在三维等间距网格数中进行的,空间上地层的厚度分布不均匀,因此,不同的位置、各网格代表的地层厚度是不等的。在模拟之前必须对层面进行坐标转换,转换到一个相对的地层坐标系统

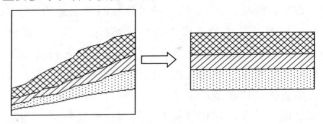

图 2-3 地层坐标转换

中,层面垂直方向上的坐标转换到 $0 \to T$ 范围内,在储层模拟完以后把层面复原到原来的坐标系统下(图 2-3)。

2. 数据检查及相组合

计算油藏体积、生产动态需要孔隙度、渗透率、饱和度函数,比如相对渗透率和毛管压力,在三维空间中的变化模型,对每一个岩石物理特性影响最大的是相或岩相类型。在多数情况下,岩相之间的岩石物理特性有明显的重叠,因而有必要和岩相一样来模拟连续属性(孔隙度、渗透率等)的空间变化。根据岩芯观察和测井微相解释,岩相的数目非常之多,这对于建立岩相模型几乎是不可能的,所以必须对岩相有关资料进行统计分析,选择合适的岩相个数,另一方面也可以鉴别数据存在的问题。

在开展相控建模之前,进行各种统计、分析,提取建模所需的各种参数。主要包括以下两个方面的内容:①基础地质(条件)数据,包括单井沉积微相的"硬"数据以及储层地质研究成果,如各小层沉积微相平面分布图;②统计特征参数,包括沉积微相、孔隙度、渗透率等的地质统计学参数。对沉积微相来说,主要是统计每个模拟单元内各种沉积微相所占的百分比、垂向百分比曲线和各种沉积微相的变差函数拟合参数值。

直方图和概率图是统计、检查资料比较有效的直观检查方法,孔隙度和渗透率的交会图在判别岩相之间属性差异方面是非常有用的。交叉验证可以对模型的准确性、精度性和不确定性方面进行概要统计。

3. 岩相模型

对于碎屑岩储层来说,沉积相带是影响砂体分布和储层物性的最主要的控制因素。而沉积微相不仅控制着储集砂体的分布与储层的非均质,而且控制着地下油水的运动规律;如河流沉积的储层中,注入水总是沿正韵律河道底部高渗透方向快速突进,沉积微相的研究必须在大相(沉积体系)与亚相的背景下逐级开展研究。沉积微相模型是相控储层建模过程中非常重要的一步,前期的各种沉积微相研究将直接对后期相控建模提供明确的指导作用。根据基础地质资料确定地质概念模式,其作用就是用于选择随机模拟的方法、统计特征参数、选择一种适合研究区域地质特征的随机模拟方法,以指导随机模拟的实现。

随机模拟所需要的输入参数主要包括两类:①统计特征参数;②条件限制参数(原始数据)。统计特征参数包括变差函数(各种微相与岩性指标的变差函数、岩石物性变差函数)、特征值、累积概率分布函数特征值(砂岩面积或体积密度、岩性与相的分布概率、岩石物性概率密度函数)、砂体宽厚比、长宽比、分布直方图等。还需要注意的是,随机建模中还必须统计研究区的相序特征。在模拟目标区数据点或井点较多的情况下,可通过对原始数据的统计分析确定研究区本身的统计特征参数。

进行科学的相控建模应具有 3 个基本约束条件。①结合地质沉积微相研究的认识,保证随机建模模型的相序符合地质规律,即各微相间的垂向与侧向接触关系具有与相序变化的一致性;这是避免"胳膊前面长耳朵,而不长手"的关键。②保证各实现的微相分布统计概率与单井沉积微相数据离散化至三维网格后的统计概率相一致。简言之,所建模型各种微相的分布概率与原始数据(单井微相划分)统计概率的一致性。③各微相的三维空间变差函数与通过地质研究所建立的定量地质知识库具有一致性。因此,相序指导、概率一致、变差函数与定量地质知识库相结合是进行相控建模的 3 个基本约束要素,严格来讲缺一不可。

岩相模型必须在已经建立的地层框架内模拟,有两种主要的方法:①基于目标的方法,也就是在一个岩相基体里嵌入参数化的对象;②基于像元的方法,即一个像元接一个像元,根据资料的统计关系和其他已经模拟过的像元设置该像元的岩相。一般来讲,不同的沉积环境应该采用不同的基于对象的程序,有些沉积环境采用基于像元的模拟算法是不合适的(Bratvold,1994),如河道油藏。因此,对研究区的沉积环境,应该首先考虑选用正确的模拟算法。

基于像元的模拟算法还应该注意另外一个问题,即会出现一些空间变化范围小的岩相类型,这些变化是模拟算法的造作,而不是实际的地质特征,把这些结果过滤掉会提高模型粗化的精度,也减少了油藏数值模拟的计算时间。

相类型选择标准是既要能概括所有的砂体成因类型,又要力求简单;既要强调其沉积成因,又要重视实用与效果。研究目的是选择沉积(微)相类型或层次的基础,不同的研究目的,可以有不同的结果。如果研究的重点是储层物性参数的分布,则不同相类型之间岩石物性参数的分布应当有区别;如果研究的重点是注水效果分析或 3 次采油前期研究,则泥质、钙质或相对低渗透夹层的分布相当重要,相类型自然需体现出薄夹层的分布及其与其他微相的关系,这时,相类型仅划分出微相一级是不够的,首先要把储层砂体的构型解剖到与储层物性有关联的流体流动单元,即将砂体按成因划分出不同的单元,并分析成因单元内的非均质特征。其次是将各成因单元砂体的几何形态和侧向延伸表现在三维空间之中,并以此把物性特征置于其中,实现物性参数建模。

4. 岩石属性模型

以测井解释的物性数据为基础,应用随机模拟的沉积微相模型为约束条件,采用相控建模技术对不同沉积微相的各种物性参数分别建模,这些模型主要用来表征储层各沉积微相内部物性的变化特征。岩石物理模型主要包括孔隙度、渗透率、含油饱和度等岩石物理参数的三维模型。通过岩石物理模型可以很好地了解储层内部的物性变化。

由于高斯模拟技术的简单方便,常常使用该算法来模拟连续变量的空间变化。高斯技术主要有3个特点:可以局部变化平均值来捕捉属性变化趋势;可以和其他变量建立线形关系,如孔隙度和地震资料、孔隙度和渗透率;用协克立格法来实现。另外,在对渗透率参数建模时,由于序贯高斯模拟的前提是数据服从正态分布,因此,首先对其进行对数转换,使其具正态分布特征,模拟计算后再进行逆转换。

另一种模拟连续变量的技术是指示算法技术,指示算法的关键在于把连续变量离散为一系列的门槛值,模拟时考虑每一门槛值的空间变化模式,这种方法有两大优点:①直接考虑了变量的极端值,如渗透率的变化太大;②可以方便地结合软数据,且不一定是线性关系。

第三种模拟连续变量的技术是基于退火技术,这种算法把建立模型当作是一种优化问题,目标函数可以整合任何数据,这是传统的基于克立格技术的模拟算法所不容易处理的。而发挥这种算法的威力,依赖于许多退火参数的仔细调节。

在模拟结束以后,对每一个模型统计地质对象的个数、大小、弯曲度等参数,计算模拟后的变差函数,比较模型和模拟所采用的数据的相关性。

5. 模型优选

储层模型建立的目的是为经济决策量化油藏动态的不确定性,但由于该方法产生了许多等概率的、井间储层属性不确定的储层模型,如图2-4所示,还因为建立储层的数据源也存在不确定性,如构造、相变化、相空间分布及其相互关系、静态和动态的岩石物理属性等,储层模型网格大小由用来建立储层模型的有用数据测量级别决定,然而,由岩芯和测井得到的流动属性的测量级别相对很小,需要在模型中用小级别的网格块来再现,这样导致网格数非常大,达到几百万个网格,即使在粗化以后,也要面对油藏数值模拟所使用的许多模型实现,所以有必要对模型实现进行排队,一般有3种方法:一种是使用简单的流动模拟技术,但这种方法过于简单,一般很少使用;另一种是用井间示踪剂流动的数值模拟技术;第三种是经常使用的油藏数值模拟技术,但这种方法费用高、时间长、计算量大,一般在挑选好模型以后使用。

(四)油藏数值模拟

一个油藏,在现实中只能开发一次。但通过油藏数值模拟,可以很容易地重复计算不同开发方式或者不同储层描述的开发过程,从中选出最好的开发方法。迄今为止,油藏数值模拟方法给动态分析提供了一种快速、精确的综合性分析方法,是定量地描述非均质地层中多相流体流动规律的唯一方法。进行油藏数值模拟研究的目的最终都是为了要对油田未来的动态作出预测。它可以帮助我们在油田开采前就能了解到某口井、井组甚至整个油田在不同开发方式下的生产动态情况。可以计算许多方案,然后从中选出一个最适合的方案作为实施方案。此

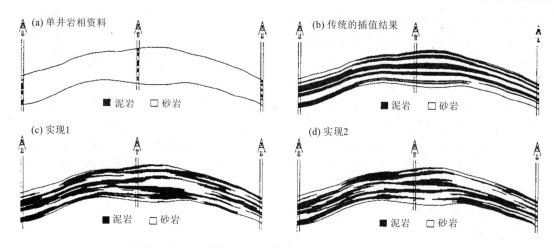

图 2-4 碎屑岩储层岩相模拟结果与插值结果的比较

外,动态预测还为我们提供了展示新方案的潜在效益的可能性。

开展油藏数值模拟工作的第一步,是确定研究的目标和范围。即首先要给本次数值模拟研究一个明确的定位,明确本次模拟要解决的主要问题是什么,需要研究哪些油藏动态特性,这些项目的完成对油藏的经营管理者会产生什么影响等。从而根据项目的要求进行数值模拟研究程序设计,并收集有关的油藏基础地质、流体及生产动态数据。然后对数据进行检查,查看收集到的数据是否足够,是否都合格。如果取得的数据依靠经验和评价方法进行修正和补充后仍不合要求,那就需要修正或重新确定研究目标。接下来的工作就是对模拟模型进行选择,即确定用哪种模拟模型对该问题最为有效。并不是所有的情况下都需要对油藏进行整体模拟,例如在研究锥进、指进、超低产问题时,就应采用单井、剖面或平面模型,这样会大大节省计算成本。在模拟器选定以后,就需要设计出一套合适的网格模型。网格模型的设计要受到模拟过程的类型、在非均质油藏中的液体运动的复杂性、选定的研究目标、油藏描述的精确程度以及允许的计算时间和成本预算等因素的影响。网格数目越多,模拟出的单井动态会越精细,但网格数目越多计算的时间会越长,成本越高。紧接下一步是历史拟合,这是油藏模拟中的一项极其重要的工作。因为一个油藏模型被建立起来以后,它是否完全反映油藏实际,并未经过检验。只有利用将生产和注入的历史数据输入模型并运行模拟器,再将计算的结果与油藏的实际动态相比,才能确定模型中采用的油藏描述是否是有效的。若计算获得的动态数据与油藏实际动态数据差别甚远,我们就必须不断地调整输入模型的基本数据,直到由模拟器计算得到的动态与油藏生产的实际动态达到满意的拟合为止。获得了好的、可以接受的历史拟合后,就可利用该模型来预测油藏未来的生产动态。预测的内容包括原油、天然气和水的产量、气油比与油水比的动态、油藏压力的变化动态、液体前缘位置、对井设备和修井的要求、区域采出程度,估计油藏最终采收率等。预测的结果将作为我们进行开发与管理决策的重要依据。由此可见,动态预测的准确性,明显地取决于采用的模型的正确性和储层表征的准确性与完整性。因此,花一定的时间与精力对模拟的结果进行评估,判断它是否达到了预期的研究目的,是十分必要的。

另外,传统的油藏数值模拟技术一般都是在油藏中划分块中心网格的基础上采用有限差分方法进行空间离散化,在每一个离散的时间步,需要在所有的空间离散网格上求解整个数学模型,计算速度慢。特别是随着油田的不断开发,油藏的储层非均质性加剧,流体性质变差、流体分布不断发生变化,对于中高渗油田高含水油藏,油藏流场发生较大变化,形成优势流场。此时,重力效应和纵向非均质性是水驱开采的重要参数,其在流体的分布和运移过程起重要作用。流线模拟技术通过将三维模拟模型还原为一系列的一维线性模型,同时还可以进行流体流动计算,具有处理更大数量级数据的计算优势。通过流线方法,建立流体沿流线运移,形成一个自然运移网络,追踪油、气、水在油藏中的移动,流体沿着流线在压力梯度方向运移,而不是在网格块内运动,所以与传统的油藏数值模拟方法相比,流线模拟技术能更好地认识地下流体的分布、运移和认清剩余油分布,对改善油田开发效果和提高采收率提供科学依据。流线模拟技术是通过将三维模拟模型还原为一系列的一维线性模型,同时还可以进行流体流动计算,具有处理更大数量级数据的计算优势。在驱替过程中保持明显的驱替前缘和减少网格方位影响的特点,提高了模拟精度。

二、数字油藏特点

数字油藏作为储层研究的最终成果,既综合了储层地质的研究成果,又使用了其基础数据,在资料条件、研究手段、适用技术上具有其相应特点。

(1)精细储层地质研究需要集成多学科的技术方法、数据资料和研究人员,需要多学科基础与成果数据的共享,相互验证、及时反馈,最大限度地保证地质认识的合理性和准确性。这里说的集成多学科研究方法,不仅仅是指对某一学科研究成果之间的综合,也指对不同来源数据的综合研究和解释成果的相互验证,如结合油气田的开发动态资料可以研究储层之间的连通性。

(2)地下储层形成的地质条件千变万化,其研究重点和适用条件各有侧重。如在储层很发育地区,数字油藏的对象应该是砂岩中的泥岩夹层,因为它决定着流体流动的规律;而对于砂岩不发育地区,数字油藏的对象应该是油气砂岩储层。

(3)数字油藏对象应该是同一个沉积时期的产物,也就是说在数字油藏之前应该建立研究区的等时地层格架,此后研究其中沉积微相的空间展布及其内的物性分布特征。因此,地层层序的识别和划分是整个研究工作的基础。需要采用层序地层学原理开展岩性地层的划分和对比,而不是延续已有的地层划分结果。

(4)虽然数字油藏可以贯穿油气田勘探开发的始终,但多数还是在油田开发的中后期进行,这时已经积累了大量的基础资料和研究成果。要想建立精细的储层地质模型,只有全面掌握基础资料和研究成果才能成为可能,这不仅需要一个好的数据管理平台,更需要一个好的数据质量控制和筛选工具。

(5)地质统计学方法是数字油藏软件的核心,因而是众多研究者研究的重点。目前提出的许多模拟算法都有其地质条件的适用性,模拟过程中需要提供许多参数,且参数的确定有很大的艺术性。

(6)数字油藏过程和许多地质研究工作一样,是一个反复的过程。

三、影响数字油藏的主要因素

从上述讨论可以看出,前人已经在地质模型的计算方法方面开展了大量的研究工作,建立起了较完善的地质统计学方法,为以后的研究工作打下了坚实的基础。对于从事油藏开发地质研究的技术人员来说，充分发挥这些技术方法的作用，为油藏开发生产提供帮助是最为现实也是最为迫切的问题。

根据工作经验和复杂断块区油田开发生产中遇到的主要问题，随机模拟在计算方法上已经比较丰富，基本可以满足地质研究的需要。但在具体应用时主要面临的问题如下。

(1)构造模型的可靠性和准确性。构造模型是地质模型的基础，但在复杂断块区构造认识往往存在较大的误差，从而影响了模拟成果的准确性。

(2)地层接触关系的认识。不论采用什么计算方法，本质上都是井数据的插值。因此，井间地层相互关系的可靠性程度直接决定了模型的可靠性。但在复杂断块、复杂沉积区，这恰好是最难以解决的问题之一。

(3)沉积环境的认识。随机模拟技术的根本目的是利用地质统计学的方法对地下沉积成因单元进行描述。但由于地质活动的复杂性和多变性，地下沉积体的几何形态是很难直接用数学的方法进行预测的。对沉积体的研究还离不开手工的、基于地质家的地质经验和地质分析的研究工作。虽然相控建模技术已经得到了很大的发展，但如何将基于地质经验和地质知识的分析判断有机地结合到模拟方法中，依然需要更进一步的研究。

第三节 空间信息科学的关键技术

空间信息科学之所以能在许多领域得到广泛应用，与其所具有的多功能性是分不开的。概括起来，GIS的关键技术主要有以下6个方面(图2-5)。

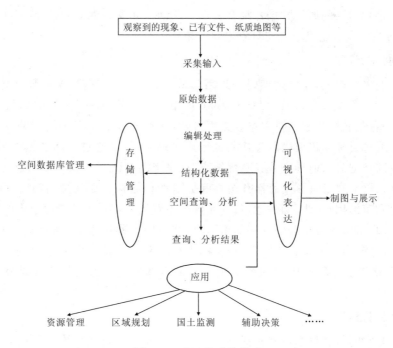

图2-5 GIS的功能构成

1. 数据采集和输入

该功能是 GIS 不可缺少的组成部分。没有数据，一个 GIS 系统就成了无源之水、无本之木。空间数据是指空间实体在三维空间中的位置，可通过手扶跟踪数字化仪输入，也可通过图形扫描后屏幕数字化输入。此外，GIS 还提供了与其他多种格式数据源的交换功能，可以直接将 AutoCAD 及不同类型的 GIS 软件生成的数据转入特定的 GIS 中作为原始的输入数据进一步分析研究。属性数据是对空间对象特征的描述，可通过键盘录入，有些属性数据也可以从其他属性数据库中导入。

2. 数据编辑与处理

数据的采集输入工作完成以后，需要对原始数据进行各种编辑处理，这主要有两方面的含义：一是对原始采集的数据或者是不符合 GIS 质量要求的数据进行处理，以符合 GIS 的数据质量要求；二是对已经存储在 GIS 系统中的数据经处理以派生其他信息。GIS 提供了对图形数据和属性数据的多种编辑处理方法，如对属性数据的编辑修改，对图形数据的坐标变换、图幅拼接等。其中属性数据编辑往往与数据管理结合在一起，图形数据的编辑包括：①图形整饬，如去除冗余点、对象的删除与合并、对象风格的设置等；②投影变换，投影变换的目的是将地图数据输入时的坐标系转换到地图输出或 GIS 分析所需的坐标系，如在手扶跟踪数字化仪输入时往往基于的是平面坐标系，而 GIS 中往往使用的是某一投影坐标系，因此需要从平面坐标系到投影坐标系的转换；③图幅接边，当研究区范围较大时，往往在数字化输入时无法一次将一幅图完整地录入，需要分块数字化，此时需要将分块录入的数据拼接在一起，GIS 提供的图幅接边功能可实现多幅地图数据的拼接；④拓扑关系生成，建立拓扑关系是 GIS 空间分析的基础。数字化输入的原始数据并没有表达对象间的相交、相邻、包含等空间关系，因此需要用 GIS 的拓扑生成功能建立空间对象之间的拓扑关系。

3. 数据的存储管理

原始数据经采集输入，再经过编辑处理后形成了结构化的数据，这些数据通过 GIS 的存储管理功能在 GIS 数据库中保存，以备 GIS 分析与查询使用。在一个 GIS 系统中，有两种数据管理方式：一种是属性数据通过关系数据库管理，而空间数据则多采用文件方式来管理，二者之间的联系通过目标标识或内部连接码进行连接；另一种是通过空间数据库来一体化管理属性数据和空间数据。这两种方式各有优缺点，这是当前 GIS 领域研究的热点之一。

GIS 中空间数据的组织形式通常有栅格和矢量两种结构。在矢量结构中，现实世界的每一要素的位置和范围用点、线、面表达，每一实体的位置用它们在坐标参照系中的坐标来定义；在栅格结构中，现实世界被划分为规则的格网，这些格网被称作栅格（象元），地理实体的位置和状态用它们占据的行、列位置来定义，栅格的大小决定了对现实世界表达的精确度。在本书的基于 GIS 的数字油藏系统中，涉及到数据结构的选择问题。为了便于选择，对栅格和矢量两种数据结构作简要对比（表 2-1）。

4. 空间查询与分析

空间查询是空间信息科学以及其他许多自动化地理数据处理系统应具备的基本功能，而空间分析是 GIS 最重要的功能，也是 GIS 区别于其他信息系统的本质特征。它使得地图图形信息以及各种专业信息的利用深度和广度大大增强。在许多应用领域里，正是利用了 GIS 的强大的空间分析功能，诸如叠加分析、缓冲区分析、网络分析等。

空间信息科学的空间分析是对分析空间数据有关技术的总称,可分为3个不同层次:①初级层次——空间检索,包括从空间位置检索空间实体及其属性和从属性条件检索空间实体;②中级层次——空间叠加分析,其本质是空间关系上的逻辑运算,可实现多个空间对象的分割、合并和连接;③高级层次——空间模型分析,是空间信息科学与特定领域的分析模型的有机结合,以解决特定领域的实际问题。

表 2-1 矢量数据结构和栅格数据结构的比较(邬伦等,2001)

数据结构	优点	缺点
矢量数据	数据结构紧凑、冗余度低;有利于网络检索分析;图形输出质量好、精度高	数据结构复杂;多边形叠加分析操作复杂
栅格数据	数据结构简单;便于空间分析和地表模拟;现势性强	数据量大;投影转换比较复杂;图形输出不美观

5. 地图制图与空间数据的可视化

地图制图通常分普通地图制图和专题地图制图,其本质是根据空间和非空间数据进行符号化的过程,实际上精细储层地质描述过程中的地质图件可以看作是 GIS 专题地图的制图过程。空间信息科学也是一个可视化的系统,地理空间信息的可视化表达是 GIS 的基本功能之一。它将地理实体的空间和属性信息以二维或三维图形方式直观地表现在屏幕或其他介质上,为用户提供了综合许多地理信息的表现方式,如动态信息表达、虚拟现实等。

6. 应用

GIS 是以应用为龙头、市场为先导、软件为核心的产业。是应用促进了 GIS 的发展,也是应用引导了 GIS 蓬勃发展的方向,并促进了 GIS 软件市场的形成。GIS 在资源管理、区域规划、国土监测、辅助决策等方面的广泛应用正是 GIS 得以迅速发展的根本。GIS 在多个领域的应用得益于 GIS 的基本功能。GIS 功能的可扩充性使各领域专家知识与 GIS 的融合成为可能,随着 GIS 的功能逐步完善、各行各业对 GIS 的了解逐步深入,GIS 在国民经济各领域的应用将进一步向纵深发展。

第四节 GIS 在数字油藏中的作用

从本质上讲,油气勘探开发过程是一个对地下油藏数据不断采集、加工处理转换为信息、最终指导决策的反复过程。随着勘探开发阶段的不断推进,一方面产生的数据量越来越大,另一方面如何在统一的计算环境下(石油勘探开发综合集成平台)最大限度地应用各种技术研究复杂地质对象,不仅是石油公司,同时也是各类工程服务公司的发展需要。

石油公司勘探开发一体化可分为4个层次:①数据集成,解决不兼容、不同格式与数据结构问题,实现为所有技术人员提供通用的"即时信息";②项目集成,以项目组为单位的集成,以多学科团队重组工作流程;③部门集成,不同项目组之间的工作集成,如油藏描述小组与钻井小组及地面工程建设装备小组的工作一体化,以缩短油田开发周期;④知识集成,高层人员能够交互使用公司积累的知识资产,以便做出正确的决策。目前,全球最先进的企业中多数仍处在前两个阶段,而国内的多数油田企业尚未达到此目标。从对空间信息科学的基本功能分析不难看出,空间信息科学功能的核心部分是对地理空间信息的存储管理和空间查询分析,即数据集成;其最终的落脚点是服务于应用,即项目集成;在多个项目中的应用即为部门集成;空间决策支持是其应用的最终目的,即知识集成。可见采用 GIS 理念可以基本达到这 4 个层次的集成。

虽然数字油藏可应用于油气的勘探开发各个阶段,但大多还是主要应用油气田的开发阶段。多年的勘探开发积累了大量的基础数据和研究成果,而这些数据和成果的现有管理方式与之很不适应,迫切需要一种安全、高效的方式对这些成果和数据进行存储和管理,以便成果共享和数据再利用,便于多学科的综合研究及相互验证。空间信息科学的出现为以上资料的综合管理提供了一个通用的平台。利用 GIS 的数据采集功能,可以将数字油藏的各种基础数据及各领域专家的研究成果录入到计算机,通过空间数据库和属性数据库统一管理,各领域专家及相关决策部门可以通过空间数据库的访问来提取相关信息。GIS 的这种对海量空间和属性信息的存储管理可以为数字油藏提供数据管理平台。数字油藏是对地下储层参数在三维空间中分布规律的研究,是基于精细储层地质研究所获得的成果,是对空间具体对象的数学建模。数字油藏所要解决的各种问题无不与特定的地理空间相联系,油气储层的地层对比、等时框架下的沉积微相分布规律、各沉积微相内孔隙度、渗透率的空间分布等都是在储层地质理论指导下对地下储层的空间分析与建模过程,该过程一部分可以直接通过 GIS 的空间分析功能来完成,另一部分通过扩展 GIS 的空间分析功能来实现,将特定的数字油藏方法封装成组件耦合到 GIS 中。可见,空间信息科学首先通过对海量数据的管理功能在数字油藏中扮演管理员的角色,提高数字油藏中众多学科的研究效率;同时还能从数据库中提取各种相关信息,在储层地质知识的约束下,进行各种复杂的专题分析,扮演着分析师的角色,进而为数字油藏服务。

第五节 数字油藏的实现途径

空间信息科学为专题应用提供了强大的数据输入、存储、检索、显示工具,但是在分析、推理和建模方面功能比较薄弱,本质上是一个数据丰富但应用模型相对贫乏的系统,在解决复杂空间问题上缺乏知识的应用功能。不过,GIS 系统又是一个开放的系统,它提供的二次开发能力允许其不断地从系统外获得各领域的专家知识以充实自己的理论体系,拓展应用领域。因此,基于 GIS 的数字油藏系统总的解决方案是利用 GIS 的空间数据管理功能,将储层地质的专家知识与 GIS 的功能融合,扩展 GIS 这个"应用理论贫乏的系统",然后用这个拥有了储层地质专家知识的扩展模型去解决数字油藏研究中的各种问题。

GIS 在各个领域的应用,依赖于其空间分析的 3 个层次。空间检索层次是所有信息系统应具备的,只是检索的内容不一样,在数字油藏中可以利用它来提高储层地质研究的效率;油气储层精细地质描述过程中,如沉积微相的研究中,本质上是测井分析成果与沉积学研究成果的叠合,可视为叠加分析问题。空间模型分析层次是 GIS 空间分析的高级形式,是 GIS 应用的发展趋势。目前,多数研究工作着重于如何将 GIS 与空间分析模型相结合,其研究可分为 3 类。

(1)GIS 外部的模型空间分析。将 GIS 当作一个通用的空间数据库,而空间模型分析功能借助于其他软件。这是目前 GIS 在油气勘探中普遍采用的方式,GIS 仅用于空间数据和属性数据的管理,各种专业分析仍然运用油气勘探领域现有的专业软件包或开发专门的软件来完成,这种方案未能完全体现 GIS 的优势,属于"结合",而不是"集成"。

(2)GIS 内部的空间模型分析。试图利用 GIS 软件提供的空间分析模块以及发展适合于问题解决的宏语言。通过现有 GIS 空间分析功能的某种组合来求解某一专题问题,这是一种快捷有效的方法,适合于不需要专门数学建模就能求解的问题。属于用 GIS 方法解决特定领域的实际问题。但由于 GIS 软件所能提供的空间分析功能极为有限,这种紧密结合的空间模型分析方法在实际 GIS 设计中较少使用。

(3)混合型的空间模型分析。其宗旨在于尽可能地利用 GIS 所提供的功能,同时也充分发挥空间信息科学使用者的能动性。是 GIS 与特定领域专家知识的完全融合,属紧密结合型,是 GIS 应用的高级形式。

通过对上述 3 种解决方案的分析,第二种在储层地质研究过程中可以采用,第三种是本书采用的主要方法,也是数字油藏的核心。通过借用和扩展 GIS 的空间分析和可视化功能,综合储层地质知识,达到提高数字油藏效率和精度的目的。综上所述,本书采用的基于 GIS 的数字油藏的实现途径可以归纳为如图 2-6 所示。

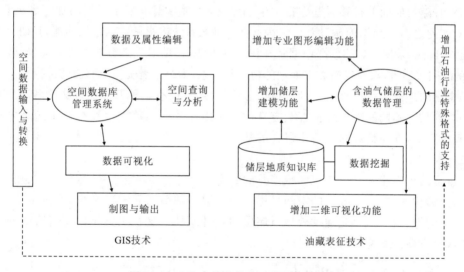

图 2-6 GIS 支持的数字油藏的实现途径

第六节 数字油藏系统分析

一、数字油藏系统的功能需求

如前所述,数字油藏所涉及的数据、学科如此之多,系统应具备以下功能。

(1)多学科数据的整合。数字油藏的前期工作是精细的储层地质研究,在此研究过程中,不同学科、不同阶段的研究都有可能使用同一种数据,一项研究又可能涉及到不同阶段产生的不同类型的数据。学科之间既有各自的研究侧重点,又有相互交叉。不同阶段的研究过程可能出现反复。可见数据之间既成层次关系,又成网络关系,数据流向千变万化。只有采用有效的数据管理方法整合多源数据,才能在不同研究阶段之间、多学科之间实现数据的有序传递和多学科的综合研究,从而实现真正意义上的多学科相互补充、相互反馈。

(2)研究过程和研究成果的一体化。随着各项地质研究工作的深入,对储层的认识也越来越清楚,随之得到的研究成果也越来越多,其表现形式多种多样,有文本、图形和图像、表格、多媒体等。这些单从人工方式加以管理已很难满足要求。虽然各大油田加强了信息化管理,但大多局限于纯关系数据库的管理,很少考虑成果之间的相关性、一致性和正确性。油田有许多功能强大的专业软件,如地震资料解释与处理软件、测井资料处理软件等,各种专业软件之间需要手工地转换数据;综合地质研究工作更是缺乏有效的辅助工具,往往是以手工方式为主。提高研究过程和研究成果的一体化水平,有助于提炼地质研究成果的内涵,才能为数字油藏打下一个坚实的基础。

(3)储层知识获取及管理的计算机化。以研究区储层特征相似的露头、开发成熟油田的密井网区或现代沉积环境的精细储层模型为原型模型,通过地质类比分析,即通过对原型模型的解剖,建立模拟区储层(性质)的参数特征。这些参数可以为数字油藏提供有力的地质知识约束,以提高模型精度,为油田开发及油藏数值模拟提供更切合地质实际的储层模型。

(4)有效的数据挖掘工具。在数字油藏研究过程中,其数据量巨大且不断增加,数据关系极为复杂,且随着时间的推移有些数据发生了变化,如对数据不采用适当的加工和处理,研究者将面对如此之多的数据而淹没其中。因此数字油藏系统应提供数据挖掘功能,让研究者根据特定的研究目标,采用有效的数据挖掘及知识发现方法,帮助研究者分析、归纳、总结,让研究者有更多的时间去思考,从而提高数字油藏的精度和效率,为决策者提供更有力的证据。

(5)丰富的地质统计学算法。随机模拟方法很多,但没有一种万能的方法能解决所有储层类型的建模问题,不同的随机模拟算法有其地质适用性及应用范围。只有提供满足多种地质条件的模拟算法,并在精细储层地质研究的基础上智能地选择模拟方法,才可能得到正确的储层模型。

(6)丰富的可视化工具。数字油藏涉及的数据来源之广、类型之繁、数量之大、用途之多,必须采用图形化的方式,在统一的空间坐标下表达数字油藏所获取的数据,实现多源数据、不同研究成果的融合显示,直观地反映地下储层的各种属性。这些工具不仅要有有效的显示方法,更应该有方便的交互编辑工具。

二、数字油藏系统的设计目标

数字油藏作为储层表征的最高形式,是油气勘探开发的一个永恒的主题,是一个综合性的研究过程。要提高数字油藏的效率和精度,只有以精细储层地质研究工作为基础,地质统计学方法为手段,数据可视化为工具,减少数据中间流动环节,挖掘储层模型的信息,正确评价储层模型的不确定性,实现数字油藏的一体化、动态化和知识化。为此需达到以下7个目标。

(1)数据管理的一体化。采用这种方式,可以保证数字油藏各个研究阶段数据的一致性,解决多学科研究之间数据的流向问题,提高数字油藏的效率。

(2)综合研究过程的集成化。为数字油藏各个研究阶段提供一个综合有效的研究平台,提供多种分析方法、多维可视化手段,加强多学科研究成果的相互反馈、相互验证,解决研究成果的正确性问题。

(3)知识获取、管理的动态化。分析和整理储层地质知识、储层沉积知识等,为数字油藏提供有效的地质知识约束,以提高储层模型的精度。这就需要解决知识的表达、获取及管理问题。

(4)数据挖掘方法的多样化。在油田开发的中后期,数平方千米的油田范围内,生产井的数量一般已有几百口之多,如果采用人工的方法再加以补充解释,就会影响储层模型的使用效率,完全可以利用已经建立好的储层地质知识库自动解释补充的资料。

(5)储层模型修改的自动化。虽然数字油藏的目的是尽可能精确预测未知位置的储层特性,事实上这和实际总有或多或少的差别。油田在开发过程中也会根据动态情况打调整井或加密井,这就需要实时更新储层模型。

(6)储层模型使用的多样化。一般建立的储层模型只是为油藏数值模拟提供输入数据,由于油藏数值模拟的周期长,难于满足油田开发决策的需要,何况储层模型本身含有大量的储层信息,没有有效的利用,如与某油井连通的砂体体积、注水井等。设计和开发相关算法完全可以拓展储层模型的使用范围。

(7)数据和研究成果的可视化。储层本身是赋存于地下的三维空间地质实体,因而用三维可视化展现储层参数无疑是一个有效的办法,但有时在研究的过程中,如对整个油层组的评价、砂层组的评价、构造特征的描述等,还需要通过二维图形来辅助显示;虽然能通过图形方式来达到修改数据的目的,但有时以图表方式编辑也是必须具备的功能。因此,数字油藏系统应采用三维可视化显示为主、二维图形和表格方式辅助的多维、多样式的可视化方式。

三、数字油藏系统的解决方案

要达到数字油藏的一体化、动态化、知识化和可视化,提高数字油藏的效率和精度,数字油藏系统应实现数字油藏所需基础数据以及储层地质研究成果的管理功能,为多学科综合研究提供一个一体化的平台;应具备知识获取和管理功能,为数字油藏提供输入与分析的地质约束;应提供数据挖掘功能,为数据综合、分析、应用研究提供有力工具;其他的功能可以在程序设计的过程中考虑。如上分析,GIS 在软件系统平台、基本功能、开发成本、开发效率以及未来发展都有明显优势,完全可以以 GIS 作为平台,针对数字油藏的特点,实现上述功能。本书重点针对数据管理、储层地质知识、数字油藏的数据挖掘这 3 个方面进行研究。

从数字油藏的数据特点来看,具有多源、多类、多研究主题的特点。从当前的油气勘探开发数据管理的方法来看,多数油田的数据中心只是一个数据存储的介质,针对某个专题研究需要数据抽取和转换。从石油专业软件分析来看,各个专业软件之间缺乏有效的交流接口。可见无法满足数字油藏研究的需要。由于空间数据仓库具有面向主题、集成化等特点,可以采用面向主题的空间数据仓库来实现数字油藏的数据管理,借用 GIS 平台的空间数据库引擎实现数据和应用的分离,也便于在统一的地理空间坐标下兼顾许多貌似独立而实质相连的信息,以多种方式对空间信息进行快速、精确和综合地对复杂的具有不同属性的空间数据进行分析。也可以采用 GIS 中的空间分析技术、专题制图技术实现不同专业研究成果的相互对比、相互验证和综合应用。

储层地质知识的研究一直得到国内外储层地质学家的重视,从理论上讲,虽然国内的研究起步较晚,但国内的研究水平和国外没有差距,甚至有些超过了国外的研究水平,因为国内有中国特色的陆相储层。数字油藏的模拟算法一直以来受国内外众多研究人员的重视,关键在于储层知识的计算机化及对数字油藏过程的地质约束。从知识的表现方式来看,原有的知识存储方式具有封闭、管理不方便、与应用联系过紧的缺点,借用数据库原理不失为一种有效的解决办法,这样既有利于应用的开发,也有利于储层知识的获取和管理,关键在于处理好知识库向数据库的转换。

数据挖掘是当前 GIS 领域的研究热点之一，其难度在于数据与空间位置相关，对于数字油藏来说，难度更是增大。因为地质数据许多是定性的、半定量的，空间维数也增加到三维甚至多维，数据之间的相互关系错综复杂，一般的空间数据挖掘算法只能在一些简单的研究中采用。可见作为数字油藏的系统而言，不仅要包括常见的空间统计方法，更需要包括一些非线性算法，如神经网络、遗传算法、模拟退火等。当然可视化数据挖掘技术不可缺少，这使得数据挖掘工具更强大，因为可视化不仅可以作用于数据挖掘的过程，而且能作用于数据挖掘的结果，还能以交互的方式探测对象发生的空间变化，允许用户高效地寻找和发现模式，帮助选择有效的数据挖掘算法。因此，数字油藏的数据挖掘以可视化挖掘为基础，非线性挖掘算法为重点，辅助其他挖掘算法。

第七节 数字油藏系统的整体规划

一、数字油藏系统的设计思路

软件设计水平的高低，决定着软件的成败，数字油藏涉及的学科多、数据量大。本次数字油藏软件围绕效率和精度这两个标准，根据数字油藏方法、步骤和研究特点，借鉴 Petrel 和 GOCAD 两大主流软件的优点，采用流行的软件工程设计方法。针对中国特色的陆相沉积特点，以多源、多学科数据管理为基础，加强数字油藏的知识，利用成熟的计算机软、硬件技术，使之成为油气储层数据管理、数据抽取及处理、知识化和可视化为一体的数字油藏系统。具备良好的可伸缩性、可扩充性、可移植性和开放性。主要采取以下措施：

(1)以组件为中心的软件设计。目前已有三大分布式组件对象标准：一个是 OMG 组织推出的 CORBA，即公共对象请求代理结构；一个是微软公司推出的 DCOM，即分布式组件对象模型；还有一个是 SUN 公司推出的用 JAVA 语言开发的分布对象模型 RMI，即远程方法激活。这 3 个标准各有千秋，由于 Windows 操作系统暂时还是一统天下，再加上.NET 平台的推出，因此，选择 DCOM 组件作为组件的开发标准。由于组件的可编程及可重用的特点，可以实现系统的可移植、可扩充的需求。

(2)以成熟的 GIS 为开发平台。由于数字油藏软件完全可以看作 GIS 的一个应用，当前许多 GIS 平台都可以利用组件进行二次开发，以成熟的 GIS 平台进行开发，不仅可以提高数字油藏软件的开发效率，而且可以增强数字油藏软件的功能，提高数字油藏的效率，如数字油藏时井数大多几百口，这是无法用人工检查数据质量的，可以借用 GIS 的数据质量控制方法控制基础数据质量。

(3)采用 C/S 和 B/S 的混合结构。数字油藏的精度依赖于储层地质认识的程度，而精细储层地质研究是一个多学科的研究成果，这就要求多学科的研究人员对基础数据和研究成果共享，且必须采用网络结构。目前国内油田已经建立了性能优越的局域网，有的已经建立好了数据中心，许多基础数据可以从中抽取。在数字油藏过程中由于许多研究成果以图形化显示为主，数据量大，系统需要很好的图形处理能力和良好的交互性。因而研究人员由于效率的关系采用 C/S 结构，提供实时交互；建立好的储层地质模型供决策人员使用时采用 B/S 结构，简化软件的使用。

（4）数据管理以国际标准和部颁标准为蓝本，采用标准的数据访问方式。数字油藏数据具有多维、多源、多类和多主题的特征，加上储层的地质条件复杂多变，导致不同油气区的数据管理方式也有差别。以此为蓝本，减少数据迁移。采用 Windows 系统下 ADO.NET 数据库访问技术，实现底层数据库的开发性；提供多种石油专业软件接口，实现数据共享。

（5）最大限度地利用开源软件，提高软件开发效率，降低开发成本。数字油藏软件涉及的学科多、知识面广、图形种类多样，如果都从底层做起，人力、物力、财力都耗费巨大。但现在有很多的开源软件，有的功能比较强大，完全可以胜任部分通用的功能，如各种图件的显示，特别是在三维可视化功能上，单纯从 OpenGL 做起，要想达到目前商品化的数字油藏软件水平，这几乎很难办到。目前市场上有很多开源的三维可视化平台，如 VTK、Open Inventor 等，都可以采用。

二、数字油藏系统的总体架构

数字油藏不同于一般的地质建模，包括的功能很多，从对市场上流行的建模软件 GOCAD、Petrel 分析来看，数字油藏软件应最少具备地质统计学功能、数据导入与导出、三维可视化这三大功能，但在数字油藏实践过程中，如果仅仅提供这三大功能，数字油藏是如此不便，影响了数字油藏的效率和精度。本次研究围绕这两个要求，认为数字油藏除上述的三大基本功能外，还应具备数据管理、精细储层地质研究、储层知识获取及管理和数据挖掘的功能。

数字油藏系统的结构采用空间数据仓库里的数据集市、数据引擎和应用系统三层架构，数据集市为每个专题研究提供数据一体化管理，数据引擎是联系数据集市和专题应用的桥梁，负责从数据集市中提取数据为应用系统使用，把应用系统生成的研究成果提交到数据集市存储；应用系统为专题研究服务，是数据的消费者，包括数据管理、精细储层地质研究、储层知识管理、数据挖掘及数字油藏方法、多维可视化一系列模块（图 2-7）。

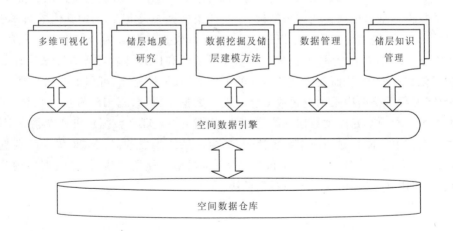

图 2-7　数字油藏系统框架

第八节 小结

通过对数字油藏目标、任务、特点、影响因素及流程的分析,结合 GIS 的基本功能,提出了数字油藏系统的功能、设计目标及解决方案,研究了建立数字油藏系统的思路及整体架构,主要有以下几项成果。

(1)数字油藏的目的是利用模拟技术建立沉积相在储层内部的空间展布,并在此基础上建立孔隙度和渗透率等物性参数在储层内部的空间分布。其中,沉积微相的模拟是关键。

(2)油气储层地质建模作为储层研究的最终成果,既综合了储层地质的研究成果,又要使用其基础数据,并且是一个反复的过程。精细储层地质研究需要集成多学科的技术方法、数据资料和研究人员,实现多学科基础与成果数据的共享,相互验证、及时反馈,最大限度地保证地质认识的合理性和准确性。数字油藏过程中需要提供许多参数,参数的确定有很大的艺术性。

(3)空间信息科学首先通过对海量数据的管理在数字油藏中扮演管理员的角色,提高储层多学科研究的效率;同时还能从数据库中提取各种相关信息,在储层地质知识的约束下,进行各种复杂的专题分析,扮演着分析师的角色,进而为油气开发决策服务。

(4)数字油藏系统应具备多学科数据的整合、研究过程和研究成果的一体化、储层知识获取及管理的计算机化、有效的数据挖掘工具、丰富的地质统计学算法、多种多样的可视化工具等功能。

(5)数字油藏系统的设计目标是以精细储层地质研究工作为基础,地质统计学方法为手段,数据可视化为工具,减少数据中间流动环节,挖掘储层模型的信息,正确评价储层模型的不确定性,实现数字油藏的一体化、动态化和知识化。

(6)数字油藏系统的解决方案是采用空间数据仓库来实现数字油藏的数据管理,借用 GIS 平台的空间数据库引擎实现数据和应用的分离;借用数据库技术解决储层知识的获取和管理;数字油藏的数据挖掘以可视化挖掘为基础,非线性挖掘算法为重点,辅助其他挖掘算法。

(7)数字油藏系统的设计思路是以组件为中心、以成熟的 GIS 为开发平台、采用 C/S 和 B/S 的混合结构、采用标准的数据管理方式和最大限度地利用开源软件等方法来保证数字油藏系统的知识化和可视化,从而使之具备良好的可伸缩性、可扩充性、可移植性和开放性。

(8)数字油藏系统结构采用空间数据仓库里的数据集市、数据引擎和应用系统三层架构,数据集市为每个专题研究提供数据一体化管理,数据引擎是联系数据集市和专题应用的桥梁,负责从数据集市中提取数据为应用系统使用,把应用系统生成的研究成果提交到数据集市存储;应用系统为专题研究服务,是数据的消费者,包括精细储层地质研究、数据挖掘及知识发现、储层模型的建立、多维可视化等一系列模块。

第三章 数字油藏的数据管理模型

数据管理是所有软件系统的基本功能,为其核心功能服务,只是管理方式千差万别。首先总结了现有油气勘探开发的数据管理现状及其存在的问题,在深刻分析数字油藏的数据需求、数据特点及应用需求的基础上,结合对现有储层建模软件的功能进行解剖,提出数字油藏系统的数据管理方法——空间数据仓库技术,随后研究数字油藏数据管理的解决方案。

第一节 油气勘探开发数据管理现状及问题

一、油气勘探开发数据管理的研究现状

1990年10月,以BP Exploration、Chevron Corporation等五大石油公司为首,发起成立了POSC(Petrotechnical Open Software Corporation)非盈利性会员制协会,该协会拥有125个会员,其中包括了主要的跨国石油公司(Exxon除外),主要的石油勘探开采技术公司(如Schlumberger、Western Atlas、Landmark Graphics等),若干政府部门[如美国能源部(DOE)、美国地质调查所(USGS)、澳大利亚地质调查所、英国地质调查所和贸易工业部],主要的石油天然气研究机构(如Gas Research Institute),以及重要的计算机软件和数据库公司(如IBM、Oracle Corporation、Open Software Foundation等)。POSC的宗旨是致力于国际石油勘探开发计算机软件的集成和规范化,向石油勘探开发技术应用全过程提供一套标准化的软件集成平台。这个软件平台由一系列连接石油技术应用软件、数据库管理系统、计算机工作站和勘探开发用户之间的标准化软件组成。POSC设计了该平台的框架,推出的"勘探开发中心数据模型"——Epicentre已由1.0发展到2.0版本,涵盖的专业面宽又有很好的数据分辨率和清晰度,适用于各专业和各种复杂的数据类型(如三维地质模型等)以及大型数据体的储存。因此,正在被广泛应用于创建公共数据仓库和石油数据银行。在第十五届世界石油大会上,有关信息处理与计算机软件的专题报告中,几乎都认可POSC,这反映了POSC有可能发展成为石油工业国际标准的大趋势。大多数POSC会员公司正在实施POSC技术转化和开发POSC相关软件。

2000年10月Chevron、Shell和Schlumberger三家公司基于该项目的有关成果组建了OpenSpirit公司,专门致力于为能源工业提供一个独立于厂商和平台的应用集成框架,其中既提供基本的E&P组件,如坐标变换等,又提供一些针对地下地质解释的组件,使得石油勘探开发各个阶段的不同应用软件可以做到"即插即用",可以跨越异种平台实现数据的动态共享,实现多厂商应用和数据的互操作性能。GUI软件组件采用Java编写,以实现跨平台并支持基于Web的应用。该平台的第一个商业版本于2000年11月1日发布,其中包含了OpenSpirit基础框架和地下数据模块(支持GeoFrame 3.7和OpenWorks 98+的三维地震数据和井数据服务器)2001年3月1日又发布了OpenSpirit 2.1版,增加了对Landmark OpenWorks 98.5

和 GeoQuest GeoFrame 3.8 数据服务器的支持。

我国 CNPC 在 1993 年底与 POSC 建立联系，设立石油工业应用软件标准化、集成化和工程化的研究项目，跟踪 POSC 技术的发展，研究开发了具有我国自主版权的石油勘探开发软件集成平台（PSP 1.0 版本）和面向对象数据库（OMNIX）。

从国际石油行业技术的发展现状来看，国际 POSC 标准的建立试图引导工业界建立一个石油勘探开发通用的软件平台，来解决包括多学科集成在内的一系列技术难题，这种思想无疑是很好的，但至今只有"勘探开发中心数据模型"（Epicentre V2.0）被广泛地应用于创建公共数据仓库和石油数据银行，各大软件公司还是在原有软件产品的基础上推出新产品，极少有人单独开发 POSC 软件平台，也未见商业化的 POSC 软件平台推出。

二、数字油藏的数据管理问题

油气勘探开发数据管理的研究主要集中在关系数据库、数据银行和面向对象数据库等方面，取得的成果也主要是为数据管理服务，而不是为应用服务。要为数字油藏提供数据管理还有一些问题需要解决。基于传统关系模式建立的数据库主要为油气勘探开发数据管理服务和一般性的事务处理，如查询等。难于为储层建模中的精细储层地质研究提供综合分析；由于数据银行存储的是全油田的勘探开发数据，数字油藏只是其中的一个研究主题，所需数据通过数据银行提供，必然会导致效率问题。

地理信息系统虽已推出了大量的 GIS 平台软件，如 ARCINFO、ARCVIEW、MapInfo、MapGIS、SuperMap、GeoStar 等，且在社会各行业的应用日益广泛，但由于 GIS 并非针对石油工业而开发，面对油气勘探开发多维、多源、多类、多量和多主题的数据，在油气勘探开发中目前只是基础数据和图件的存储管理，以及图层叠加显示功能的简单应用，油气专业分析功能的不足也限制了其在油气勘探开发中的深入应用，尚未完全发挥 GIS 的强大空间数据分析和处理能力。如何应用 GIS 系统整合多学科的研究成果、数据和应用软件，为数字油藏服务，在理论和实践上均有许多问题需要探索和解决。

第二节　油藏的数据分析

一、数字油藏的数据需求

由于数字油藏适用于油气田勘探开发的各个阶段，随着油气田勘探开发进程的不断进行，数据及研究成果也随之丰富。不管储层建模在哪个阶段应用，只有最大限度地综合利用所有可用的数据和成果，才能保证数字油藏的精度，为勘探开发各个阶段的目标服务。一般来讲，数字油藏应包括以下 4 类数据。

（1）地表地理环境：包括地理位置、地貌、水文、人文、交通和海拔等地表地理状况。

（2）油藏基本特性：包括油藏构造位置、层系、深度、面积、油藏类型、分布层位、闭合高度、闭合面积、油气水性质等。

（3）已完成的勘探开发工作量：包括钻井、露头、测井、地震勘探、非地震物化探、试油试采、开发生产动态等。

（4）油藏地质特征：包括沉积相，油层的岩性、物性、含油性和微观孔隙结构等。

二、油藏中的地质对象

这里所指的空间实体是存在于油藏中的实体,与油藏空间位置或特征相关联,在油藏中不可再分的最小单元。实体具有确定的空间位置和几何形态特征,并具有实际地质意义的空间物体。确定的空间位置和几何形态并不意味着空间实体必须是存在的、可触及的实体,可以是不可见的对象,也可以是存在实体的一种映射。实际的地质意义是指在特定的地学应用中,具有特定地质含义,被确认为有分析的必要,如井、层位、油藏是实际存在的空间实体,而地震数据体等则是不存在的空间实体。

在数字油藏中,空间实体不仅包含狭义的具有地质意义上的地质体,还包含了物理意义上的呈现不同物理现象的广义实体,也就是"地质对象"(表3-1)。

表3-1 油藏中的地质对象

序号	类型	描述
1	井	人类认识地下油藏的第一手资料,包括探井、评价井、开发井等。在油气田生产过程中,可以收集到钻井、录井、测井、试油、分析化验、产量等大量丰富的信息,可以与油藏的储层进行集成显示与交互
2	地震数据体	人类认识地下油藏的主要探测方法,地震数据体既可以是叠前的数据体,也可以是经过叠加处理后的数据体。有时间域和深度域之分,也有二维和三维的区别
3	地层构造	用深度数据表征的地质层位和断层的变化情况
4	层位、断层解释成果	研究人员借助工具拾取、解释的标准地质层位和断层
5	连井剖面	用来查看、对比井间储层属性的变化情况,通常是从地震数据体中抽取的剖面
6	圈闭	储存油气(矿藏)的构造单元或场所
7	油藏剖面	用于了解一个油藏、层位在切面上的变化状况,砂层、油层、隔层分布特征,油水关系,物性特征的剖面
8	异常体	与周围岩体存在物理特性差异的地质体
9	油气水边界	包括探明储量、控制储量、预测储量
10	油藏数值模拟模型	将油藏进行网格划分,利用油藏数值模拟方法计算得出不同时间段的含油饱和度等信息的体模型

1. 井

井是油气生产中最直接、最有效了解地下地质情况,也是实现生产目的的重要手段(图3-1)。按地质任务和资料要求的不同,井可以分为6类,即地质井、参数井、预探井、评价井、开发井和调整井。地质井主要解决基础地质资料问题所钻的井,参数井主要用来在盆地或凹陷普查中了解地层层序、厚度、岩性、生油、储油和盖层等信息,预探井是指在生储盖比较有利的构造或圈闭上钻探的井,在已经获得工业油流的构造或圈闭上为储量计算提供参数所钻的井位评价井,开发井为完成产能建设任务而部署的井,调整井是指油气田生产若干年后为完成采油计划而钻的井。在钻井过程中，可进行录井、测井、钻录测试以及试油、试采等工作，最大化地了解地下储层的变化情况。

图 3-1　井类型

2. 地震数据体

地震勘探从 20 世纪 30 年代的二维地震勘探到 80 年代的三维地震勘探，到如今的四维地震勘探，经过地震资料处理后可得到地震波运动学和动力学多种属性数据体。三维地震勘探技术是地球物理勘探中最重要的方法，也是当前全球石油、天然气、煤炭等地下天然矿产的主要勘探技术。

地震数据是体数据的一种，通过野外地震勘探施工得到。其采集包括测量、钻浅井孔埋炸药、埋检波器、布置电缆线至仪器车、爆破产生地震波、仪器车接收地震波、得到地震数据等多道工序。随着高精度数据采集、连片处理等技术的发展，地震数据体资料分辨率越来越高，容量也越来越大，经过地震资料处理的叠后数据体也会达到数 GB 到几十 GB 不等。

本书重点研究叠后成果数据体的可视化技术，这类数据也是地质研究人员进行地震解释的基础数据。地震数据体的可视化主要包括基于面的可视化和直接体绘制两种方法，三维显示效果如图 3-2 所示。

3. 地层构造

构造图是研究人员最常用的图件之一，包括 t_0 构造图和深度构造图，t_0 构造图是利用解释好的同一层位的 t_0 时间，由人工或计算机直接勾绘而成，它反映了地下地质构造的空间变化形态。深度构造图利用解释好的同一层位的 t_0 时间，经时深转换后，再由计算机绘制而成。依据某个地质层位的构造图，地质研究人员能够分析判断出哪里有圈闭，哪里的圈闭最有利，应该在哪里部署井位，哪里是最有利的油气聚集区（带）等，同时也能知道该地质层位的深度分布。

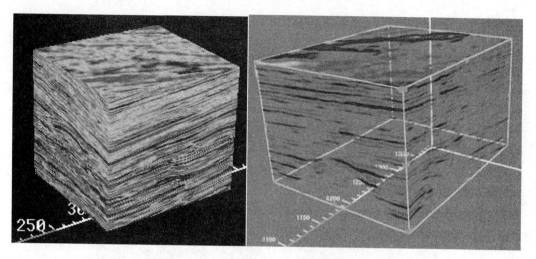

图3-2 地震数据体的面绘制和体绘制

要以三维的形式来展示构造信息,在只有二维平面构造图件的情况下,只能通过数字化构造信息的方式来拾取构造关键点信息,再通过三角剖分等算法来实现构造的三维展示。

4. 层位、断层解释成果

通常这是地质研究人员的原始解释研究成果。地质研究人员根据历史经验、测井资料等,在地震剖面上找到同相轴,在同相轴不连续的地方识别出断层,在三维空间中解释会形成层面。这些数据经过时深转换后,会形成与实际近似一致的构造信息。

在三维解释软件的支持下,解释层面和断面的展示方式如图3-3所示。

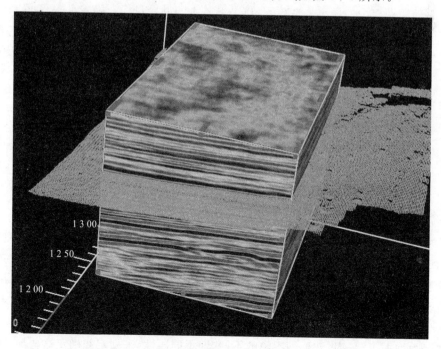

图3-3 层位的三维显示效果

5. 连井剖面

在探井部署等工作中，经常要查看两井之间地层、岩性、波阻抗等的变化情况，这时从工区底图上交互定义出一条任意测线，然后从地震数据体中抽取出剖面进行查看，在三维环境下的显示效果如图3-4所示。

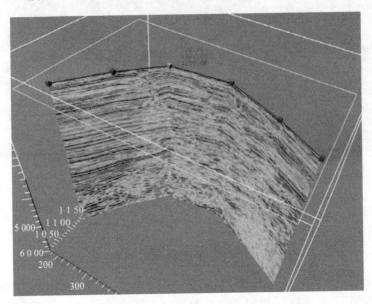

图3-4　连井剖面的三维展示效果

6. 圈闭

圈闭是地震勘探中的最小构造单元，也是最基本的勘探目标。随着勘探程度的不断提高，容易发现的构造圈闭已经不多，这几年，勘探的重点已经转移到了寻找岩性圈闭和隐蔽油藏上来。描述圈闭的信息有圈闭的顶面深度情况、圈闭的高点埋深、岩性、孔、渗、饱，以及生储盖组合等。

7. 油藏剖面

用于了解地层、油藏在纵向上的变化起伏形态，砂层、油层、隔层分布特征，油水关系，物性特征的剖面。做油藏剖面图首先要根据测井数据画出多口井的井柱信息，然后根据连井剖面画出层的顶和底及其形态，根据反演剖面和曲线与油水分布之间的规律画出各小层，最后判断油气运移和油气分布规律，如图3-5所示。

8. 异常体

在地震勘探中，异常体是指波阻抗存在明显变化的区域现象。这些异常体有的是地质原因引起的（狭义地质体），有的是由流体因素（油气）引起的，也有的是构造（裂隙、裂缝）因素引起的。这些异常体，往往是油气存在的重要场所，所以，在油气勘探过程中，发现或寻找这些异常体具有重要的勘探价值。通常是，研究人员借助地震资料，利用现有的先进的技术和方法，来发现、研究、描述这些波阻抗不同的异常体，进而达到找油探气的目的。表征这些异常体的方法一般是根据振幅、频率、波形等现象的不同，即不同属性，来划定和确定这些异常体的形态和范围。

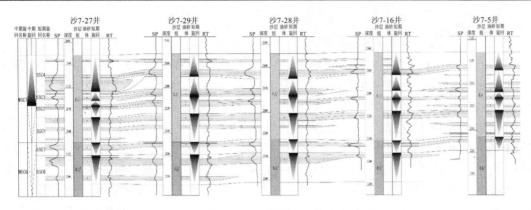

图 3-5 油藏剖面示意图

9. 油气水边界

美国石油工程师协会(SPE)、世界石油大会(WPC)、证券交易委员会(SEC)对储量的定义基本上是一致的，都是指从某一指定日期预计，从已知油气聚集中能够商业化采出的石油量。通过预探井信息，可初步确定区域(圈闭)的地质储量(预测储量)；通过详探井，较准确地描述区域所控制的地质储量(控制储量)；通过评价井，准确地推算出该区域的地质储量(探明储量)。

10. 油藏数值模拟模型

建立油藏数值模拟模型是油藏开发过程的重要手段。通过该模型，研究人员可以发现油气的开采情况，知道已经开采了多少油气、剩下多少油气未开发，知道如何动态调整开发方案等。一般地，建立油藏数值模拟模型，需要地震解释层位数据、由井得到的地层的岩性、孔渗饱等数据，展示效果如图 3-6 所示。

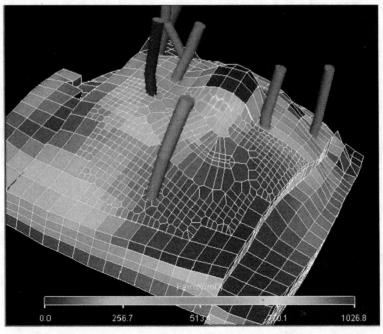

图 3-6 油藏数值模拟模型的三维展示效果

三、数字油藏的数据特点

目前在储层建模过程中用到的数据有储层地质知识、地震资料、岩芯资料、测井资料、测试资料和油藏生产资料，这些资料从多个侧面反映了储层性质。概括起来，主要有以下特点。

(1)数据的多维及多尺度性。采集的资料主要有地下地震资料、岩芯资料、测井资料和油藏生产资料。每一类数据以不同尺度、不同级别、不同空间维反映了储层性质，如地震资料在平面上的分辨率比较高，而垂向上的分辨率较低，基本只能反映一个砂层组的平均性质；而井资料垂向上的分辨率很高，但平面上只是"一孔之见"。把这些数据整合到统一的、不互相矛盾的储层模型中是一个极大的挑战。在储层建模中整合地震资料的方法已经有较长时间了，而整合油藏动态资料的文献还不多见。岩芯资料可以看作是零维，井资料可以看作是一维的，地震资料可以看作是二维或三维的。

(2)数据的空间属性。数字油藏的研究对象是地下客观存在的地质实体，与某一空间位置紧密相关；储层的属性由于地质条件的差别，其属性随着空间位置的变化而变化。数字油藏的目的是预测储层属性在空间中的分布，也就是研究储层在某一空间位置上的沉积微相类型、孔隙度、渗透率等。

(3)数据的时间属性。储层发现、进行开采直至废弃的过程，是多学科综合研究成果相互验证直至统一的过程。在不同的阶段，其任务、目的不同，应用的资料和得到的研究成果也不同。在油田开发过程中，每天都会不断产生许多资料，如压力、油气产量等，这些资料是储层动态反应的结果，可以用来对储层模型检验和校正，这就要求储层模型也是实时的，以便和油田开发保持同步。

(4)数据的不确定性。虽然储层在地下以唯一的形式存在，但由于取样数据的稀少及间接性，导致对储层认识的不确定性。井资料如岩芯和测井资料只是储层体积中很小很小的一部分，而且在建立模型的过程中存在不可忽视的主观解释。虽然地震资料可以提供大量的有关储层结构和平面展布的信息，但往往根据地震资料得到的储层性质具有多解性。还有一个棘手的问题是如何把这些不同尺度的数据用一个统一的方式进行整合。在研究过程中，不同的学科常常会得到或多或少有差别的研究成果。

(5)数据应用的复杂性。由于获取的数据是地下储层的一个或多个属性的综合反映，可以应用于不同学科的研究，或者同一学科以不同的方式应用。某些研究主题可能应用多种数据，如地震构造解释也需要井资料标定等。数据与数据之间、数据与研究主题之间相互交错，表现为网络关系中的层次性。

四、数字油藏数据管理的应用需求

储层建模数据的众多特点，说明采用一般的数据管理方式不能满足研究工作的需要。要使储层建模满足油田日常生产管理的要求，只有提高储层建模的效率，这就必须实现数据管理的集成化、可视化和质量化，如以工区的基础数据作为研究底图，把油水井、二维地震测线、三维地震工区、地表的自然人文地理状况、储层属性、断层分布以图形化方式集成显示、查询、质量控制。从一切围绕提高储层建模效率的目标出发，数据管理应具备如下功能。

(1)以图形化的形式集成显示多源、多类、多种显示样式的储层建模数据，如井、地震测线、人文资料、油藏顶面构造图的综合显示。

（2）能以多种显示方式针对某一类或某一个对象进行快速检索和查询。其中查询应实现空间对象的可视化查询并保存结果，查询方式应包括空间对象查询属性、属性查询空间对象和图形属性的联合查询3种方式。如显示钻穿某一地层层位的井，既可以用图形，也可以用表格显示；如显示某一口井的所有相关资料，则最好以图形方式显示。

（3）根据研究工作的需要，生成某一研究主题的专题图件，如储层的有效厚度分布图、孔隙度分布图、渗透率分布图等。

第三节 空间数据仓库的基本特征

世界上第一个将数据仓库理论与技术引进 GIS 领域，并逐渐形成空间数据仓库理论与技术的贡献者是美国的 Edwards 教授和美国的 ESRI(Environmental Systems Research Institute)公司。1996 年，Edwards 教授在澳大利亚 Brisbane 举办的 Oracle 亚太地区用户大会上，发表了一篇题为《什么是空间数据仓库》(*What is spatial data warehouse*)的论文。同年美国的 ESRI 公司发表了关于空间数据仓库的第一篇白皮书，题为《数据仓库中的数字制图》(*Mapping for the data warehouse*)。这两篇论文的发表引起了 GIS 从业者的极大兴趣，从此开创了空间数据仓库研究的新局面。

空间数据仓库是在数据仓库的基础上，引入空间维数据，增加对空间数据的存储、管理和分析能力；引入时间维的概念，可根据不同的需要划分不同的时间粒度等级，以便进行各种复杂的趋势分析，以支持管理部门的决策。空间数据仓库和一般的空间数据库在物理本质上均是对数据高效地存储。空间数据仓库是建立在传统的数据库管理系统之上，依靠它们管理数据的存储，而不管它们是集中式的、分布式的、松散耦合的，还是联邦式的。二者之间的差别在于它们面向的应用不同：空间数据（源数据库）负责原始数据的日常操作性应用，提供简单的空间查询和分析；空间数据仓库则根据主题通过专业模型对不同源数据库进行抽取，形成一个多维视角，为用户提供一个综合的面向分析的决策支持环境。主要具有以下几个方面的功能特征。

（1）空间数据仓库是面向主题的。传统的 GIS 数据库系统是面向应用的，只能回答很专门、很片面的问题，它的数据只是为处理某一具体应用而组织在一起的，数据结构只对单一的工作流程是最优的，对于高层次的决策分析未必是适合的。空间数据仓库为了给决策支持提供服务，信息的组织应以业务工作的主题内容为主线。主题是一个在较高层次将数据归类的标准，每一个主题基本对应一个宏观的分析领域。

（2）空间数据仓库是集成的。空间数据仓库的建立并不意味着要取代传统的 GIS 数据库系统。空间数据仓库是为制定决策提供支持服务的，它的数据应该是尽可能全面、及时、准确、传统的，GIS 应用系统是其重要的数据源。为此空间数据仓库以各种面向应用的 GIS 系统为基础，通过元数据刻画的抽取和聚集规则将它们集成起来，从中得到各种有用的数据。提取的数据在空间数据仓库中采用一致的命名规则、一致的编码结构，消除原始数据的矛盾之处，数据结构从面向应用转为面向主题。空间数据仓库中数据必须以一定周期进行维护更新，以便与数据库中变化的源数据一致。

（3）数据的变换与增值。空间数据仓库的数据来自于不同的面向应用的 GIS 系统的日常操作数据，由于数据冗余及其标准和格式存在着差异等一系列原因，不能把这些数据原封不动地搬入空间数据仓库，而应该对这些数据进行增值与变换，提高数据的可用性，即根据主题的分析需要，对数据进行必要地抽取、清理和变换。最常见的操作有语义映射、获取瞬态数据、实施集合运算、坐标的统一、比例尺的变换、数据结构与格式的转换、提取样本值等。

(4) 时间序列的历史数据。自然界是随着时间而演变的，事实上任何信息都具有相应的时间标志。为了满足趋势分析的需要，每一个数据必须具有时间的概念。空间数据仓库中包含了不同时间段的有关空间数据和专题数据的时间数据。

(5) 空间序列的方位数据。自然界是一个立体的空间，任何事物都有自己的空间位置，彼此之间有着相互的空间关系，因此任何信息都应具有相应的空间标志。一般的数据仓库是没有空间维数据的，不能做空间分析，不能反映自然界的空间变化趋势。空间数据仓库具有空间维和空间度量，能做各种空间数据分析，这是空间数据仓库最基础、最本质的东西。

(6) 空间数据仓库是综合的。数据库中积累了大量的细节数据，用户并不对细节数据进行决策分析。应按面向主题的要求将细节数据进行综合，再进到空间数据仓库中来。

(7) 空间数据仓库是一个体系化环境。空间数据仓库会有比一般数据库更大的规模，如何管理这规模庞大的空间数据仓库，是实现空间数据仓库一个十分重要的环节。

第四节 数字油藏空间数据仓库的设计

一、空间数据仓库的概念模型

储层建模实际上是针对油藏的建模，这从 reservoir 一词的含义也可看出，其目的是表征油气储层的非均质性。为了达到此目的，由于储层深埋在地下，必须采用一定的工具来获取储层的信息，使用一些理论来解释这些数据。因此，从获取的资料来看，主要包括四大类的基础资料：①岩芯及实验分析资料；②测井及其解释资料；③测试及油田开发资料；④地震资料及其处理成果。岩芯是反映储层静态特征的第一性资料，测试时获得储层动态特征的第一手资料，而测井和地震是间接取得储层静、动态资料的主要手段。只有综合应用这四大类资料，进行相互补充和相互验证，才能正确地评价储层的非均质性。从研究的对象看，油藏从小到大可以划分为5个层次，也就是从微观的孔隙结构到全油藏的一整套含油层系，对应到储层研究中的层次就是7级以下的层次，其中7级、8级、9级层次是储层建模需要研究的内容，7级为油层组，8级就是砂层组，9级就是常说的小层，或者是单砂层。

为了实现上述目的，往往需要采用储层沉积学的研究方法。首先是沉积相的识别和划分，在储层建模中应细分到沉积微相，这首先要对盆地区域沉积背景的了解和地震相的分析，是沉积相分析的前提。以此为依据，依靠岩芯资料，开展取芯井的单井相分析，这是识别沉积微相的必不可少的最关键的一步，在细致岩芯观察描述的基础上，综合各种分析资料、岩矿鉴定资料，建立沉积微相和测井典型曲线的响应模型，推广到全油田的单井测井沉积微相分析。细分沉积微相以后，进一步分析组成各沉积微相的能量单元，建立油藏内各类能量单元与储油物性的关系，进而依据沉积微相预测砂体的物性参数空间分布。

在建立好各井沉积微相以后，就可以开展油层组的划分和对比，这是描述储层形态和参数空间分布的基础，也是储层地质工作的基础。油层组划分的详细程度和对比精度直接决定了对储层的认识深度和精度。一般来讲，储层建模中的油层组划分与对比只需开展单砂层的划分和对比,因为油层组和砂层组的划分与对比工作在油田开发阶段已经完成。需要注意的是,特别是在中国东部复杂断块油田,该工作需要反复进行才能建立好。

储层非均质性研究包括层内非均质性研究和平面非均质性研究。层内非均质性研究包括单砂体的几何形态和沉积规模,对于砂体的几何形态,一般来讲,同一沉积微相的砂体几何形态可以完全相似,但沉积规模有数量级的差别,这是决定注采井网的关键因素。在确定各类沉积微相砂体单元的规模和大小以后,还需要分析成因单元砂体之间的连通程度和连通方式。通过各种方式连通的砂体,最终组成了油田开发中的流体流动单元。其评价指标是渗透率的差异程度和最高渗透率段的位置、层内不连续隔层的分布。砂体平面非均质性研究主要是依据成因砂体单元的规模,根据沉积模式进行微相平面展布的推测,进而预测砂体的平面非均质性,主要是尽可能地恢复小范围内的古流向。

储层评价是储层地质研究中最后一个环节。主要是研究储层内岩性、物性、含油性之间的关系,按照砂层组和单砂层进行分类评价,明确其内部差异。其评价差数主要有有效厚度、砂岩钻遇率、渗透率、有效孔隙度、油砂体面积、泥质含量和黏土矿物类型等、孔隙结构参数和层内非均质性。其主要依据是岩性中岩石颗粒的粗细、分选的好坏、粒序的纵向变化、泥质含量和胶结物类型直接控制着储层物性的变化,储层的电性则是岩性、物性、含油性的综合反映。其方法是将取芯井的测井曲线与岩芯进行详细对比,通过岩芯实验分析获得储油物性数据,和分层试油及其他测试手段得到的动态资料进行验证,得到各种关系曲线。

实际上精细储层地质研究的成果就是储层地质知识,这时就可以利用地质统计学技术建立储层地质模型。由于储层地质模型是在三维空间中的表现,还需要储层的构造模型,虽然油层的划分与对比得到了各分层界限,但毕竟取样数据相对较少,一般还需要地震资料的构造解释成果,把层面数据和断层数据进行时深转换得到深度域的地层格架模型,这往往得到的是砂层组的地层格架模型,这时需要根据砂层组的顶、底构造变化趋势,以及地层之间的接触关系,采用一定的插值算法得到单砂层的层面界限。

根据以上分析,储层建模研究只是油田勘探开发中的一个研究专题,储层建模的空间数据仓库可以划分成沉积微相分析、储层的划分与对比、储层知识和储层建模4个研究主题(图3-7),可见储层建模的空间数据仓库可以由多个数据集市组成,每个数据集市对应储层建模的每一个研究主题。所谓数据集市就是为满足某个专题研究服务而建立的子空间数据仓库。

二、空间数据仓库的逻辑模型

依据建立的空间数据仓库概念模型并不能直接建立空间数据仓库的物理模型,而是首先建立空间数据仓库的逻辑模型,由逻辑模型来指导空间数据仓库的物理实施。空间数据仓库逻辑模型的设计主要包括粒度层次划分、数据分割策略、关系模式的定义、数据源及数据抽取模型的定义。由于数据分割主要是针对存储空间而言,这里暂不考虑。

所谓粒度就是空间数据仓库的数据单位中保存数据的细化或综合程度的级别。越是详细的数据,粒度级别就越小;越是概括的数据,粒度级别就越大,粒度的大小不仅影响空间数据仓库所能回答的查询类型,同时在很大程度上决定了存放在空间数据仓库中数据量的大小和查询的效率。储层建模过程总体上可以划分为精细储层地质研究、储层模型的建立、储层模型优选及应用3个阶段,每个研究阶段都以前一个阶段的研究成果作为基础,可见储层建模的空间数据集市可按时间和空间的组合来进行数据的组织,以研究阶段为时间的度量参数,以储层作为空间的度量

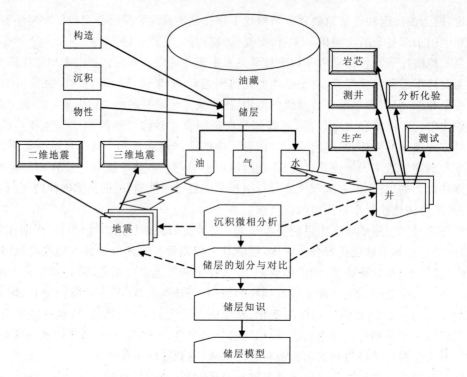

图 3-7　油气储层建模系统的空间数据仓库的划分

参数。借鉴一般空间数据仓库的组织方式，可分为早期细节级、当前细节级、轻度综合级和高度综合级 4 个层次，每个层次对应的研究阶段、空间范围和数据特征如图 3-8 所示。

数据仓库的每个主题都是由多个表来实现的，这些表之间依靠主题的公共码键联系在一起，形成一个完整的主题。在概念模型设计时，需确定数据仓库的基本主题，并对每个主题的公共码键、基本内容等做了描述。这里对每个研究主题进行模式划分，形成多个表的关系模式。

为了保证数据库的开发性和共享性，关系模式的建立采用中国石油天然气总公司发布的《中华人民共和国石油天然气行业标准》（SY/T 6239—1996），同时参考 POSC 数据模型，针对

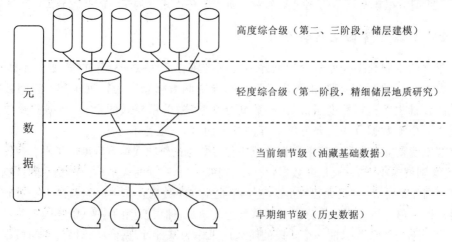

图 3-8　储层建模的数据集市的粒度划分

储层建模的数据特点,适当进行扩展,如变差函数定义的保存等,建立了储层建模的空间数据仓库。

数字油藏的数据抽取方式主要有 3 种:一是直接输入或外部文件导入;二是根据油田常见的专业软件的数据格式设计数据抽取模型,也就是提供数据接口;三是根据石油行业的关系数据库模式定义其与数字油藏空间数据仓库的关系映射,直接抽取。

三、空间数据仓库的物理模型

储层地质建模涉及到地质、地震、测井、油藏工程等多个学科,因而一个储层建模小组应包括以上人员。这样就要求数据管理为所有科研人员提供一个专项研究所需数据,并且保证所有研究人员对其他学科的研究成果进行对比和评价,所以数据管理平台要在不同学科间有序传递大量数据和研究成果。面向储层建模的数据管理,往往研究人员不多,但都能使用空间数据仓库中的数据,故一般采用数据中心策略存储,也就是将所有数据存储在数据中心,任何一个用户在任意时刻均可直接访问数据中心的数据,这也和目前石油公司的数据管理模式一致。

储层建模所涉及的数据类型繁多,图形样式多变,不能直接采用常见的关系数据类型来存储。可以采用 GIS 系统的特点,将图形分为矢量和栅格两种空间数据类型,按照地理信息系统常用的空间数据组织方法,可采用点、线、面、体等元素来表达各类空间实体,按照空间实体的特点组织为点、线、面、体等按图层进行存储和管理(表 3-2)。

表 3-2 数据存储格式

数据类型	图层	空间对象
矢量	点	油水井、控制点、地层分层等
	线	井轨迹、二维地震测线、测井曲线、断层多边形、道路、河流等
	面	三维地震测线、沉积微相边界、建模边界、层面模型、行政区划等
	体	地震数据体、储层参数模型等
栅格		岩芯照片、遥感图片等

在建立完数字油藏空间数据仓库的概念模式之后,需要根据具体的数据库系统建立其关系表,在建立过程中应遵循以下原则。

(1)数据表的字段名应以石油行业的标准代码为准,保证数据的标准化和规范化,为数据库的抽取提供开放性和共享性。

(2)由于空间数据仓库中的多维数据模型尚不适用于地质数据的表示,应采用关系数据库原理中的第三范式进行关系表的处理。

(3)对已有的研究成果应在基础数据库中保存成果基本信息以及成果图件,按照 GIS 的数据结构方式保存。

根据上述原则和石油工业的部颁标准,建立了数字油藏的空间数据仓库,由基础数据库、储层地质研究数据库和储层模型数据库组成,其中基础数据库分为 8 个部分,共 120 张表(表 3-3),储层地质研究数据库可按照研究阶段、研究单元等对基础数据库进行综合和提取,建立数据模式。

表3-3 储层建模空间数据仓库中基础数据库的构成

		地层		钻井		物探		测井
油藏	1	地层分层数据	1	井位数据	1	二维地震测线基础数据	1	地球物理测井曲线名称数据
	2	油层分组数据	2	岩屑录井数据	2	三维地震测线面积基础数据		
	3	断点数据	3	钻井取芯数据	3	二维地震测线坐标数据		
	4	圈闭基础数据	4	井壁取芯数据	4	三维地震测线坐标数据		
	5	主要大断层裂数据	5	井斜测量数据		地震及VSP测井基础数据		
			6	井斜校正数据				
			7	钻遇断层数据				
			8	录井图数据				
		流体性质				单元综合静态		单元综合动态
	1	原油黏温曲线实验			1	油藏基本数据	1	油田开发月综合数据
	2	原油黏温曲线数据			2	构造要素数据	2	稠油热采月综合数据
	3	地面原油常规分析			3	储层性质数据	3	稠油注气月综合数据
	4	地面原油馏分			4	流体性质	4	油田产量及注水构成数据
	5	地层凝析气性质			5	小层评价数据	5	新井产量数据
	6	天然气常规分析			6	断层要素	6	老井措施增产数据
	7	油田水分析			7	油田开发基础数据	7	注水井措施增注数据
		静态				动态		
单井	1	单井基础信息	8	射孔深度数据	1	油井日数据	7	分注井月数据
	2	单井变更历史记录	9	筛管结构	2	注水井日数据	8	稠油注气井月数据
	3	钻井地质信息	10	单井小层数据	3	分注日数据	9	单井吞吐周期数据
	4	井斜数据	11	对比井号	4	注蒸汽井日数据	10	油井措施效果数据
	5	井身结构数据	11	射孔数据	5	采油井月数据	11	水井措施效果数据
	6	油层套管记录	12	射孔井段数据	6	注水井月数据		
	7	射孔数据	13	试油记录				
		测试		测井曲线		试井		
	1	重复式电缆地层测试(RFT)数据	1	测井曲线数据	1	动静液面	6	反应井测试记录
	2	压裂后测试解释			2	静液面恢复数据	7	油井系统试井数据
	3	酸化数据			3	流静压数据	8	水井分层测试数据
	4	压裂数据			4	不稳定试井解释成果	9	井筒温度压力测试
	5	地层测试数据			5	激动井测试记录	10	井筒温度压力数据

续表 3-3

		开发测井			高压物性		
单井	1	产出剖面测试	5	水淹层解释数据	1	相对渗透率实验	8	驱替吸入法测定润湿性
	2	注入剖面测试	6	饱和度测井成果	2	相对渗透率数据	9	原油高压物性单次分析
	3	油气水界面监测	7	饱和度测井数据	3	离心法测定毛管压力	10	高压物性多次分析
	4	水淹层解释成果			4	离心法毛管压力数据	11	地层原油分离实验
					5	压泵法测定毛管压力	12	高压物性石油相对密度数据
					6	压泵法毛管压力数据	13	高压物性石油黏度数据
					7	离心吸入法测定润湿性	14	高压物性石蜡结晶温度数据
					岩芯分析			
	1	常规岩芯分析	4	岩石胶结构数据	7	覆压下孔隙度渗透率实验	10	粒度分析粒径数据
	2	岩石矿物与黏土含量	5	岩石孔隙压缩系数实验	8	覆压下孔隙渗透率数据	11	油层物性分析数据
	3	岩石孔隙结构数据	6	岩石孔隙压缩系数数据	9	粒度分析数据	12	粘土矿物分析数据

第五节 数字油藏的数据管理解决方案

根据数字油藏的需求分析,其数据管理应解决几个问题:①必须具备多种格式、多种样式、多种来源的数据提取、分析的功能,实现多学科综合研究数据的集成化管理,为储层建模的各项研究提供通用的及时信息,但没有必要统一管理油气勘探开发的全部数据;②应实现由事物处理型向数据分析型环境的转变,并能较好地适应数据、环境和应用的变化,以满足数据的综合分析的要求;③石油行业多年来开发了大量的勘探开发关系数据库及相应的软件,这些都是石油工业的财富,应采用合适的方法加以利用,而不是弃之不用;④储层建模的数据随着时间和空间在发生变化,储层建模的应用同样随着油气田勘探开发程度而不断变化;⑤应采用目前市场上普遍流行的数据库系统。

地理信息系统集数据采集、存储、管理和分析功能于一身,可以按照空间位置将许多独立而有彼此联系的对象,如井和储层联系在一起,以多种方式对空间信息进行可视化表达,可快速、精确和综合地对复杂具有不同属性的空间对象进行定位和分析;以空间分析方法为手段,可以对空间数据进行数据处理;以多种专题地图样式可以满足空间数据和属性数据的综合表达,如研究沉积微相与注水井和采油井之间的关系,判断沉积微相的划分是否正确。由于空间数据仓库具有集成和面向研究主题的特点,因而可采用空间数据仓库来存储和管理数字油藏的多源数据,同时可实现由事物处理型向数据分析型环境的转变。可见,储层建模的数据管理可以以 GIS 平台的功能为基础,按照储层建模的特点进行扩展,借此提高储层建模的效率。其空间数据仓库系统架构如图 3-9 所示。

第一层为源数据层,是空间数据仓库的物质基础,可存储在不同的平台和不同的数据库中,开发有效的数据提取算法可以很好地利用已用的勘探开发关系数据库。

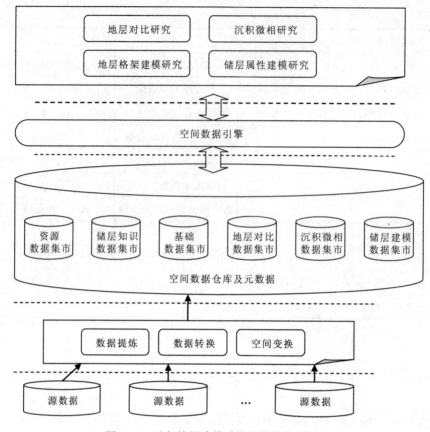

图 3-9 油气储层建模系统的数据管理框架

第二层是数据变换工具层，主要包括提炼、转换、空间变换。数据提炼主要指数据的抽取，如数据项的重构、删去不需要的运行信息、字段值得解码和翻译、补充缺漏的信息、检查数据的完整性和相容性等；数据转换指同一数据编码和数据结构、给数据加上时间标志、根据需要对数据集进行各种运算以及语义转换等；空间变换指空间坐标和比例尺的统一，赋予一般数据的空间属性。

第三层是空间数据仓库层，有元数据和数据集市组成，元数据是数据仓库的核心，是关于数据的数据，是关于数据和信息资源的描述信息。它通过对地理空间数据的内容、质量、条件和其他特征进行描述和说明，帮助人们有效地定位、评论、比较、获取和使用地理相关数据。空间数据仓库以多维方式来组织数据和显示数据。空间维和时间维是空间数据仓库反映现实世界动态变化的基础，它们的数据组织方式是整个空间数据仓库技术的关键。空间数据仓库的数据组织方式可分为基于关系表的存储方式和多维数据库存储方式。基于关系表的数据模型主要有星型和雪花模型；多维数据库数据模型主要是超立方体结构模型。空间维数据的具体表现形式为空间对象的名称和指向空间对象的指针。

第四层是空间数据引擎层。由数据提供者和一组数据引擎组成（如 SQL Server 引擎、Oracle 引擎），这些引擎一般的 GIS 平台都提供，可直接使用。

数据变换工具从多源数据中抽取数据提供给储层建模的空间数据仓库，为数据源和空间数据仓库之间架起了一座桥梁,使源数据得到了增值和统一,最大限度地满足了空间数据仓库高层次决策分析的需要;空间数据仓库按照应用由数据集市组合而成,空间数据引擎隔离应用和数据集市,应用系统不直接与数据的存储和管理联系,保证数据集市与应用系统的相互独立,一方面,使数据集市有良好的自适应性、可伸缩性;另一方面,简化了应用系统的开发,提高了应用系统的可移植性和可重用性。

第六节 小结

好的数据管理方式是提高数字油藏效率的主要途径,围绕其数据管理方式展开研究,主要有以下成果。

(1)通过对目前油气勘探开发数据管理的调查,目前拥有的数据库都主要为数据管理服务,而不是为应用服务,不能满足数字油藏系统的需要。而GIS并非针对石油工业而开发,面对油气勘探开发多维、多源、多类、多量和多主题的数据,在理论和实践上均有许多问题需要探索和解决。可见采用一般的数据库系统不能为储层建模服务。

(2)储层建模过程中用到的数据有储层地质知识、地震资料、岩芯资料、测井资料、测试资料和油藏生产资料,这些资料主要有数据的多维及多尺度性、数据的空间属性、数据的时间属性、数据的不确定性和数据应用的复杂性等特点。

(3)要使储层建模效率提高,数据管理应以图形化的形式集成显示多源、多类、多种显示样式的储层建模数据;针对某一类或某一个对象进行快速检索和查询并能以多种方式显示其结果;能生成某一研究主题的专题图件;应具备多种格式、多种样式、多种来源的数据提取和分析的功能;应实现由事物处理型向数据分析型环境的转变,并能较好地适应数据、环境和应用的变化,以满足数据的综合分析的要求;应采用合适的方法利用石油行业多年来开发的大量的勘探开发关系数据库及相应的软件;储层建模的应用应随着油气田勘探开发程度的进程而不断变化;应采用空间数据仓库解决储层建模的数据管理问题。

(4)储层建模的空间数据仓库可以划分成沉积微相分析、储层的划分与对比、储层知识研究、储层建模4个研究主题,储层建模的每一个研究主题对应一个数据集市。

(5)储层建模的空间数据仓库的管理可按时间和空间的组合来进行数据的组织,以研究阶段为时间的度量参数,以储层作为空间的度量参数,可分为历史细节级(源数据)、当前细节级(油藏基础数据)、轻度综合级(储层地质研究)和高度综合级(储层模型)4个层次。

(6)数字油藏的空间数据仓库,其结构分为4层:第一层为数据抽取层;第二层是数据变换工具层,主要包括提炼、转换、空间变换工具;第三层是空间数据仓库层,有元数据和数据集市组成;第四层是空间数据引擎层。

(7)储层建模的空间数据仓库的存储采用数据中心策略存储,按照地理信息系统常用的空间数据组织方法,可采用点、线、面、体等元素来表达各类空间实体,按照空间实体的特点组织为点、线、面、体等按图层进行存储和管理。

第四章 油气储层地质知识库

本章首先分析了储层地质知识库在数字油藏中的地位和作用,在总结储层地质知识研究方法的基础上,分析了储层地质知识库的基本内容及建立步骤,讨论了储层知识的分类,提出了储层地质知识库的组织方式、储层地质知识库的构建方法以及储层地质知识库在储层建模中的应用机制。

油气储层地质模型的建立是现代油藏描述的重点和难点,而储层地质知识库的建立则是储层建模中一项十分重要的基础工作,是储层建模过程中一个重要的组成部分。只有利用好储层地质知识,才有可能提高储层建模的精度。储层地质知识库的好坏直接影响到最终的建模成果。在井下资料缺乏的地区,一般很难把握储层性质和参数的地质统计特征,许多模拟参数无法直接获得,必须借助于相似的原型模型。即使在井下资料丰富的情况下,也要考虑钻井位置选择的人为性,可能会过高地估计储层特性。在这种情况下,必须通过地质类比分析,借助与研究区相似的研究成果来完善储层地质知识库,为储层建模提供比较合理的参数和地质知识约束。

在随机建模过程中需要确定许多模拟参数,如砂体的宽厚比、变差函数等,而这些参数在资料较少的情况下是不易得到的。例如,实验变差函数的求取通常需要至少 30~50 个数据对才能得到比较可靠的结果。在这种情况下,只有通过储层地质知识库才能确定这些模拟参数,因而建立储层地质知识库显得十分必要。

所谓储层地质知识库,是指对各种已知的地质实体经大量研究高度概括和总结出的能定性或定量表征不同成因单元储层地质知识且有普遍地质意义的参数,并能用来指导对未知储层的研究、预测和建模。而在研究区是充分利用已有的各种资料对研究区进行详细地质研究和统计分析,建立表征储层各种特征的地质知识,这些知识可以直接作为输入参数参与储层建模,或者为某些参数的确定、模拟方法的选择、实现的选取及结果的检验提供数据或地质依据。这些参数包括储层的沉积成因、沉积规模、空间形态和展布规律等。如不同类型沉积砂体的形态是属于定性的地质知识库参数,河道砂体的宽厚比属于定量的地质知识库参数。

第一节 储层地质知识的研究方法

获得储层地质知识的手段是多种多样的,最主要的有露头或现代沉积调查、沉积过程模拟及成熟油田区的精细研究和解剖 3 种方法,在建立储层地质知识库时,在选择露头、开发成熟油田的密井网区或现代沉积环境的精细储层模型必须与研究区地质成因类似。此外还要注意具有密度采样的条件,采样点密度必须比模拟目标区的井点密度大得多。

一、露头或现代沉积调查方法

由于露头条件较有利,对于储层地质知识库的建立显得尤为重要。利用露头调查建立地质知识库,国内和国外的学者已经做了不少工作,国外已有许多成功的例子(表4-1),最著名的要数 EXXON 应用密西西比三角洲的地质知识库指导 Prodhe 湾油田的开发、英国 BP 公司应用约克郡露头指导北海东 Shetland 盆地的油田开发。

对于露头区和现代沉积区,可以进行三维空间的砂体结构测量,并可在三维空间进行密集采样和岩石物性(孔隙度、渗透率)测定,取样网格可加密至米级甚至厘米级。因此,可建立十分精细的三维储层地质模型。通过对露头的详细描述、测量、取样分析、钻浅井及地面雷达等多种手段的详细解剖,可以得到关于砂体的几何形态、分布规律及其内部孔隙度、渗透率的分布规律,这样获得的信息真实可靠,而且精度很高,可以为相似沉积环境下地下地质建模提供十分有用的信息。

表4-1 国外精细研究的一些典型河流、三角洲露头与现代沉积(贾爱林,1995;2000)

序号	露头或现代沉积名称	露头或现代沉积地点	露头或现代沉积类型
1	GYPSY 露头	美国俄克拉荷马州	曲流河
2	FERRON 砂岩	美国犹他州	河流-三角洲(高水位体系)
3	FALL 河组露头	美国怀俄明州东部	河流-三角洲(低水位体系)
4	FRONTIER 组 FREWENSCASTLE 砂岩	美国怀俄明州 BIGHORN 山东部	潮汐三角洲
5	BUNTSANDSTEIN 露头	西班牙 IBERIAN 盆地	河流
6	喜马拉雅前渊盆地中新世 CHINJI 露头	巴基斯坦北部	辫状河
7	KOSI 巨型扇	尼泊尔-印度	湿扇-辫状河(现代)
8	EDWARDS 组白垩系碳酸盐岩储层露头	美国得克萨斯州	三角洲
9	POCAHONTAS 河流相储层露头	美国肯塔基州	河流

在选择好露头以后,首先对露头勘探,确定好最佳横剖面,再根据剖面长度选择精细解剖的柱状剖面的个数,各柱状剖面之间的砂体是根据镶嵌照片及实际测量的砂体的实际位置和大小插入到剖面之间,在测量柱状剖面时,由于剖面之间有一定的间隔距离,在这个间隔内仍有一些砂体遗漏,要通过砂体的测量和镶嵌照片按砂体的实际位置与大小插入到柱状剖面之间,该剖面应校正到河道的总体方向。通过上述校正和恢复,得到砂体骨架原型剖面模型。

建立好砂体骨架剖面模型以后,就可以统计储层地质参数。可主要统计下列参数:砂体面积比、不同厚度砂体的面积百分比、各柱状剖面砂体数的统计平均数、不同厚度砂体出现的概率统计、统计各柱状剖面的 NGR 值。以此可作为随后的地下砂体骨架横剖面预测模型建模中内插砂体的定量依据。如条件许可,可进行浅钻,甚至取芯分析、注水等,可以观察流体流动规律。

通过对现代沉积的研究,可以建立相应储层的地质知识库。Matthew J 等解剖了 Colorado 州 Piceance 盆地 Coal 峡谷 Williams Form 地层的点坝露头(图4-1)。该露头是从单一、净毛比低的曲流河沉积而成，在大多数情况下，露头提供了砂泥岩体的二维资料，因此可以得到其平面几何形态，通过经验数据和关系可以重建古河道。点坝砂体的最大侧向延伸与曲流带宽度和曲流波长相关，可以通过河道大小来估计。满水的河道深度可以根据砂体平均厚度来估计，然后用曲流带的曲率和压实来进行校正。满水河道宽度可以通过出露的侧向加积面的平均水平宽度的测量来估计。

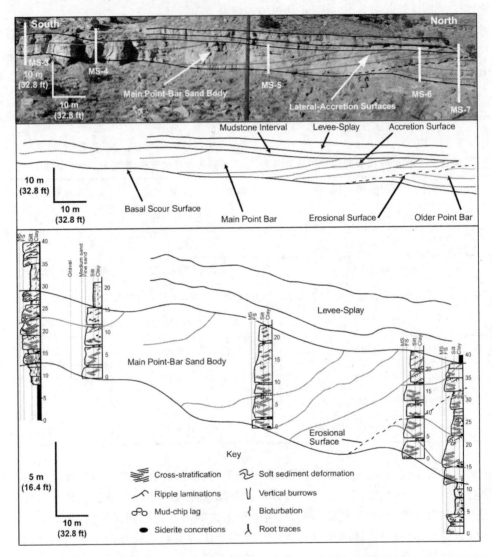

图 4-1　Colorado 州 Piceance 盆地 Coal 峡谷 Williams Form 地层的点坝露头（Matthew J，2007）

　　现代河流的沉积研究最早起源于 19 世纪，但真正对现代河流沉积的广泛研究兴起于 20 世纪 50 年代末和 60 年代初，特别是 20 世纪 70—80 年代召开的第二次国际河流沉积学会议，再次促进了现代河流沉积学的发展，这一时期发表了大量的河流沉积学研究成果及著作。几十年来，通过河流沉积学的研究，人们已归纳出了曲流河、辫状河及网状河的沉积模式及其环境演化模式，河流沉积的二元结构已普遍被接受，虽然这些模式已成为对比和认知古代河流沉积体的一个标准框架，但由于河流沉积的复杂性和多样性，难以用一种模式囊括古代众多复杂的河流沉积过程。特别是随着油田勘探开发工作的不断深入,传统的经典的河流沉积模式已满足不了油田勘探开发工作的需求,正如 Collinson J D 指出的那样:"很多实例的广泛经验,比之有限数量高度提炼过的相模式知识,似乎是解释新例子的更好基础"。王平等在以黑龙江省富裕县大马岗现代嫩江沉积体为例,通过深挖探槽、探坑及野外密集采样的精细解剖,详细研究了现代嫩江大马岗沉积体内部岩相、沉积微相、沉积层序及沉积模式。大马岗河流沉积体是一个由辫状河与曲流河沉积组成的复合沉积体,其下部以辫状河砾质坝沉积为主,上部则以低能量的曲流河沉积为主。可见,现代沉积调查和露头调查方法大同小异。

二、沉积过程模拟方法

沉积过程模拟为解决油气储层展布形态、规模和储集性能的问题提供了有力手段。我国学者赖志云、张春生等也做了不少这方面的工作。沉积过程模拟可以分为物理模拟和数字模拟两种,物理模拟相比数字模拟而言相对成熟,国内数字模拟的研究落后于国外水平,目前只能以二维开展模拟研究,三维模拟还在研究之中。

1. 物理模拟

在实验室内开展沉积模拟实验理论研究是沉积学研究的主要手段之一,也是开展定量沉积学研究的重要途径。模拟实验主要采用两种设计方法,即自然模型法和比尺模型法。自然模型法主要用于地质界特别是沉积学界的实验研究之中,而比尺模型法主要用于水利工程部门。模型试验是建立在相似理论基础之上的,只有模型和原型确实相似时,才能将模型试验的结果引申到原型中去。根据相似理论,模型与原型之间必须具备几何相似、运动相似和动力相似这3个基本条件。

自然模型法作为一个新的方法与原型联系起来进行模型设计,由维里坎诺夫于1950年首先提出,后来又被许多学者如安德烈也夫、亚罗斯拉夫和罗新斯基等发展完善。它的关键问题在于决定模型比尺。一般来讲,自然模型的比尺是以原型的某些特征值(如河宽、水深、流量、含砂量、沙滩迁移速度等)与模型相应的特征值对比后求得的。而在设计模型时由于缺乏模型的各项特征值,因此,可以先将模型小河段看作是小的原型,利用现有的水流运动、泥砂运动以及相互关系式进行初步计算,近似求出模型比尺。然后再在模型中实测各项特征值予以修改比尺。选择比尺时,除按公式计算外,还需要满足一定的条件,以避免模型与原型之间在造床方面的本质差别。

在储层随机建模中,砂体的几何形态是一个十分重要的参数。然而,由于受井距、地震资料分辨率的限制,很难准确地把握砂体的几何形态。沉积物理模拟实验的应用能够为不同沉积环境下储层砂体的形态提供一种有效的模拟手段。在油田开发后期一般静动态资料较多,可以利用较丰富的油田开发生产资料,建立精细的地质模型,分砂层组或单砂层开展模拟实验,并把实验结果与已有的静动态资料进行对比。如果在井点上实验结果与静动态资料所反映的砂体特征吻合程度较高,就可以认为实验结果是可靠的。对于井点之间原型砂体的特征可由实验砂体(模型砂体)对应井点之间的特征来描述,从而定量预测井间储层分布和非均质特征以及剩余油的分布规律(图4-2)。

2. 数值模拟

20世纪60年代以来国际上对沉积过程的数字模拟开展了较深入的研究,特别是随着层

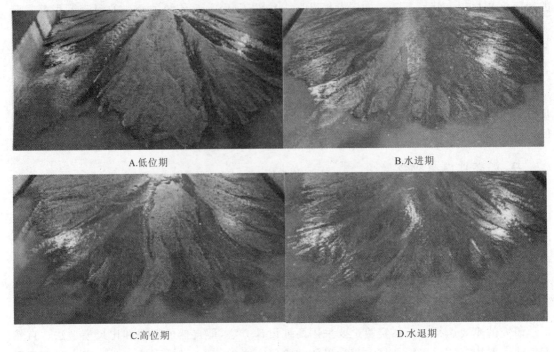

图4-2 扇三角洲沉积过程物理模拟(贾爱林,1995;2000)

序地层学的出现,该项技术取得了长足发展。在反复的实践中,国外的石油公司已经积累了应用沉积过程模拟技术进行油气勘探的经验,并逐渐得到国外地质工作者的认可。

以4种模拟模型为主,可模拟碎屑岩、碳酸盐岩和它们的混合沉积。扩散模型将沉积物在水中的搬运和沉积看作是一种扩散作用,认为不同粒度的碎屑颗粒具有不同的扩散能力,一般认为粒度越小,扩散能力越大;流体动力模型通过求解描述流体运动的参数关系的Navier-stroke方程来描述沉积物的搬运、沉积和剥蚀,沉积颗粒的状态取决于其所在流体与颗粒间的剪切力和颗粒本身的性质;几何模型则利用经验公式来处理碎屑岩的沉积和搬运,碎屑颗粒的沉积比例与其搬运距离有关;而模糊模型允许地质学家根据自己的理解随意定义沉积物的搬运和沉积规律。而碳酸盐岩的模拟都利用碳酸盐岩的生长速率与水深的关系,一般认为其关系为指数衰减关系。

模拟方法以正演模型占主导,反演模型受关注。碎屑岩正演模型的子模型一般包括沉积搬运模型、构造沉降模型、负载沉降模型、压实模型、海/湖平面变化模型。其中沉积搬运模型的不同,主要在对不同沉积物的粒度处理不同。对于海相环境,海平面的变化对沉积层序有至关重要的作用,而对于面积较小的陆相湖盆,构造沉降的影响很大,甚至超过湖平面的作用。反演模型假定目前的状态是由一系列函数产生的,这些函数可以清楚地沿时间反向回溯。反演模型通过不断改变模拟参数来得到与实际资料接近的模型结果,当得到满意的模拟参数的时候,就可以用来模拟未知的地质过程或计算地质过程变量。这无疑在油气勘探中为层序地层的定量预测提供了更加准确的检验方法。

数值模拟与物理模拟相比,各有优缺点。数值模拟不受比尺和实验条件的限制,边界条件及其他条件可以自由确定,所有条件都以数值形式给出;数值模拟方法具有通用性,只要研制出适合的应用软件,就可以应用于不同的实际问题;数值模拟可以反复模拟,通过修改输入参数和边界条件,直到与实际地质现象吻合,这是物理模拟难以实现的。但是数值模拟必须先为它建立整套的控制方程和封闭条件以及有效的计算方法,如果建立的数学模型不能正确地反映沉积规律,数值模拟就不可能给出满意的结果。目前,沉积模拟研究的许多方面还得依靠经验,这些经验对数学模型的封闭也是不可少的,如果应用不当,就会脱离实际。

数值模拟的水流运动的基本方程建立在连续性方程和 Navier-stroke 方程基础上,该方法认为作为泥砂颗粒搬运动力的流场是碎屑沉积的重要基础。流体流速的大小,决定了泥砂颗粒的搬运、沉积和冲蚀。然而由于流场的计算需要花费较长的时间,加上河道砂体沉积过程的时间又比较长,则需要对流量过程进行简化。将自然界中的流量过程概化为洪水、平水、枯水过程,用多年平均流量过程线来代替自然界中的流量过程,目的是加快运算速度,从而模拟长期的地质沉积过程。图 4-3 为东濮凹陷东部洼陷带中部的白庙气田的数值模拟成果。根据地质研究,白庙地区 $Es_2^下$、$Es_3^上$、$Es_3^中$、$Es_3^下$ 属较深水环境的扇三角洲沉积,扇三角洲形成时沿兰聊断裂存在 3 个物源,其中北部物源相对较小,南部和中部物源相对较大,坡度较陡,达到 $3.5°\sim8°$,沉积物以细砂、粉砂为主,砂岩百分含量较低。据此,可设计扇三角洲数值模拟的初始条件,包括来水来砂条件、基底条件、床砂组成和入湖后河流的展布。由于模拟计算区域只是整个凹陷的一部分,故在计算时除入流的西部边界外,其他边界都为有水砂出入的开边界。当模拟 2000 年时,可见南部支流与南部边界之间形成的旋涡变小,此时两个支流的沉积物继续在原沉积体的展布范围内加积,沉积体前缘已推进到 10km 处,沉积体厚度大于 45m;北部支流的沉积体形态发生了较大变化,河道出现分支迹象,粒度相对较粗的中细砂分布范围逐渐增大,约占整个沉积区域的 40%,泥质沉积区逐渐减小,在砂体的中部,孔隙度较高,达到 34%,在两个分支河道间,孔隙度相对较低,一般小于 30%,前缘部位孔隙度为 28%。

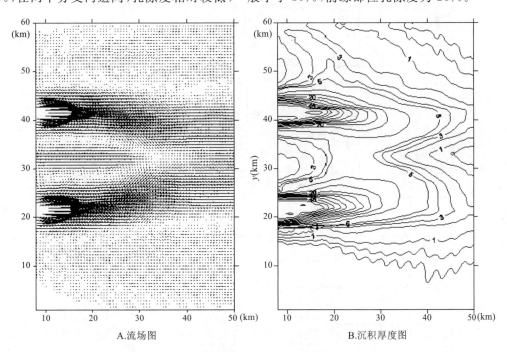

图 4-3 白庙气田扇三角洲砂体模拟 2000 年时流场及沉积厚度分布

在应用数值模拟时，还有一点需要特别注意。在模拟地质沉积过程时，其流动条件，包括古水流条件、古物源条件和古河湖几何形态等都不十分清楚，是以历史形成的沉积结果为模拟的"目标"，去"反演"形成这些沉积结果的地质沉积的历史过程。这一模拟过程是多解的，欲使模拟的结果与历史的沉积结果较好吻合，可能需与物理模拟相结合，利用物理模拟提供的参数进行反复计算才有可能得到正确的结果。

三、开发成熟区的密井网解剖方法

在开发成熟油田的密井网区，尤其是具有成对井的密井网区，亦可建立原型模型，只不过精度比露头或现代沉积低，但可用于指导相对稀井网区的随机建模研究。在中国东部有很多比较成熟的开发区，通过精细的储层地质研究，可以建立储层地质知识库，一方面可以对老区进行深入研究，另一方面也可以节约露头调查的费用。按储层规模由大到小分别是：盆地级（Ⅵ）、油田级（Ⅴ）、砂组级（Ⅳ）、砂层级（Ⅲ）、砂体级（Ⅱ）、层理级（Ⅰ）、毫米级（-Ⅰ）、微米级（-Ⅱ）。这8种级别包括了盆地内储层研究的完整尺度体系。在具体地区（盆地、油田、露头）储层研究中，可根据实际情况选择某一个或几个级别进行储层描述和建模。其中-Ⅰ级、-Ⅱ级可统称为微级，主要用于建立孔隙结构模型。各级别的储层模型特点、非均质性重点及对应研究手段综合见图4-4。

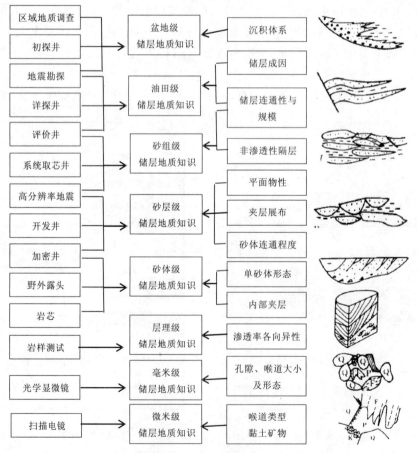

图4-4 储层地质知识分级综合图（姚光庆等，1994）

开发成熟区的精细解剖,本质上就是精细储层地质研究,因而建立储层地质知识库的过程和储层精细地质研究的过程相同,可分为5步:工区选择、岩电转换模型、精细地层对比和地质参数统计、入库。

建立井下地质知识库而进行详细砂体解剖的工区应具备以下4项基本条件:①沉积背景相同,这个原因显而易见;②井距比研究区小,如果井距过大,一些重要的地质参数无法统计,其可信度也大大降低;③具有一定数量的取芯井,实际上只有岩芯是认识储层的第一手数据,通过岩芯观察,可以了解沉积环境、构造等,通过与电测曲线的对比分析,建立沉积微相与电测曲线的响应模型;④构造简单,易于对比,如果断层很多,断块之间支离破碎,根本无法建立起有效的等时地层对比,有时构造也控制了砂体的发育规律。

岩芯可以提供单井详细的地质信息,但取芯井(段)较少,不能满足建立详细地质知识库的需要。因此必须利用每口井的测井资料,将测井信息转化为地质信息。通过对岩芯及测井曲线的对比研究,建立一套岩相-电性的转换模型,推广到未取芯井段,将其测井曲线转化为岩相剖面,这样既方便了地层对比,又得到了储层地质知识。在建立岩相-电性转换模型时,应该仔细选择电测曲线,确定最佳的电测曲线组合,避免犯经验主义错误。

井间地层对比是建立储层地质知识库的基础工作,在储层建模中也是地质知识约束方法之一,其精度随井距的减小而增大。一定的井距可以解决一定层次范围内的储层非均质性问题。因此小井距地层对比(精细对比)非常必要。在地层对比研究中应采用旋回对比,分级控制的原则,以标准层为标志,以沉积机理为指导,兼顾物源方向。在具体实际应用中,砂层组以上的层次沿用油田原有的划分结果,不再重新对比。单砂层的界面应重新对比分析。依据以上方法,建立纵横对比剖面,控制住整个井网区。通过精细地层对比,按照层次分析法,识别各级结构要素的展布参数。

这样通常可得到一维和二维储层参数。一维地质参数包括各级结构要素的频次、密度、厚度分布,以及上部、下部岩石相(包括总的及单个的)等;频次指单位地层厚度中某种结构要素的层数,密度是指单位地层厚度中某种结构要素所占的厚度,厚度分布指某种结构要素在各厚度区间的分布情况。二维地质参数包括两个级次(单砂体及岩石相)的4个参数:宽度长度、宽(长)厚比、对称系数、左右接触关系。

四、三种方法的对比

以上3种方法相对其他方法而言都有其各自的优缺点。采用露头解剖的方法或现代沉积环境调查方法最直接,如能够直接得到砂体的形态、大小、接触关系、连通情况等许多其他手段无法得到的真实信息,而且信息的精度高、真实可靠,但存在着以下几个问题:①与研究区沉积特征相似的露头难于发现。我国出露良好的露头多在西部,而开发程度高的油田主要在东部,通过西部地区露头工作,指导东部油田,显然存在许多问题;②露头与油田的沉积条件、沉积环境和地层层位相似程度存在较大的不确定性;③解剖露头费用昂贵,要做到三维解剖需要钻井、测井、地面雷达、岩芯分析化验等许多工序,解剖一个规模不大的露头可能需要数百万、上千万元。由于经费限制,通常露头解剖只是多个二维剖面,受地形影响特别大,而且得到的信息不全,无法得到储层在三维空间的形态和展布情况。沉积过程模拟中的物理模拟具有成本低、可多次重复、测量准确等优点,存在的问题主要有:①受实验装置规模大小的限制,实验时间较长时砂体的生长过程不能充分自由生长;②没有考虑波浪的作用;③在储层物性方面的作用不大。沉积过程的数值模拟从理论上讲是一个比较好的方法，但离实际应用还有相当大的距离。开发成熟油田的密井网区解剖方法的优点是可以充分利用大量已有的地震、钻井、测井、岩芯、试井、生产等资料，建立储层地质知识库的成本低，但由于中国陆相碎屑岩沉积环境下相变快，储层非均质性严重，根据密井网解剖建立的原型模型存在一定的不确定性，知识的可信度相对较低。总的来看，这些方法各有所长，在具体应用时必须结合实际情况合理选择。综合多种因素，开展密井网区的精细解剖是目前一种比较行之有效的方法。

第二节 储层地质知识库的基本内容和建库步骤

一、储层地质知识库的基本内容

储层地质知识库的内容有广义和狭义之分。广义的储层地质知识库基本覆盖了石油地质学所研究的所有内容，包括沉积背景（盆地类型、古气候、古生物、古地理、古水动力条件、物源特征等）、沉积特征、成岩特征等，狭义的储层地质知识库仅仅包括各类成因砂体单元的空间特征、边界条件和物理特征以及定性表征的沉积模式等，也就是储层建模所需要建立的储层地质知识库。这些地质知识或直接作为输入参数参与储层随机建模，或为选择随机模拟方法及选择随机模拟实现提供地质依据，或为模拟结果的精度分析提供对比数据及地质依据。由于储层建模实际上是储层地质工作的升华，在模型的建立和应用过程中需要精细储层地质研究成果，也就是说，储层地质研究成果的认识深度和广度直接影响了储层建模的精度，因而储层建模的储层地质知识库不仅仅是为建立模型所用，也应该为储层地质研究所用，所以储层地质知识库应该是广义的储层地质知识库。

储层地质知识库的分类一般按沉积环境来分类，如按河流类型统计的储层地质知识库首推裘怿楠等人对我国湖盆河道砂体的总结（表4-2），这一分类方案及内部特征与参数已被应用了好多年；扇三角洲砂体成因单元的成因地质知识库由贾爱林等对滦平扇三角洲露头统计的储层地质知识库（表4-3）。从这两表可以看出，储层知识主要是根据成因单元来划分，再建立各类砂体的参数包括砂体形态、宽厚比、砂体的几何形态、粒度等参数。

不同的随机建模方法，对地质知识库内容的侧重点有不同的要求；如随机遗传模拟方法（随机生/灭过程）在进行三角洲砂体岩相模拟时，不但要研究三角洲舌状体的层序特征，同时要研究、推断三角洲舌状体的大小、变化趋势等几何形态参数；而截断高斯模拟方法，其地质知识库的内容则在详细的储层沉积学等研究的基础上，要求地质知识库中有准确的二维甚至三维截断高斯函数。表4-4为目前主要的储层随机模拟方法和所需地质知识库的内容；可以明显看出，虽然各种模拟方法对储层地质知识库内容的侧重点要求不同，但储层沉积学研究仍是基础，对储层的沉积成因、沉积规模、沉积层序和纵横向展布规律的精细描述，可以为储层随机建模提供有关模拟对象形状、可能的沉积规模及分布特征的可靠的先验知识，是减少模拟结果中的随机成分，提高模拟结果可信程度的前提条件。

储层建模的前提是建立精细的储层地质概念模型，这实际上就是进行细致的油藏地质研究。然后，根据条件模拟算法所需的输入参数，将上述研究成果（包括定性描述和定量数据）进行量化，获得建模所需的定量参数，即针对研究目标的储层定量地质知识库。而作为一个完整的地质知识库，其内容除建模软件所需的内容外，还应包括储层地质研究过程中涉及的地质知识,首先根据储层地质研究的精细程度划分为孔隙结构、样品、单砂体、砂层组和油层组5类,再依据每种类型的研究程度细分储层知识(表4-5)。

表4-2 我国湖盆各类河道砂体的储层地质知识库(裘怿楠,1997)

非均质指标 成因类型	粒度变化	最高渗透率段位置	渗透率非均质性			顶层亚相厚度	层内薄泥质夹层		侧向连续性	
			变异系数(K_v)	级差(K_{max}/K_{min})	突进系数(K_{max}/K)		产状	频率	几何形态	宽厚比
高弯曲度曲流河	均匀向上变细、单个正韵律	底部	0.8~1.0(1.3)	10~20(50)	3.5~5.0(7)	30%	侧积	上部多		130~170
低弯曲度曲流河	单和多个向上变细正韵律	底部	0~0.7 (1.0)	10~20 (40)	2.5~4.5	20%±	泛滥、充填	多,全剖面分布		30~60
短流程辫状河	无规则序列	不定				≈0	充填	几乎没有		40~80
长流程辫状河	无规则序列	底部或中下部	0.5~1.0	4~14 (>30)		<10%	充填	很少		100±
笔直型及末端扇分流河	不对称向上变细正韵律	底部	0.5± (0.8)	30~50	1.7~2.6	变化很大	泛滥、充填	较多,连续性较好		20~40
网状河限制性河谷充填	底部或中下部不对称向上变细正韵律(主体厚度大)侧积	底部或中下部	近似于主体砂岩发育的顺直河			<10%	充填	少		很小

表4-3 滦平扇三角洲砂体成因单元的储层地质知识库(贾爱林,2003)

成因单元	宽度(m)	厚度(m)	遮挡层	沉积构造	粒度	分选
平原泥石流	1~3	10~30	水平泥粉岩	块状层理、大型槽状		
辫状水道	300~500	1.5~8	水平泥、泥粉岩	大型槽状、平行层理、板状层理		
近岸水道	200~1000	3~16	水平、波状泥、泥粉	平行层理、交错层理		
远岸水道	100~500	0.5~5	水平泥岩、波状泥粉	平行层理、交错层理		
天然堤	50~200	0.5~1.5	水平泥岩	平行层理、波状层理		
河口坝	30~100	2~4	波状泥粉	交错层理		
远砂坝	20~70	1~3	波状泥粉	小型交错层理		
席状砂	300~2000	0.5~2	水平页岩	块状层理、平行层理、波状层理		
滑塌浊积	50~200	2~6	水平页岩、倾斜泥岩	块状层理		
溢岸沉积	100~300	1~1.5	水平泥岩	波状层理		

表 4-4 主要随机模拟方法所需地质知识库的参数表

模拟方法 \ 参数	沉积成因	沉积层序	储层几何参数	参数统计模型	地震属性数据
示性点过程模拟	√	√	√		
布尔模拟	√	√	√	√	
截断高斯模拟	√	√	√	√	√
随机遗传模拟	√	√	√	√	
序贯指示模拟	√	√	√	√	√

表 4-5 储层地质知识库的基本内容

参数		油层组	砂层组	单砂体	样品	孔隙
油藏地质研究确定的参数	成因	相	亚相	微相类型	颜色、沉积构造	孔隙喉道分布
	类型			岩石相类型	成分、结构	黏土基质
	分布 垂向	旋回性	旋回性	沉积构造的垂向演变、粒度序列、最高渗透率段位置、层内不连续薄夹层、微裂缝、层内渗透率非均质程度	旋回性	层理构造的产状
	分布 平面	物源方向	古流向	局部范围古流向、砂体延伸方向		伸长砂粒排列的方向性、片状矿物排列的方向性
	几何形态			剖面形态、平面形态		
	规模	砂岩百分比、有效厚度	砂岩百分比、有效厚度	厚度分布、宽度分布、宽厚比和平面上的延伸长度、宽度与长宽比、钻遇率、分岩相的砂岩百分比		
	质量			孔隙度、渗透率、泥质含量、含油饱和度等参数的统计特征及相互关系	孔隙度、渗透率、泥质含量等	
	连通			砂体配位数、连通程度连通体大小、砂体接触处渗流能力		孔喉配位数、孔喉比、退出效率
地质统计学知识		方位、变程、块金常数、基台值、拱高、空穴效应、各向异性				
地震与岩相物性参数		地震属性与岩相的概率表、地震属性与孔隙度的回归系数				

二、储层地质知识库的建库步骤

地质知识库的建立是在小层(韵律层)精细划分对比的基础上,通过地层格架模型、构造模型、沉积模型、储层层次结构模型、流体模型和储层非均质性模型等的研究来建立储层地质知识库的,概括起来主要包括油藏地质精细研究、建模参数的量化、统计学分析 3 个基本步骤。所建立的内容根据在建模过程中的作用不同,可分为模拟算法所需的知识库和模型分析检验的知识库,前者以定量参数为特征,如所模拟变量(储层厚度、孔隙度、渗透率、饱和度)的变差函数参数和传统的统计参数等。后者则以定性的地质描述为主,如相的类型、沉积演化规律等。地质知识库的建立可以概括为油藏地质精细研究、原始数据的提取、地质统计分析、数据入库等几个基本步骤(图4-5)。

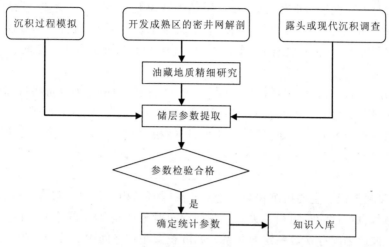

图4-5 储层地质知识库的建立步骤

第三节 储层地质知识类型

在储层建模研究过程中已经建立的空间数据仓库中隐藏着大量的知识,这些知识中有的属于"浅层知识",如某井含油层段有哪些等,这些知识一般通过 GIS 的查询功能就能获得;还有一些知识属于"深层知识",如沉积微相的空间位置分布规律、空间关联知识、形态特征和区分知识等,它们没有直接存储于空间数据仓库中,必须通过运算和挖掘才能发现。根据储层地质知识库所包含的内容,可以把储层地质知识归纳为如下9种类型。

(1)储层概括性知识。概括性知识是通过对储层的微观特性研究,发现其表征的、带有普遍性的、较高层次概念的、中观和宏观的知识,反映的是同类储层成因类型的共同性质,是对数据的概括、精炼和抽象。如在吐哈油田温西一区块的储层地质研究中,通过对该区储层沉积微相的分析,得出如下概括性的描述:本区三间房组主要发育水下分流河道、河口坝、席状砂和分流间湾4种沉积微相,该描述就是通过对研究区的沉积微相分析所得到的对该区沉积微相的概括性知识。这类知识是开展其他工作的前提。

(2)储层特征知识。储层特征知识是指对储层成因单元的几何和属性的普遍特性的描述,即某类成因单元的共性。成因单元的空间几何特征是指成因单元的位置、形态特征、走向、连通性等普遍特征。空间属性特征指成因单元的数量、大小、面积、厚度、名称等定量或定性的非几何特性。这类知识是最基本的,是发现其他类型知识的基础。这是成因单元的基本属性的表述。

(3)储层区分知识。储层区分知识指两类或多类成因单元之间几何或属性的不同特性,即可以区分不同类对象的特征,是对个性的描述。如水下分流河道沉积微相在自然电位曲线上主要表现为箱形特征,这就是描述该沉积微相与其他沉积微相相互区分的知识。这类知识与储层特征知识既有区别又有联系。

（4）储层分布知识。指成因单元在空间的分布规律，分为在平面、垂向、平面和垂向的联合分布规律以及其他分布规律。平面分布指空间对象在平面的分布规律，如储层砂体的展布；垂向分布即空间对象属性沿垂向的分布，如储层的渗透率是正韵律、反韵律，还是混合韵律。许多成因单元在空间都具有复杂的分布特征，它们常常呈现为不规则的曲面，如储层沉积微相的分布规律。欲研究这些对象的空间分布趋势，首先要用适当的模型将其空间分布及其区域变化趋势模拟出来。

（5）储层分类知识。指根据目标的空间或非空间特征，利用分类分析将目标划分为不同类别的知识。空间分类是有导师监督的，并且事先知道类别数和各类的典型特征。储层建模中经常会使用到各种分类方法。如根据储层的沉积微相、物性参数、粒度等，把储层划分为一类储层、二类储层和无效储层。如在沉积微相研究中，通过对各井电性进行聚类，发现沉积微相的分类规律。

（6）储层关联知识。主要指沉积微相之间相离、相邻、相连、共生、包含、被包含、覆盖、被覆盖、交叠等规则，也可称为空间相关关系。各种空间对象的空间分布并不是孤立的，是相互影响，相互制约，彼此之间存在着一定的联系。如沉积微相在空间中的分布必须遵守沉积相模式等，如沉积微相与储层物性有着紧密的关系。

（7）偏差型知识。对空间目标之间的差异和极端特例的描述，揭示空间目标或现象偏离常规的异常情况。该类知识可以在储层地质研究的不同层次中被发现。如单砂体分析中高渗透带所处的位置，虽然在储层建模过程中不太关心该类知识，但在储层模型的应用过程中，作用非常之大，常常用来分析注入水的推进方向，为调剖提供依据。

（8）空间预测知识。指的是根据已知储层属性的空间分布状况，预测该属性在邻近空间的分布状况过程中所获得的知识，如根据沉积微相的平面变化规律，推测未知区域可能出现的沉积微相。

（9）时间预测知识。指空间对象依时间的变化规则，根据建立的储层地质模型，由历史的和当前的油气开发生产数据去推测未来的情况。如根据历年的产油量，预测未来10年的产油量。

这些储层地质知识从信息内涵上讲是有区别的，但从形式上又是密切联系的。如用空间分布图来描述某一对象的某个属性，既传递了该对象属性的空间分布信息，又传递了其空间趋势和空间对比信息。在储层建模中经常用到沉积微相分布图，从中既可以了解沉积微相的空间分布情况，又可以认识到分布的基本规律。可见这些不同类型知识之间不是相互孤立的，在解决实际问题时，经常要同时使用多种知识。

第四节 储层地质知识的组织方式

一、知识库与数据库的对比

传统的知识表示方式可以归纳为4类：一阶谓词逻辑表示、产生式规则表示、语义网络表示和框架结构表示。不管采用哪种组织方式，知识通常采用文本文件管理方式。由于系统中的文件是为特定的系统应用服务的，文件的逻辑结构对特定应用程序来说是优化的，因此要想对现有的软件进行修改会很困难，不容易扩充。一旦表示知识的文件的逻辑结构改变了，必须修改应用程序。可见知识与应用程序之间缺乏独立性，造成系统知识库管理维护困难等问题；此外，知识文本文件管理方式不能满足多用户、多应用共享知识的需求。由于知识的表达机制在很大程度上决定了知识库的准确度和可调用度，控制了知识的应用机制。

知识库的表示方式完全可以借用关系数据库原理来表示。这主要基于3个方面的理由：①在功能上相似，只是处理对象上有所不同。知识库的主要功能是对知识进行存储和管理，而数据库则是对数据进行存储和管理。②目的相同。知识库是将知识从应用程序中分离出来，交给知识系统程序处理，而数据库是将数据从应用程序中分离出来，交给数据库系统程序处理。③研究内容相似。两者都需研究大容量信息处理的理论和技术，诸如可恢复性、安全性、保密性和一致性等内容。可见数据库的大部分管理技术同样适用于知识库。实现数据库和知识库的结合，把表示事实的数据和代表抽象的知识结合起来，把数据处理的能力和基于知识的处理能力结合起来，对于形成一个性能更高的数字油藏系统有着深远的意义，也是知识库发展的一种趋势。

由于知识库采用数据库的管理形式，知识库表现出了很强的模块化特点，移植性强，而且由于数据库提供了很强的保密功能，整个知识库也具有了很强的保密性。主要有以下几个特点。

(1)利用关系数据库成熟的管理技术能够对知识库中的各种知识进行集中管理，可以方便地对这些知识进行增加、删除、修改、浏览等操作，增强了知识对应用人员的透明度，极大地简化了系统设计和维护人员对已有知识的访问过程，降低了储层知识的管理、维护难度。

(2)采用通用的数据库访问技术可以在多种环境中方便地实现对各种数据库系统的访问，从而在系统开发过程中可以根据需要灵活地选择开发语言以降低开发成本、提高开发效率，如在.NET平台下可使用ADO.NET实现对知识库的操作，利用其他功能实现计算等复杂功能。

(3)常用关系数据库系统已有许多强大的专用开发工具，利用它们可以方便、快捷地开发出很友好的用户交互界面，便于用户使用，从而降低了对用户计算机操作能力的要求。

(4)把知识库以数据库的形式管理，便于把专家知识和专业应用结合起来，使得专业软件的开发成本大大降低。

由于储层地质知识的复杂性，使得储层知识的应用变得复杂，效率也可能随之降低。

二、储层地质知识库的建立

基于数据库的知识表达，难点在于知识库向数据库的转换，这也是基于数据库的知识表达在实际应用中的关键问题。根据储层地质知识库的内容，储层地质知识包括事实型和过程型知识。由于产生式规则知识表示方法是目前应用最广泛的知识表示方法，因而储层地质知识采用该方法来表示。对于产生式规则知识，从逻辑的观点看，只要把反映因果关系的演绎推理规则以逻辑蕴涵的方式加入到数据库中，就能运用这些逻辑蕴涵，从数据库中已有的事实推导出新的事实。

在知识库的设计过程中，可以采用关系数据库中的E-R模型对储层建模系统中的知识、数据进行分析。概念模型是对现实世界的抽象，概念模型能方便、准确地表示出现实世界中实体之间的关系。概念模型的表示方法很多，其中最为著名、最为常用的是Chen P于1976年首先提出的实体-关系数据模型，即E-R模型。E-R模型的关键在于确定系统中应包含的实体及它们之间的联系。

一条规则一般的表述形式为如果满足一个或多个条件,则得到某个结论,通过设定该规则的可信度来确定该知识的准确度。在转换的过程中,可通过条件表、结论表和规则标识表实现对规则的逻辑蕴涵处理。条件表用来存储规则知识的条件部分,结论表用于存储规则知识的结论部分,规则标识表用于存储规则的基本信息。通过这种规则知识分解降低了规则数据库的冗余。

为了避免规则的自引用、自矛盾及前提条件的重复,应通过数据字典对条件和结论进行管理。在输入规则知识时,输入者可从数据字典中选取条件或结论,也可即时扩充数据字典的内容。当扩充数据字典的内容时,系统应对字典的一致性进行检查,确保数据的唯一性。

基于关系数据库的知识库模型由字典数据和规则库组成,其组成如图4-6所示。数据字典规范了整个知识库的管理内容,确保了知识库的唯一性、正确性和扩充性;规则库把条件、知识、结论分开存放,便于知识的整理。

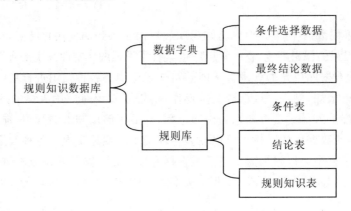

图4-6 规则知识库的组成

根据上述分析,一条规则库的E-R关系模型如图4-7所示。条件表用来存储系统规则知识的条件部分,由规则标识号、条件标识号及条件描述属性组成;结论表用于存储规则知识的结论部分,包括规则标识号、结论标识号、结论描述及结论可信度属性组成;规则标识表用于

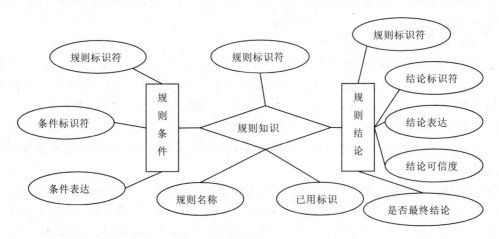

图4-7 规则知识库的E-R模型

存储规则的基本信息，包括规则标识号、规则名称等信息。

储层地质知识库采用标准 SQL 语言完成对所有数据库表的描述，在建立关系表的过程中，严格遵守数据库的第三关系范式，所有表都可以直接从数据库管理系统对规则进行检索、插入、删除、更新等操作。但为了用户的方便和系统的健壮性和减少知识的冗余，储层建模系统应提供规则数据库的界面操作，可方便地从储层知识管理界面进行规则的检索、插入、删除、更新等操作。

第五节 储层地质知识的应用机制

应用机制的确定是由所要解决问题的特点以及知识的表达方式来决定的。规则推理是常用的推理方式，其前提是将丰富的领域知识抽取出来，以规则的形式存储在计算机中，形成领域知识库，当求解问题时，根据前提条件搜索知识库中存在的规则知识，如果 if 子句匹配成功则激活 then 子句，否则作下一步处理，循环搜索所有规则，直到最后。由此可见，规则推理基本上是顺序处理方式，与人的思维模式类似，规则之间相互独立，求解过程逻辑性强，容易理解，易于实现。储层地质知识的应用贯穿于储层建模的整个过程，如当根据取芯井分析后就可得到沉积微相的特征知识，当对测井曲线标定以后，就可以得到沉积微相的测井相知识，然后应用这些知识进行地层划分与对比和其他储层地质研究。可见应采用数据库引导和通过产生式规则推理相结合的应用机制来实现储层建模系统的研究。在该模型中，用户必须先提供事实，在储层地质知识库中选取合适的规则，逐步完成储层建模的各项研究工作。

在储层建模系统的应用过程中，当研究问题满足储层地质知识库中的地质知识的前提时，就可利用该知识的结论，如没有可用的知识，就需要用户引导以找到可用的知识。如果储层地质知识库中只有一个规则满足条件，就选用该规则；如有若干规则，怎样尽快地找到可用规则，是一个控制策略问题。在储层地质知识库的结构组织上可采用平行设置系统的规则库，即每个规则的优先等级相同的方法来实现；若不存在规则时，需要用户提供知识。其工作周期主要由规则匹配、选择、执行 3 个阶段组成。

(1) 匹配：将储层建模每项研究需提供的初始已知条件送入到已知事实表，从规则条件表中取出同一规则标识号的所有记录存储在临时规则条件表中，然后检索这批记录的条件描述是否全部包含于已知事实表中，如果是，则从规则结论表中取出该规则结论加入已知事实表中。再从规则条件表中取出另一条同一规则标识号的所有记录存储在临时规则条件表中，再进行检索，如此反复直到找到最终结论。

(2) 选择：多条规则同时被匹配的情况称为冲突，这时要根据规则的可信度求出冲突规则的优先度，决定选择哪一条规则。

(3) 执行：把所选择规则的结论添加到知识库，作为新的前提条件。

在储层建模的每个研究阶段，重复这 3 个阶段，根据规则库中的规则知识及数据库中存储的咨询前提事实，不断由已知的前提条件来引导每项地质研究过程，并将该项研究成果保存到临时知识数据库，作为新的前提条件事实继续引导储层建模研究，直到储层模型的建立。

第六节 小结

本次研究从储层知识的研究方法入手,提出了其基本内容和建立步骤,讨论了储层知识的存储方式及其应用机制,主要有以下成果。

(1)获得储层地质知识主要有露头或现代沉积调查、沉积过程模拟和油田成熟区的精细研究和解剖3种方法。虽然露头获得的储层地质知识库最直接,但有与研究区沉积特征相似的露头难于发现、与油田的沉积环境和地层层位相似程度存在较大的不确定性、费用昂贵等缺点。沉积过程模拟中的物理模拟具有成本低、可多次重复、测量准确等优点,但受实验装置规模大小的限制、不能得到储层物性信息等缺点;沉积过程数值模拟还只是在理论阶段。开发成熟油田的密井网区解剖虽然成本较低,但获得的储层知识的可信度相对较低。综合多种因素,开发成熟油田的密井网区解剖是目前比较行之有效的方法。

(2)储层地质知识应根据储层地质研究的精细程度划分为孔隙结构、样品、单砂体、砂层组和油层组5个层次。孔隙知识包括成因类型、层理构造产状和砂粒排列方向;样品知识主要包括其成因、类型及质量3类知识;单砂体知识是储层建模知识的重点,主要包括沉积成因、沉积规模、沉积层序、纵横向展布规律、质量、连通、地质统计学知识等;砂层组知识和油层知识除上述知识外,还包括了由地震资料得到的储层知识。

(3)根据储层地质知识库所包含的内容,可以把储层地质知识归纳为如下10种类型:储层概括性知识、储层特征知识、储层区分知识、储层分布知识、储层分类知识、储层关联知识、面向对象的知识、偏差型知识、空间演变知识和储层模型预测知识。前8种知识在储层地质研究中可以得到,后2种知识可以通过对已经建立的储层模型深度挖掘得到。

(4)储层知识的表示采用数据库的表示方式。根据数据库的E-R模型把储层知识表示为条件库、结论库、知识库及数据字典组成。数据字典规范整个知识库的管理内容,确保知识库的唯一性、正确性和扩充性;规则库把条件、知识、结论分开存放,便于知识的整理。

第五章　数字油藏中的空间数据挖掘技术

本章分析了数字油藏中数据挖掘的目的和任务,根据数字油藏流程,探讨其研究内容及应用时机,在对其数据挖掘对象特点的剖析之后指出数字油藏中常用的空间数据挖掘方法,研究其数据挖掘可能获得的知识类型、一般步骤及应注意的问题。

数字油藏过程是一个多学科综合研究的过程,是一个反复的过程,涉及到的数据类型之多,数据量之大,数据流向之复杂,如果仅仅依赖于研究人员的思考,而不借助于其他辅助工具,这既不利于提高数字油藏的工作效率,又不利于深化在数字油藏过程中得到的储层地质知识,因而在数字油藏过程中引入空间数据挖掘显得十分必要。所谓空间数据挖掘,也称基于空间数据库的数据挖掘和知识发现,作为数据挖掘的一个新的分支,是指从空间数据库中提取用户感兴趣的空间模式与特征、空间与非空间数据的普遍关系及其他一些隐含在数据库中的普遍的数据特征。简单地讲,空间数据挖掘是指从空间数据库中提取隐含的、用户感兴趣的空间和非空间的模式、普遍特征、规则和知识的过程。从数字油藏的角度看,其数据挖掘需贯穿于数字油藏的整个流程,为每项专题研究提供辅助工具。

第一节　数字油藏中数据挖掘的目的和任务

数字油藏数据挖掘的主要目的是从大量的油气勘探开发数据及研究成果中提取出储层地质知识,为数字油藏提供有效地数据分析、处理、提炼、约束功能,进而提高数字油藏的知识水平,因为储层特性的分布规律不是靠直觉就能直接分析出来的,大多隐含在获取的大量数据之中。如何根据精细储层地质研究提取储层知识并为数字油藏过程提供地质知识约束就是一个空间数据的挖掘过程。

数字油藏数据挖掘的任务就是在空间数据仓库的基础上,根据数字油藏流程,综合利用空间统计学、模式识别、人工智能、模糊数学、机器学习、可视化等领域的相关技术和方法,以及其他相关的信息技术手段,从大量的空间数据、属性数据中析取出可信的、新颖的、感兴趣的、事先未知的、潜在有用的和最终可理解的知识,从而揭示出蕴含在空间数据背后的储层特性的本质规律、内在联系,实现知识的自动或半自动获取,为数字油藏服务。简而言之,数字油藏数据挖掘的任务就是要从空间数据仓库中发现知识,为数字油藏提供地质知识约束提供支持。

第二节　数字油藏中数据挖掘应用条件

数字油藏中的数据类型繁多,要想从大量的、有噪声的、模糊的、随机的这样的数据体中提取出辅助数字油藏的知识是一项复杂的任务。数字油藏数据挖掘的主要内容包括储层知识的发现算法研究、储层地质信息的表征研究、定性定量数据的转换方法研究和其应用时机等。

数字油藏工作从单井沉积微相分析开始,再进行剖面微相分析,然后根据剖面微相特征,依据沉积模式,进行平面微相组合,如此反复,直至建立一个满意的储层概念模型。单井沉积微相分析从取芯井分析入手,收集测井资料和物性分析资料,如孔、渗、饱及压汞分析等,进行岩性和电性分析,分析岩芯的沉积构造,判断水流机制,描述沉积结构特征和各种变化,建立岩性组合和沉积韵律,确定沉积间断、冲刷面及各种接触关系,确定和建立可能的沉积层序,最终建立沉积微相和测井相的对应模型。所涉及的数据既有定性数据,如泥岩颜色、沉积构造特征等,也有定量数据,如油层的物性参数等。这一阶段中,采用数据挖掘方法可能得到的知识是沉积微相和测井相之间的关联知识,以及各种岩石类型的沉积知识。建立好沉积微相和测井相之间的关系模型以后,对建立的剖面依次建立微相模型。在数字油藏中主要是单砂层的划分与对比,根据沉积旋回进行砂层组内小层的对比,以保证用测井曲线准确标定砂层组和单砂层;用测井沉积微相的研究方法进行小层对比,保证单砂层平面追踪准确。在地层对比时,不是利用测井曲线的确切数值信息,而是利用其形态特征等符号概念,可见该项关键技术是测井曲线的符号化。得到的成果就是单砂层、砂层组、油藏的分层界线及单井的沉积微相。在此基础上形成平面微相,建立储层概念模型。这个过程就是精细储层地质研究的过程,因而可以得到的知识就是建立储层模型所需知识,也就是储层知识库包括的内容。

在得到储层地质知识库后,就可以建立储层地质模型了。在这一阶段,只需要储层地质知识库的支持,不需要数据挖掘方法的帮助。此后,由于建立的是多个等概率的储层模型,模型优选就需要数据挖掘方法的支撑,以找出满足储层地质知识的候选模型,提供给油藏数值使用。这时也可以利用该模型来指导油田的开发生产,如高渗透带的分布范围等,因而也离不开数据挖掘方法。

储层模型的建立过程应该说是储层地质研究结果定量化的过程,也就是得到的地质知识的综合和概括。这一过程离不开数据挖掘方法,但也不是贯穿于数字油藏的整个流程,而是作用在数字油藏的前处理和后处理阶段,因而也没必要在软件的开发中建立一个数据挖掘子系统,而是作为一项功能融合到数字油藏的流程当中(图5-1)。

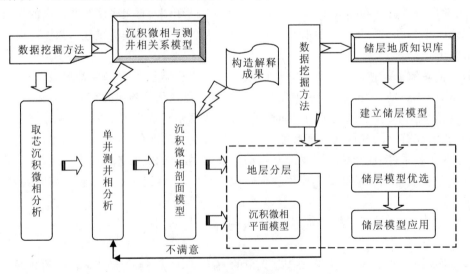

图5-1 储层建模中数据挖掘方法的应用时机

第三节 数字油藏中数据挖掘对象的类型及其特点

一、数字油藏中数据挖掘对象的类型

在数据管理中对数字油藏数据特点的分析表明,数字油藏的挖掘对象是大量的、不完全的、有噪声的、模糊的、随机的与储层相关的数据。一般可分为观测数据、综合数据和经验数据三大类型(表 5-1)。

表 5-1　数字油藏的数据分类

观测数据				综合数据	经验数据
定性数据		定量数据			
定义型数据	有序型数据	间隔型数据	连续型数据	分沉积微相的统计参数等	波阻抗与沉积微相、孔隙度的关系等
沉积相(微相)等	储层分类等	地层分层等	测井曲线、地震资料等		

1. 观测数据

观测数据是指利用各种观测手段对研究对象进行观测或度量所获得的数据。是数字油藏研究的基础数据。观测数据一般未经过任何加工处理,所以也称之为原始数据。观测数据又可分为定性与定量两大类。

1)定性数据

定性数据是指不能用数值描述,只能用符号或代码描述的观测数据。这种数据不具备数量上的概念。定性数据包括定义型数据和有序型数据两类。

(1)定义型数据。定义型数据除没有数量上的概念,并且数据之间没有次序关系。一般用符号或代码形式表示。定义型数据通过区分不同对象或个体并赋予不同的代码后形成的。如描述不同沉积环境的沉积相。定义型数据之间只存在同类或不同类的关系,如两个研究区都属于河流相。

(2)有序型数据。顾名思义,有序型数据之间存在一种单调的升降关系,常可以用等级符号或代码形式来表示。有序型数据与定义型数据的差别就在于数据之间有无次序,如储层评价中储层的分类。有序型数据之间除了相等和不相等关系之外,还有"大于"或"小于"关系,如渗透率共分为五级,从特高、高、中、低到特低。

2)定量数据

定量数据是指能用数值大小来描述的观测数据。包括间隔型数据和比例型数据两类。

(1)间隔型数据。是指有明确的数量概念,可以用数值形式表示的观测数据,数据之间以跳跃的方式出现。例如油气地层的分层数据就是典型的间隔型数据。间隔型数据之间除了具有相等、不相等和大于、小于关系外,还可定量说明数据之间的差异,且这种差异具有实际意义,如地层分层不仅说明了地层之间的界线,还说明了地层沉积可能的先后顺序。

(2)连续型数据。连续型数据也有明确的数量概念,其值在空间中的分布连续没有间断。这种类型的数据特别得多,如测井资料、地震资料等,其操作关系也要比其他类型的数据多,可以采用许多数学方法加工处理。

2. 综合数据

综合数据是由经过定量化处理后的定性数据或定量数据,经有限次运算后得到的具有明确地质意义的概括性数据,如随机变量的各种统计特征,如平均值、标准差、极差、相关系数等。也可看作初步知识,主要用于对综合变量进行赋值。

3. 经验数据

经验数据是指在大量研究了地质现象和规律后,经过归纳总结或根据经验公式计算而得到的经验值,通常是大量地质信息的综合反映。有时经验数据的地质意义往往是十分明确的,但是它们到底受到哪些地质因素的影响、以什么方式影响,以及它们和一些地质因素之间的作用关系往往是不明确的。在数字油藏中,经常会使用一些经验数据,如地质统计学参数等。经验数据常常是对某一地区地质条件下大量数据统计的结果,具有明显的区域性特征。因此,运用经验数据时要特别注意地质条件是否一致,不加选择地引用会导致错误的结果。经验数据也可看作经验知识。

二、数字油藏中数据挖掘的特点

由于空间数据的复杂性,空间数据挖掘不同于一般的事务数据挖掘,它有如下一些特点。

(1)数据源十分丰富,数据量非常庞大,数据类型多,存取方法复杂。

(2)应用领域十分广泛,只要与空间位置相关的数据,都可对其进行挖掘。

(3)挖掘方法和算法非常多,而且大多数算法比较复杂,难度大。

(4)知识的表达方式多样,对知识的理解和评价依赖于人对客观世界的认知程度。

(5)空间数据挖掘的知识很多,但挖掘的程度和效益如何等这些问题目前还没有进行研究,实际上是空间数据挖掘质量评价的问题,只有解决了这个问题,才能开发出更好的空间数据挖掘系统和探索出更加完善的空间数据挖掘方法和算法。

(6)空间数据含有随机不确定性和模糊性,但目前的空间数据挖掘方法对空间数据的不确定性处理还存在一些问题。有的方法就没有考虑空间数据的不确定性;有的方法考虑了随机不确定性;有的方法考虑空间数据的模糊性。还没有一种方法能较好地既考虑空间数据随机不确定性,又考虑空间数据模糊性。

(7)空间数据挖掘的性能包括数据挖掘算法的有效性、可伸缩性和并行处理能力。空间数据挖掘算法的效率和可伸缩性是指为了有效地从空间数据库中的大量数据中抽取有用的知识,知识发现算法是有效的和可伸缩的。也就是说,一个空间数据挖掘算法在大型空间数据库中的运行时间必须是可预计的和接受的。许多现有的空间数据挖掘算法往往适合于常驻内存的、小数据集的空间数据挖掘,而大型空间数据库中存放了 TB 级的数据,所有的空间数据无法同时导入内存,所以从空间数据库的观点来看,有效性和可伸缩性是实现空间数据挖掘系统的关键问题。

数字油藏数据不是单一性质的数据集合,而是属于具有多种来源复杂的数据集合。由于地质系统及地质作用的复杂性,各种技术、方法、手段之间的较大差异等,数字油藏数据除常见空间数据本身的特点外,还有自身的一些特点,主要包括以下 5 点。

(1)数据以定性数据和定量数据为基础类型。尤其是定性数据,常常表现为地质描述,对定性数据的挖掘方法研究尚未成熟,依赖于地质研究人员的地质知识素养。

(2)数据常常具有混合分布特征,它反映了多种地质因素的综合作用,如有些油藏具有多个物源供给形成。

(3)一种数据可反映储层的多种性质,如地震资料中的振幅信息既包含储层本身的特性,又有储层中所存储的油气特性。

(4)数据分布不均匀、量纲变化大、尺度不统一。如地震资料在平面上的覆盖区域远远大于井的抽样范围,而纵向分辨率只能反映砂层组的有关信息,远远低于井资料的纵向分辨率。

(5)数据抽样的不可逆性和人为性。数据抽样的不可逆性也就是数据不能重复抽样,如在某个位置钻井后是不可能在同一个地方再进行钻井;数据抽样的人为性是指在抽样时是按照一定规则进行抽样,如在油田勘探开发中,往往构造高部位的井多,而构造低部位的井少,这往往使获得的知识过高地估计了地下的实际情况。

由于数字油藏数据的特殊性,使用时不但要注意各种类型数据的适用性,而且对不同的研究目的需要根据不同的地质条件选用不同的数据,才能达到更好的应用效果,还应加强数据的加工、处理技术。

三、空间数据挖掘方法分类

空间数据挖掘是数据挖掘的一个新兴的交叉性学科,其数据挖掘方法既有一般数据挖掘方法,又有针对空间数据的挖掘方法。因此,空间数据挖掘的方法是多种多样的。在实际应用中,为了发现某类知识,常常要综合运用多种方法。目前,常用的空间数据挖掘方法可以归纳为以下几类。

(1)归纳学习方法。即在一定的知识背景下,对数据进行概括和综合,在空间数据库(数据仓库)中搜索和挖掘一般的规则和模式的方法。①决策树方法:根据不同的特征,以树型结构表示分类或决策集合,进而产生规则和发现规律的方法;②粗集理论:一种由上近似集和下近似集来构成粗集,进而以此为基础来处理不精确、不确定和不完备信息的智能数据决策分析工具,较适应于基于属性不确定性的空间数据挖掘。

(2)模糊数学方法。利用模糊集合理论描述带有不确定性的研究对象,对实际问题进行分析和处理的方法。

(3)空间分析方法。采用综合属性数据分析、拓扑分析、缓冲区分析、密度分析、距离分析、叠置分析、网络分析、地形分析、趋势面分析、预测分析等在内的分析模型和方法,用以发现目标在空间上的相连、相邻和共生等关联规则,或挖掘出目标之间的最短路径、最优路径等知识。目前常用的空间分析方法包括探测性的数据分析、空间相邻关系挖掘算法、探测性空间分析方法、探测性归纳学习方法、图像分析方法等。

(4)统计分析方法。①基于概率论的方法,这是一种通过计算不确定性属性的概率来挖掘空间知识的方法,所发现的知识通常被表示成给定条件下某一假设为真的条件概率;②常用统计分析方法,利用空间对象的有限信息和/或不确定性信息进行统计分析,进而评估、预测空间对象属性的特征、统计规律等知识的方法;③聚类分析方法,根据实体的特征对其进行聚类或分类,进而发现数据集的整个空间分布规律和典型模式的方法。

(5) 非线性方法。①神经网络方法,通过大量神经元构成的网络来实现自适应非线性动态系统,并使其具有分布存储、联想记忆、大规模并行处理、自学习、自组织、自适应等功能的方法;②遗传算法,一种模拟生物进化过程的算法,可对问题的解空间进行高效并行的全局搜索,能在搜索过程中自动获取和积累有关搜索空间的知识,并可通过自适应机制控制搜索过程以求得最优解。

(6) 数据可视化方法。通过可视化技术将空间数据显示出来,使用户加深对数据含义的理解,寻找数据中的结构、特征、模式、趋势、异常现象或相关关系等空间知识的方法。

从数字油藏中数据挖掘对象的特点可以看出,其数据挖掘方法应以统计分析方法、可视化方法和一些非线性方法为主。

第四节 常用空间数据挖掘方法

一、空间分析方法

空间分析方法作为 GIS 的一项重要功能,包括多种方法,如空间查询与量算、空间变换、缓冲区分析和叠加分析等,应用这些方法可以交互式地发现目标在空间上的相连、相邻和共生等关联关系,以及目标之间的最短路径、最优路径等辅助决策的知识。空间分析往往是应用领域知识产生新的空间数据,所以常作为预处理和特征提取方法与其他数据发掘方法结合起来从空间数据库发现知识。

在数字油藏中,这些方法无疑都可以采用。储层地质研究过程中,不同专业数据、研究成果的快速对比和相互验证时储层精细描述的不可缺少的手段,空间分析方法则可用于多学科成果数据的综合分析和评价。在温西一区块的储层地质研究中,采用了图层叠加等空间分析方法,取得了良好的效果。

平面非均质性是砂体储层物性在平面上的变化,它受沉积微相分布的控制。本区储层以水下分流河道砂体为主,此外有部分河口坝和前缘席状砂砂体。其中,水下分流河道砂和河口砂坝沿主水流线,即砂体集中、厚度较大的区域,储层物性较好,而相带边缘部位物性较差,平面非均质性较强。前缘席状砂微相内物性差异较小,平面非均质性较弱。

由本区注水资料、产液剖面等开发动态测试资料与小层沉积微相平面分布资料的对比分析可以看出:平面上,河道砂体的连通性和渗透性取决于其所处的位置,中心主流线区域连通性和渗透性好,注水效果好,而河道边缘位置砂体连通性和渗透性差,甚至不连通,注水效果差。如 $J_2s_1^2$ 小层,产油井 WX1-46(井位名也可不加"WX",下文类同)和注水井 W21 均位于河道中心部位,注水效果显著(图 5-2)。

二、三维可视化方法

三维可视化在统一的空间坐标系下,采用三维显示、三维交互技术,实现多维数据的综合可视化。三维显示技术包括三维图形的放大、缩小、平移、旋转及动画等一系列方法;三维交互技术包括三维编辑和多个数据的套合显示等。上述功能的相互配合可以在储层研究过程中发挥很好的作用,除在三维空间中可以观察数据质量以外,还可以在储层模型建立完毕以后,通过多种切片技术一方面可以查看属性的空间分布,另一方面可以根据储层地质研究获得的地

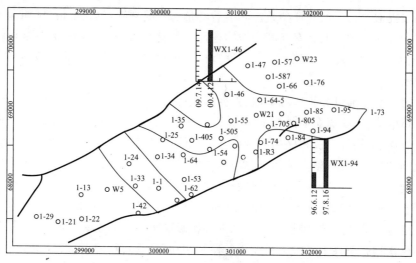

图 5-2 $J_2s_1^2$ 小层注水产液剖面与沉积微相关系图

质认识判断储层模型的可靠性。由图 5-3 可以看出，砂体在空间的变化，如在井 WX1-54 和 WX1-405 之间，砂体在空间中的尖灭清楚可见。同时也可以看出，虽然都是水下分流河道微相，但储层物性变化较大，其中，在 WX1-73 和 WX1-604 井区，孔隙度、渗透率明显高于其他井，并且 $J_2s_2^2$ 的物性最好，在空间中的连续性较好，其次是 $J_2s_3^3$。

三、人工神经网络的沉积微相识别方法

在精细储层地质研究中，沉积微相的研究是一项十分重要的工作，储层知识基本都与沉积微相相关，沉积微相的自动识别明显可以大大加快储层地质研究工作的效率。利用测井资料获取沉积微相知识的基本思想是先利用沉积微相特征明显、类型齐全、代表性好的"关键井"标定测井曲线，建立关键井测井相模式，然后采用"模式识别"技术识别其他井的测井相类型。这里有两方面的关键问题，即关键井测井相模式的建立和

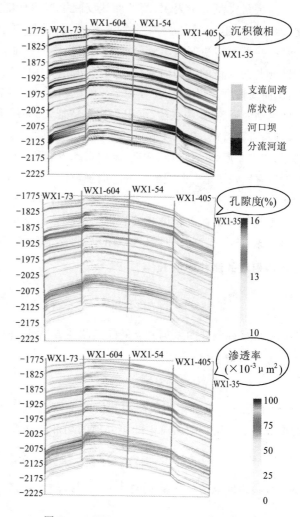

图 5-3 WX1-73～WX1-35 井属性剖面

根据测井曲线提取"模式"的特征参数。其中后者是前者的基础,也就是说,沉积微相识别的关键是如何从测井曲线中提取具有高度准确描述能力的特征参数,既要能反映测井曲线本身的结构特征,又要能反映地层的沉积学特征,这直接影响到网络学习模式的收敛性及模式识别的正确性。

沉积学家一般是通过分析取芯资料,根据岩性标志、古生物标志等来分析沉积环境,进而根据沉积砂体的成分、碎屑颗粒的粒度、分选等结构特征、沉积砂体单层厚度、在纵向上的组合形式(单层、互层、夹层等)、沉积序列的特征和沉积体中保存的沉积构造及沉积体的含油性、与下伏岩层之间的接触关系(整合关系、充填切割关系)等方面的地质参数对单井可进行沉积亚相及微相的划分。实际上各种测井曲线同样提供了矿物成分、结构、沉积构造特征的信息,其曲线幅度形态特征是地层岩性、粒度、泥质含量变化和垂向沉积序列等信息的综合反映。如根据自然电位的测井曲线形态,钟形表示水动力渐次减弱条件下下粗上细的正粒序沉积;漏斗形反映水动力渐次增强条件下下细上粗的反粒序沉积;箱形反映物源丰富、水动力稳定条件下的加积沉积。

通过大量文献分析表明,测井曲线反映了沉积环境能量、沉积韵律、顶底面接触关系、水深变化(水进或水退)、沉积速率、平均颗粒粒度、曲线复杂性等具有明确地质意义的特征参数。这些特征参数可以更好地刻画每一个沉积相段的特征,既有较明确的地质意义,其参数值又不随工区测井曲线值的波动而变,因此在沉积微相的识别中应提取这些特征参数。主要有五大要素:①曲线幅度及幅度差,主要用于反映沉积层的岩性特征及物性,通过测井曲线的幅度解释,可反映水动力强度、物源供给、沉积分选等特征;②曲线形态,它反映岩性、粒度、分选性、泥质含量、含钙与否等特征,进而反映沉积过程水动力能量、物源供给情况和沉积旋回类型;③顶、底接触关系,它主要反映砂体沉积初期、末期水动力能量及物源供给的变化速度和程度;④旋回幅度(或厚度),它反映了单一曲线形态的垂向规模;⑤曲线光滑程度,它取决于在曲线形态级的水动力背景上次一级水流能量的变化情况。另外,还有齿中线、包络线等(图5-4)。

一般根据研究区沉积微相的岩性、物性、岩石结构、粒序、沉积构造和沉积韵律等特征,综合研究选取3~5条测井曲线(视电阻率、自然电位、声波)。对每个曲线分别提取下列参数。

1. 微相段的测井均值 lg(A)

$$\lg(A) = \frac{1}{n}\sum_{i=1}^{n} \lg i$$

式中,$\lg i$ 是某种测井曲线第 i 个采样点的值;n 是测井段内的采样点。

2. 变差方根 GS

$$GS = \overline{G(h) + S^2}$$

式中,S^2 是方差,反映微相段内测井值的整体波动性和局部波动性大小;$G(h)$ 是地质统计学中的变异系数,反映微相段内的测井值的局部波动性大小。其计算公式如下:

$$G(h) = \frac{1}{2M(h)}\sum_{i=1}^{M(h)}[\lg(i) - \lg(i+h)]^2$$

式中,$M(h)$ 是间隔为 h 的数据对 $\lg(i)$。$\lg(i+h)$ 的数目实际的处理中,取 $h=1,2$ 个采样间距。

将 S^2 和 $G(h)$ 结合起来的参数 GS 可综合反映沉积微相段内测井值的整体和局部波动性

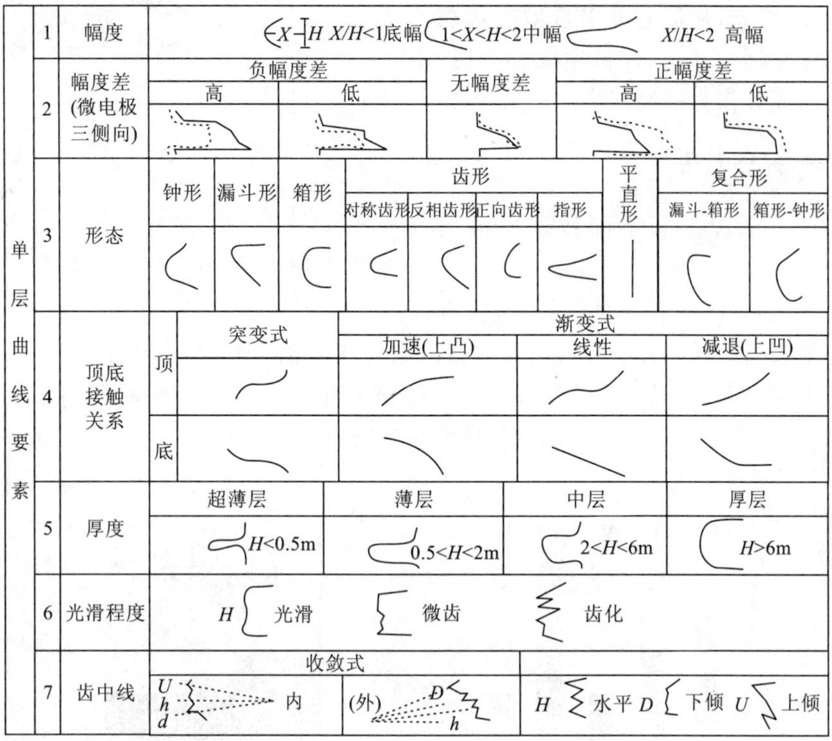

图 5-4 测井相曲线要素图(孙铁军等,2010)

大小,有利于区分不同的微相类型。

3. 正偏值 lg(u)

$$\lg(u) = \frac{1}{n_k}\sum_{i}^{k}\lg i, [\lg i \geqslant \lg(A)]$$

式中,$\lg i$ 是微相段内大于均值 $\lg(A)$ 的归一化测井值;n_k 是微相段内大于 $\lg(A)$ 的采样点数。

4. 相对重心 RM

沉积相的粒序正、反各不同,一般正粒序的重心偏下方,反粒序的重心偏上方,不正不反的重心居中,但是由于各井段的长短不同,这里取相对重心,以便比较。

$$RM = \sum_{i=1}^{n} i\lg i / [n\sum_{i=1}^{n}\lg i]$$

5. 测井曲线差分序列相对变号个数 RC

统计测井曲线段内的锯齿个数的多少可以区分测井相。为此,构造差分序列 $\lg(i+1) - \lg(i)(i=1,\cdots,n-1)$。如果相邻差分值变号,且相邻绝对差大于等于 2,则认为出现一个锯齿。所以,相邻绝对差变号的个数 L 的大小可反映锯齿的多少。为了统一比较标准,取变号个数 RC:

$$RC = L/(n-2)$$

由于表征沉积微相的参数较多,需采用三层 BP 网络模型,由一个输入层、一个隐含层和一个输出层组成的三层网络,其网络结构图如图 5-5 所示。首先,从取芯井中选取有代表性的各类微相作为标准样本,并做主成分分析,用标准样本的主成分作为神经网络的输入参数。

四、统计分析方法

统计方法一直是分析空间数据的常用方法,

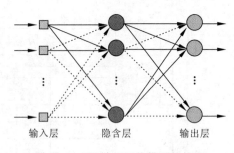

图 5-5　BP 神经网络模型结构图

有着较强的理论基础,拥有大量的算法,可有效地处理数字型数据。这类方法有时需要数据满足统计不相关假设,但很多情况下这种假设在空间数据库中难以满足。另外,统计方法难以处理字符型数据。应用统计方法需要有领域知识和统计知识,一般由具有统计经验的领域专家来完成(图 5-6)。

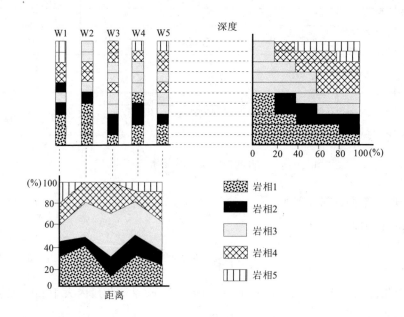

图 5-6　由井资料计算水平和垂直岩相百分比曲线的原理图

以变差函数和 Kriging 方法为代表的地学统计方法是地学领域特有的统计分析方法,由于考虑了空间数据的相关性,地学统计在空间数据统计和预测方面比传统统计学方法更加合理有效,因而在空间数据挖掘中也可以充分发挥作用。常用来计算砂体平面内的非均质性(图 5-7)。

五、支撑向量机(SVM)的储层参数预测

(一)基本原理

1. 最优分类面

SVM 方法是从线性可分情况下提出的。考虑如图 5-8 所示的二维两类线性可分情况,

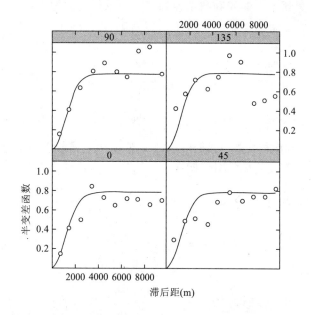

图 5-7 计算某工区孔隙度在 0°、45°、90°、135°方向上的变差函数

图中实心点和空心点分别表示两类训练样本,H 为把两类数据没有错误地分开的最优分类线,H_1、H_2 分别为过两类样本中离分类超平面最近的点且平行于分类线,H_1 和 H_2 之间的距离叫做间距(margin)。如果该分类线将两类数据没有错误的分开且最近的点与分类线间的距离最大,则这样的分类线称为最优分类线(在多维空间成为最优超平面)。我们可以看到最优分类超平面所要求的第一个条件,即将两类数据无错误地分开,就是保证经验风险最小,第二个条件使分类间距最大就是使推广能力的界的置信区间最小,从而使真实风险最小。

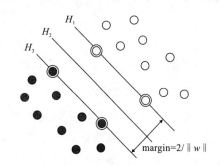

图 5-8 二类线性可分最优超平面示意图

设线性可分的样本集(x_i, y_i),$i=1,2,\cdots,l$,$x \in R^n$,$y \in \{+1,-1\}$,分类线方程为 $\omega \cdot x + b = 0$,我们可以对它进行归一化,且满足以下条件:

$$y_i[(\omega \cdot x_i) + b] \geqslant 1, \quad i = 1, 2, \cdots, l \tag{5-1}$$

此时分类间隔等于 $\dfrac{2}{\|\omega\|}$,使间隔最大等价于使 $\|\omega\|^2$ 最小。满足条件式(5-1)且使 $\|\omega\|^2$ 最小的分类面就叫做最优分类面,H_1、H_2 上的训练样本点就称作支撑向量。

使分类间隔最大实际上就是对推广能力的控制,这是 SVM 的核心思想之一。在 n 维空间中,设样本分布在一个半径为 R 的超球范围内,则满足条件 $\|\omega\|^2 \leqslant A$ 的正则超平面构成的指示函数集 $f(x, \omega, b) = \text{sgn}\{(\omega \cdot x) + b\}$ [$\text{sgn}(* \cdot *)$ 为符号函数] 的 VC 维满足下面的界 $h \leqslant \min([R^2 A^2], n) + 1$。因此使 $\|\omega\|^2$ 最小就是使 VC 维的上界最小,从而实现 SRM 准则中对函数复杂性的选择。

实际上求最优分类超平面的问题归结为如下的约束优化问题：

$$\min \frac{1}{2} \|\omega\|^2 \tag{5-2}$$

$$s.t. \ y_i[(\omega \cdot x_i) + b] \geqslant 1, \quad i = 1, \cdots, l$$

这个优化问题的解由如下的 Lagrange 函数的鞍点给出：

$$L(\omega, b, \alpha) = \frac{1}{2} \omega^T \omega - \sum_{i=1}^{i=l} \alpha_i [y_i(\omega^T x_i + b) - 1] \tag{5-3}$$

其中，$\alpha_i \geqslant 0$ 为 Lagrange 系数。我们的问题是对 ω 和 b 求 Lagrange 函数的极小值。我们可以把原问题转化为如下较简单的对偶问题：

$$\max Q(\alpha) = \sum_{i=1}^{l} \alpha_i - \frac{1}{2} \sum_{i,j=1}^{l} \alpha_i \alpha_j y_i y_j x_i^T x_j \tag{5-4}$$

$$s.t. \ \sum_{i=1}^{l} \alpha_i y_i = 0, \quad \alpha_i \geqslant 0; \quad i = 1, \cdots, l$$

若 α_i^* 为最优解，则：

$$\omega^* = \sum_{i=1}^{l} \alpha_i^* y_i x_i$$

即最优分类超平面的权向量是训练样本向量的线性组合。可以看出这是一个不等式约束下二次函数极值问题，存在唯一的最优解。且根据条件，这个优化问题的解满足：

$$\alpha_i [y_i(\omega^T x_i + b) - 1] = 0, \quad i = 1, \cdots, l \tag{5-5}$$

b^* 可由这个约束条件求出，对于 $\alpha_i^* \neq 0$ 所对应的样本 x_i 成为支持向量，即若 $\alpha_i^* \neq 0$，则

$$y_i(\omega^T x_i + b) - 1 = 0 \tag{5-6}$$

解得 $b^* = y_k - x_k^T \omega^*$。也称 b^* 为分类阈值，它由一个支持向量得到的，也可通过两类中任意一对支持向量取中值。通常为了稳健性，可以根据所有的支持向量的总和取平均阈值。

2. 广义最优分类超平面

然而很多情况下，数据并不是线性可分的，这种情况就是某些训练样本不能满足式(5-1)的要求，因而一般可以在约束条件中加一个松弛因子 $\xi_i \geqslant 0$ 来实现，这样式(5-1)就变为：

$$y_i[(\omega \cdot x_i) + b] - 1 + \xi_i \geqslant 0 \tag{5-7}$$

对于足够小的 $\sigma > 0$，只要使：

$$F_\delta(\xi) = \sum_{i=1}^{l} \xi_i \tag{5-8}$$

最小就可以使错分样本数最小。对应线性可分情形下使分类间距最大，在线性不可分情形下引入约束：

$$\|\omega\|^2 \leqslant c^k \tag{5-9}$$

在约束条件式(5-7)和式(5-9)下使式(5-8)求极小，就得到了线性不可分情形下的最优分类面，这种分类面称为广义最优分类超平面。为了方便，通常取 $\sigma = 1$。

为了使计算进一步简化，将求最优分类超平面的问题转化为如下的凸二次规划问题：

$$\min \left\{ \frac{1}{2} \omega^T \omega + C \left(\sum_{i=1}^{n} \xi_i \right) \right\} \tag{5-10}$$

$$s.t. \ y_i[(\omega \cdot x_i) + b] - 1 + \xi_i \geqslant 0, \quad \xi_i \geqslant 0; \quad i = 1, \cdots, l$$

C 为某个指定的常数,它起控制错分样本惩罚程度的作用,实现在错分样本的比例与算法复杂度之间的折中。同样,式(5-10)转化为其对偶得到的形式和式(5-4)几乎完全相同,只是 α_i 的约束条件变为: $0 \leqslant \alpha_i \leqslant C, i=1,2,\cdots,l$。

3. 核函数

支撑向量机在线性可分或几乎线性可分时,直接在原始空间中建立超平面作为分类面。然而实际应用中的大多数问题都是复杂的、非线性的,这时就必须寻求复杂的超曲面作为分界面。为了构造具有好的推广能力的分界面,支撑向量机通过在另一个高维空间中运用处理线性问题的方法建立一个分类超平面,从而隐含在原始空间建立一个超曲面。更重要的是,只需知道其内积运算,这样又避免了高维空间的计算复杂度。

考虑在 Hilbert 空间中内积的一般表达:

$$(z_i, z) = K(x, x_i)$$

其中,z 是输入空间中的向量 x 在特征空间中的象,$K(*,*)$ 称为核函数。根据 Hilbert-Schmidt 理论,$K(*,*)$ 可以是满足下面一般条件的任意对称核函数。关于这一点有如下的解释。

定理　Mercer 条件

要保证 L_2 下的对称函数 $K(u,v)$ 能以正的系数 $a_k < 0$ 展成

$$K(u,v) = \sum_{k=1}^{\infty} a_k z_k(u) z_k(v) \tag{5-11}$$

$K(u,v)$ 即描述了在某个特征空间中的一个内积,其充分必要条件是,对使得 $\int g^2(u) du < \infty$ 的所有 $g \neq 0$,条件 $\iint K(u,v) g(u) g(v) du dv > 0$ 成立。

可用于构造支撑向量机的 Hilbert 空间中内积的结构好的性质是:对于满足 Mercer 条件的任何核函数 $K(u,v)$,存在一个特征空间 $(z_1, z_2, \cdots, z_k, \cdots)$,在这个特征空间中这个核函数生成内积式(5-11)。

所以对于任何满足 Mercer 条件的函数都可以在某个特征空间中构造最优分类超平面。因而对于支撑向量机算法而言,我们只需要知道其核函数就可以了,这为我们处理高维空间问题提供了便利。核化的思想现在已经运用到了许多的其他问题上,取得了好的效果。

由于核函数的引入,使我们的最优分类超平面的意义有了新的简化形式,即用核函数 $K(x_i, x_j)$ 代替最优分类面中的内积 $x_i^T x_j$,就相当于把输入空间变换到了某一新的特征空间,即在输入空间中非线性决策函数:

$$f(x) = \text{sgn}\left(\sum_{\text{支撑向量}} y_i \alpha_i K(x_i, x) - b\right) \tag{5-12}$$

等价与特征空间中线性决策函数:

$$f(x) = \text{sgn}\left(\sum_{\text{支撑向量}} y_i \alpha_i \sum_{r=1}^{\infty} z_r(x_i) z_r(x) - b\right) \tag{5-13}$$

此时式(5-4)的优化函数变为:

$$\max Q(\alpha) = \sum_{i=1}^{l} \alpha_i - \frac{1}{2} \sum_{i,j=1}^{l} \alpha_i \alpha_j y_i y_j K(x_i x_j) \tag{5-14}$$

$$s.t. \sum_{i=1}^{l} \alpha_i y_i = 0, \ \alpha_i \geqslant 0; \ i=1,\cdots,l$$

构造式(5-12)类型的决策函数的学习机器叫做支撑向量机(SVM),需要注意的是在支撑向量机中,构造的复杂度取决于支持向量的数目,而不是特征空间的维数,支撑向量机的示意图如图5-9所示。

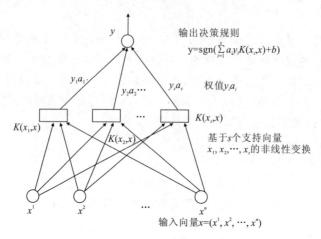

图5-9 支撑向量机示意图

(二)支撑向量机预测储层参数的一般方法

支撑向量机的学习模型是一种监督学习过程,由测井数据预测储层参数最常用的过程描述如下。

(1)沿测井资料的目的层计算出反映其特性的若干测井属性(振幅、频率、相位等)。

(2)通过该层的井中测试储层参数结果(孔隙度、渗透率)建立井中测井属性与井中测试结果的关系。

(3)利用这一关系推断出未知井所有井中储层参数的结果。

我们首先获取学习样本的信息,对于由测井属性预测孔隙度和渗透率的问题,对得到的测井数据,首先选择一口或多口井,依据深度开一个窗口,在此窗口内每个一定的深度有一组测井属性数据,我们以此点深度和测井数据组成训练样本点 x_i,以此点对应的孔隙度或渗透率为 y_i,如果以多口井为训练样本,我们在训练样本点 x_i 加上此井的水平坐标。

支撑向量机通过对训练样本的学习获得一定的预测能力,训练后将预测的测井属性数据作为输入、输出结果便是这一深度的孔隙度或渗透率。支撑向量机处理流程如图5-10。

Kalkomey提出了一个假相关概率模型,所谓假相关是指在已知样本处两种实际上并没有联系的属性之间的绝对相关值很大,通过从理论上对出现假相关的因素进行分析,得出结论:测井(地震)属性与储层参数之间出现假相关的概率随着用于学习的样本数目(既有地震属性或测井属性,又有储层参数的控制点数)的减少而增大;随着参与预测的地震属性或测井属性数目的增加而增大,且地震属性之间并不完全相互独立时(实际情况基本如此),概率更大;随着学习样本处地震属性与储层参数之间的绝对相关值的减小而增大。如果我们的随机抽样满足自由度为 $n-2$ 的 t-分布,则用单一测井(地震)属性进行预测时出现假相关的概率为:

$$P_{sc} = P_r(|r| \geqslant R) = P_r\left(|t| \geqslant \frac{R\sqrt{n-2}}{\sqrt{1-R^2}}\right) \qquad (5-15)$$

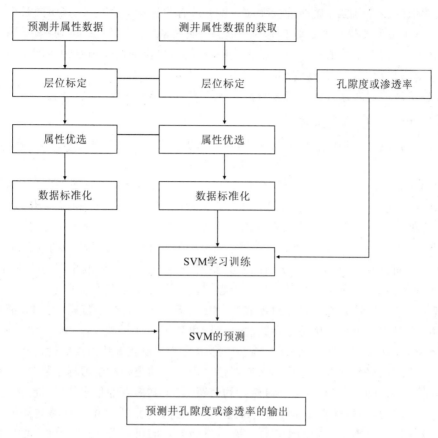

图 5-10 支撑向量机预测流程

式中，n 是用于学习的样本点数；R 是学习样本处测井(地震)属性与储层参数之间的绝对相关值。

当用 k 个相互独立的测井(地震)属性进行预测时，出现假相关的概率为

$$1-(1-P_x)^k = \sum_{i=1}^{k} P_x(1-P_x)^i \tag{5-16}$$

从式(5-16)中可见，参与预测的地震属性数目从 $k-1$ 个增加到 k 个时的惩罚函数为

$$P_x(1-P_x)^k \tag{5-17}$$

根据上述公式，我们可以定量计算出表征选择一个与储层参数并不相关的地震属性作储层预测时风险大小的参数。

在实际工作中，井位数目是客观存在的，我们无法改变；但在选用测井(地震)属性参数方面，则有必要做一些细致的分析工作，对测井(地震)属性参数进行优选，选取与储层物性相关性较大的参数，尽量减少测井属性参数，以减少伪相关性。笔者认为，要对储层进行精细描述，必须认真做好以下几点。

(1)对层位作精细解释。针对不同的地质任务，解释人员在层位追踪方面可能会有不同的考虑，因此他们提供的解释方案可能不满足测井(地震)属性提取的要求。原则上讲，解释的层位最好不要串相位；否则，尽管对时窗内的统计信息尚可容忍(开设的时窗必须大于所串的相位)，但对沿层提取的信息将可能产生一些假象甚至误导。

(2)对提取的测井(地震)属性进行筛选。剔除没有明显特征变化的属性,同时也要考虑这些信息是否真正与所要研究的目标具有内在联系。此外,为了提高可信度,必须对测井(地震)属性进行相关分析,将相关值较大的地震属性进行合并,以保证用于预测的地震属性具有相对独立性。它会影响预测算法的稳定性。

(3)了解工区范围内是否具有明显的相变特征,若有,则应考虑分块预测。

(三)测井属性的优选与标准化

通过前面的分析可知,要提高预测的准确率,减少伪相关性,必须对测井(地震)属性进行优选。

同时,由于并非所有测井(地震)属性都对特定的储层目标具有敏感性,所以也应该进行测井(地震)属性的优选工作。以往在做这项工作时,通常是选取一些曲线形态起伏较大的属性。实际上,这样做并不总是有效,因为不同的属性代表不同的含义,而这些含义可能与需要进行判别的目标是有区别的,因此可能导致误选。比如,在对井区的资料进行油气分布预测时发现,对某些属性而言,在不同油气井之间的差异要大于某些油气井与干井之间的差异,若将这些属性用于油气判别,其结果自然是不会太理想的。常用的优选方法如下。

(1)基于相关的属性归类。首先对提取的所有地震属性进行相关分析,将相关值较大的属性进行合并,合并方法可以采用综合参数法。这样得到了一些反映这些(彼此相关的)属性共同特征的参数,这些参数两两之间近似于相互独立,保证了模式算法的稳定性。

(2)基于样本的属性优选。根据已知储层信息进行不同类别的学习样本粗选,并统计分析选取样本处各类属性的均值和方差。显然,"均值"代表了某信息的集中位置,而"方差"则表示其离散程度。如果某些属性在不同类别的样本上的均值差异较大并且对同类样本的方差较小,就说明这些属性对不同类别的学习样本在一维线性空间可区分,也必然在支撑向量机的超平面上更可分,因而它就成为首选的属性参数,即是减小了式(5-16)中的k。

(3)基于统计的典型样本优选。在一般情况下,所选取样本的典型性是不够的,往往还会导致判别结果过于乐观。通过最大方差变化率的分析,可以找出不够典型的样本。具体做法是对逐次去除某个样本前后的方差的变化率进行统计分析,如果某个样本对大部分属性参数都引起了较大的方差变化率,那么该样本一定是个"捣乱样本",应该将其剔除。

在样本基本典型化以后,再采用非线性模式识别方法进行储层预测。这一步虽然减少了用于学习的样本数n,但由于提高了测井(地震)属性与储层参数的相关性,相当于增大了式(5-15)中的R,而R比n对假相关概率的影响还要大,所以从总体上还是减小了出现假相关的概率。但如果样本太少时,由于其方差变化率不具备统计性,这一步骤也就没有意义了。

每种测井曲线采用不同的单位,数据的量纲和量级都不同,因此,当这些数据作为样本的分量直接输入后,对支撑向量机的学习训练的影响程度是不同的。例如,支撑向量机可能突出量级特别大的数据指标的作用,而甚至排斥某些数量级较小的数据指标的作用。为了均衡不同测井取向对数据的影响,通常在数据进行学习训练前需对每种数据分别标准化。

设一分类问题有n个待分类样本,有m个特性指标,则数据矩阵如下:

$$\boldsymbol{X}' = \begin{bmatrix} X'_{11} & X'_{12} & \cdots & X'_{1m} \\ X'_{21} & X'_{22} & \cdots & X'_{2m} \\ \cdots & \cdots & \cdots & \cdots \\ X'_{n1} & X'_{n2} & \cdots & X'_{nm} \end{bmatrix}$$

并规定 $X'_{ij} \geqslant 0$,我们用极差规格化

$$X_{ij} = (X'_{ij} - X'_{j\min})/(X'_{j\max} - X'_{j\min})$$

其中,$X'_{j\max} = \{X'_{1j}, X'_{2j}, \cdots, X'_{nj}\}$,$X'_{j\min} = \{X'_{1j}, X'_{2j}, \cdots, X'_{nj}\}$。

对于标准化后的数据,当作为几种不同的测井属性参数用于学习和预测样本时,它们可能与预测参数的密切程度不同,因此可根据它们与所要预测参数的关系,对它们分别加权。但这种加权是人为的影响,对将来的预测结果有一定的经验因素。

标准化后数据分布于[0,1],对于支撑向量机的核函数参数的选择,我们给出了核函数参数的取值范围,即 $0.3 \leqslant \sigma \leqslant 1$。

(四)测井曲线预测流动单元

在对取芯井流动单元划分后,必须过渡到非取芯井的流动单元识别。而非取芯井用来进行流动单元识别的信息中,测井数据比较有效。在对红河 55 井区的 45 口井中,因全部解释了孔渗数据,可以根据这些参数计算 FZI 值。为了估计根据测井资料计算的 FZI 值与岩芯资料计算的 FZI 值的符合度,利用支撑向量机对 8 口取芯井的测井计算的 FZI 值和岩芯计算的 FZI 值进行了对比(图 5-11)。

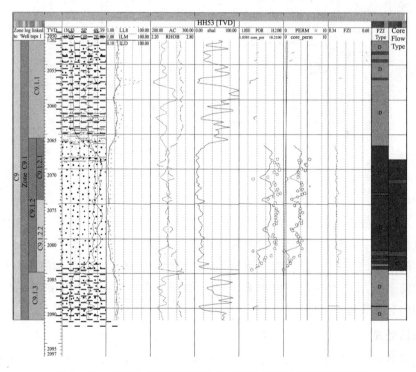

图 5-11 HH53 井岩芯流动单元与测井流动单元划分对比图

在单井上,流动单元判别结果与岩芯分析孔渗数据及岩性剖面具有较好的一致性,如 HH53 井和 HH69 井等,从这些图件可知,孔隙度和渗透率的拟合度很高,而岩芯流动单元与测井解释所得的流动单元大部分是相同的,测井解释的流动单元在相同的岩性里面,测井数据变化平缓的时候,流动单元类型是一致的。但是,岩芯的流动单元可能在某一深度点的流动单元发生了变化。

第五节 数字油藏中数据挖掘的一般步骤

数据挖掘是一个高级的处理过程,它可从数据集中识别出被人们理解的模式所表达的知识。它是一个多步骤的高级处理过程,各步骤之间相互影响、反复调整,形成一种螺旋式的上升过程。数字油藏的挖掘过程包括五个阶段,即数据抽取阶段、数据预处理阶段、数据挖掘阶段、评估和解释知识阶段及知识入库阶段(图5-12)。

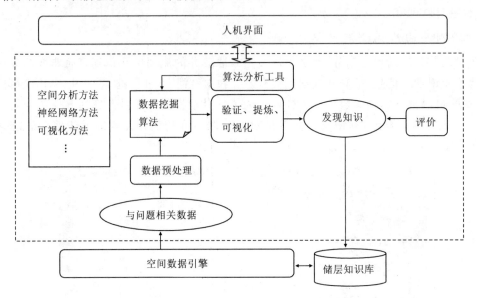

图 5-12 储层建模中数据挖掘的一般步骤

1. 数据抽取

由于采取空间数据仓库中的数据集市方法来管理数字油藏所需数据,因而数据挖掘所需数据的抽取相对容易,关键是怎么为某项数据挖掘专题研究提供有效数据,如挖掘沉积微相与电性曲线之间的知识关系时,选择哪几条测井曲线能代表工区内沉积微相的所有类型,往往由于地质条件的多变,需要研究人员的决策,因而在数据抽取时应提供对应的提示信息,在软件实现时采用向导方式提供辅助支持。

2. 数据预处理

数字油藏数据的类型较多、量纲不同及存在各种误差等原因,直接将原始观测数据用于储层知识的挖掘是不合适的。为此,在数据挖掘算法开始前,应对提取的数据预处理,目的是剔除或压制数据中所包含的噪声,突出有用信息,为数据挖掘获取的知识提高可靠性。常用的数据预处理方法包括数据校正、数据分布统计、可疑观测值的剔除、奇异值的稳健处理、过密数据的抽稀、数据的标准化处理等。用转换后的数据构置成新变量,将提高分析水平。

除此之外,对观测到的原始数据还需校正,这在油气勘探开发中的各类数据中都比较常见,如自然电位的基线偏移等。如果直接把它们作为变量参与处理,易造成错误的分析结果。因此,需对原始数据进行校正,如对之进行基线对齐等,将原始数据转换成同一基线下有利于直观地解释地质现象。

数据分布的统计主要是对观测数据做一些基本的特征量分析,并弄清数据的分布状况。特征量分析主要包括样本均值、方差、众数、中位数、极差、变异系数、偏度、峰度等。平均值、中位数、众数能反映抽样数据的集中性特征,方差、标准差、极差、变异系数可以表示数据的分散性特征。如在粒度分析中,平均值、中位数、众数说明了粒度分布的整体趋势,标准差反映了沉积物的分选程度等。为了了解数据取值的分布情况,分析它们的分布规律,就必须知道样本分布的密度函数。目前常用的方法是直方图法,即根据观测数据系列画出频率直方图(或累计频度直方图),从直方图的分布可以清晰地看出地质变量的分布状况,若能结合地质变量的统计特征,就可以知道它是不是属于正态分布。

地质数据中往往存在着某些奇异值(局部异常高值和低值)现象,往往直接影响到基于观测数据的计算过程及对计算结果的合理解释。如果奇异值是已知因素造成的,可进行相应的数据校正。如果奇异值数据是对地质情况的真实反映,但会对计算过程及结果产生一些消极影响的话,对其进行适当的处理也是必要的,如在储层中常常存在高渗透率带,这就需要取渗透率的对数作为下一步的输入数据。实际工作中,判断数据体中的奇异值是十分困难的,最好采用多种方法,这样可以相互比较。

定量数据的标准化是为了处理不同地质变量原始观测值的单位、量纲、大小、分布的不同将各地质变量的观测值变换到某种统一的尺度下。如果对原始数据直接使用,可能过分突出观测值较小的地质变量的作用,降低观测值较小的地质变量作用。定量数据的标准化包括对变量和样品观测值的标准化、极差化或均匀化变换。此外,对于偏态分布的原始数据,可以通过广义幂变换、对数变化等方法变成近于正态分布。

定性数据的定量化处理在地质研究中经常会遇到,如岩性的颜色、沉积层理等。由于定性数据不能直接参加运算,必须将定性数据赋予定量的数值,才能用到数据挖掘算法当中。对定性数据进行变换时,一般是用非负整数进行赋值,并且由低级的状态到高级状态,赋值逐渐增大。根据实际情况,可用等差式的等级进行赋值,也可用非等差式的等级进行赋值。定性数据进行变换后,再按定量数据标准化进行变换,则变换后的定性数据可与定量数据一起使用。

数据提炼是数据挖掘前的重要环节,它主要包含两个方面:一是从多种数据源综合数据挖掘所需要的数据,保证数据的综合性、易用性、数据的质量和数据的时效性;另一方面就是从现有数据中衍生出所需要的指标,这主要取决于数据挖掘的算法。

3. 数字油藏的数据挖掘

这是获取储层知识的最关键一步,也是技术难点所在,主要是根据数据挖掘的任务确定采用哪一种数据挖掘算法。同样的数据挖掘任务可以用不同的数据挖掘算法来实现,数据挖掘算法的选择主要是根据以下两个方面的因素:一是数据的特点;二是用户和实际运行系统的要求。在完成了这些准备工作后,就可以进行数据挖掘了。选择数据挖掘技术的两个步骤。

(1)将需要解决的问题转化成一系列数据挖掘的任务(如:分类、估值、预测、聚集、描述等),并根据任务的不同选择相应的技术。

(2)理解可以获得的数据的信息涵义:内容、字段类型、记录之间的关系。分析数据特点属于哪一类数据并根据各自的特殊性选择相应的数据挖掘方法。

4. 储层知识的评估、解释

数字油藏数据挖掘的目的是想获得对数字油藏过程有用的知识。经数据挖掘所发现的模式,可能存在冗余或用户不感兴趣的模式,这时需要将其除去;也有可能所发现的模式不能满足用户的需要,要求整个发现过程再返回到数据挖掘阶段之前,重新进行数据选取/抽样、数据变换和数据挖掘,甚至换一种挖掘算法(如在发现分类规则就有多种数据挖掘方法可供选择,不同的方法可能具有不同的挖掘效果)。因此,对所得到的知识必须进行评估,确定有效的模式类型。如在利用 BP 神经网络对油气非均质储层参数进行计算时,得到了一系列的有用模式。如利用空间坐标、体积密度、伽马射线、深度感应测井反映、地质解释(粒度分布、体积密度分成地层小层)作为神经网络的输入参数来预测油岩的孔隙度;把 GR、AC、CN、DEN、RT 作为输入参数,来预测油岩的饱和度;岩性识别以 GR、AC、CN、DEN、RT、Pe、U、TH、K 作为 BP 输入参数,进行岩性识别等。从这些应用分析中,得到的模式可作为以后实际应用参考。

5. 储层知识入库

从数据挖掘中得到的并且被评估为可利用的模式可在以后的生产实践中进行检验,从中得到的新启示可进一步完善以前的模式(或模型)。如根据前一章中的研究方法,结合具体的油气勘探开发应用,进行检验并不断改进。

第六节 数字油藏中数据挖掘应注意的问题

数据挖掘与知识发现不是给一些数据,采用一些数据挖掘算法就可以轻易地挖掘出知识。数据挖掘与知识发现成功的关键必须做到以下几点。

(1)要有明确的目标:用数据挖掘方法要解决什么问题,挖掘什么样的模式、规律或知识,必须提出要挖掘的目标。这一点是能否挖掘出有用知识的基点,不能说给你一些数据,数据挖掘就能挖掘出知识来。在给出足够的数据之后,采用什么样的挖掘方法,以何种方式挖掘,必须在有明确目标的情况下进行,盲目地采用数据挖掘只会使获得的知识一无是处。

(2)足够和相对准确的数据。数据是知识发现的基础,数据的质量和数量对知识发现起决定性作用,不是随便给一些数据就能挖掘出有用的知识,数据必须有一定的质量和数量,在极不完整的数据上进行数据挖掘不会得到好的结果,往往数据质量和数量比数据挖掘方法更重要。

(3)缺失值数据处理。空间数据缺值研究的过程主要可以分为两步:首先利用各种统计手段模拟出缺失值,然后再利用包含已知观测值和缺失值的全集进行统计分布函数参数估计。产生缺失值的方法包括均值转嫁、有补充的随机替代、无补充的随机替代、时间序列转换、完全均值转换等,这些方法将缺值的补充与分布函数的参数估计作为两个独立部分看待。而最大值期望算法则将二者有机联系起来,在处理非完整数据集时对其最大似然函数应用了迭代方法,从而在模拟缺失样本的同时估计出分布函数的未知参数。此外,Kumar J K 提出在空间信息不完整的情况下,采用模糊神经网络对空间分布进行预测。

(4)储层地质专家的参与和指导。从目标明确到挖掘知识的评价与判断都需要储层地质专家的指导,否则知识的可信度和可靠性都值得怀疑。

第七节 小结

　　数字油藏的数据挖掘过程和储层地质研究一样，是一个多步骤的反复处理过程，各步骤之间相互影响、反复调整，在不断的反复过程中，不断地趋近储层的本质。根据对数字油藏数据挖掘的目的、任务分析，阐述了数字油藏数据挖掘的研究内容，分析了其应用时机，研究了数字油藏数据挖掘对象的类型及其特点，根据常用的空间数据挖掘方法特点，指出统计分析方法、空间分析方法、三维可视化方法和非线性方法是数字油藏中较有效的数据挖掘方法，随后提出数字油藏中数据挖掘的一般步骤，主要有以下认识。

　　(1)数字油藏的主要目的是从大量的油气勘探开发数据及研究成果中提取出储层地质知识，为数字油藏提供有效地数据分析、处理、提炼功能，进而提高数字油藏的效率和精度。其任务是从空间数据仓库中发现知识，为数字油藏提供地质约束、提供支持。

　　(2)根据数字油藏流程，针对每一个阶段的任务，分析了各阶段中应用数据挖掘的可能性。数据挖掘过程可主要应用在数字油藏的前后阶段，也就是储层地质研究阶段和储层模型优选及后续使用阶段。在储层地质研究阶段，数据挖掘主要是为研究提供支持，以提高研究效率。在储层模型优选及后续使用阶段，其主要是为油田开发决策服务。

　　(3)总结了数字油藏中数据挖掘对象的类型及其特点。数字油藏数据一般可分为观测数据、综合数据和经验数据三大类型，其中观测数据又可分为定义型数据、有序型数据、间隔型数据和连续型数据四类，以供选择数据挖掘算法使用。概括了数字油藏中数据独有的特点，如定性数据、混合分布、多地质意义、量纲及尺度的不均一性和人为性。

　　(4)对空间数据挖掘方法进行归纳、分类，提出统计学方法、空间分析方法、三维可视化方法和非线性方法是数字油藏中应主要采用的空间数据挖掘方法，并讨论了这几种方法在数字油藏中的应用效果。

　　(5)数字油藏中数据挖掘过程包括五个阶段，即数据抽取阶段、数据预处理阶段、数据挖掘阶段、评估和解释知识阶段，以及知识入库阶段。在数字油藏中应用数据挖掘方法，应注意要有明确的目标、足够数量和相对准确的数据，以及储层地质专家的指导。

第六章 油藏实体重构技术

本章从油藏相关的实体入手,分析了井、断层、层位、储层三维模型的重构方法,探讨了引起重构不确定性的影响因素,针对储层模型的多个实现,论述了储层模型的优选流程。

第一节 井眼轨迹重构

井眼轨迹的重构是石油勘探开发中的一项基础性工作,无论是直井、定向井还是水平井,该项工作都必不可少。导致的主要原因是目前的测量仪器不能连续测量井身轨迹坐标,常常只能获得一系列具有三维空间位置的连续离散测点,从而无法知道每个测段内的实际井眼轨迹形态。

在井眼轨迹测量过程中,每个测点只包含测量深度、井斜角和井斜方位角3个测量参数。测点处的垂深、位移偏移量、狗腿度等参数需要通过计算得到。从数学的角度来看,可以把井眼轨迹当作一条连续光滑的三维空间曲线,测量深度是位置信息,井斜角和方位角可以看成是井身的切线信息。井眼轨迹重构的要求是依据这样一组测量深度、井斜角、方位角数据,采用某种数学模型计算出任意深度处的井眼轨迹的坐标参数。

如果假定两测点之间为直线、折线、圆弧或圆柱螺线时,就得到了不同的井眼轨迹参数模型。针对不同的轨迹模型,则需要采用不同的插值方法来拟合井眼轨迹。比较常用的有正切法、平均角法、平衡正切法、校正平均角法、圆柱螺线法、曲率半径法、最小曲率法、自然参数法、三次样条函数法等。前三种方法是将相邻两测点的井眼轨迹视为一条直线或是折线,曲率半径法和最小曲率法是将相邻两个测点的井眼轨迹视为一条空间曲线,不同井所对应的空间曲线不一定相同。

最小曲率法是井眼轨迹计算中最常用的计算方法之一,计算精度较高,计算过程稳定,在很多商业化软件中得到了应用。如果井眼轨迹(或井段)假设为空间斜平面上的一条圆弧,该圆弧在两端点处与井眼方向相切,则对应的坐标计算方法就是最小曲率法。如图6-1所示,假设测点 a、b 两点间的井段($L_b - L_a$)被分成无限小的直井段 $\mathrm{d}l$,$\mathrm{d}z$ 为 $\mathrm{d}l$ 在 Z 轴上的投影,$\mathrm{d}\alpha$ 为 $\mathrm{d}l$ 小段上井斜角的变化值。则其微分方程为:

$$\frac{\mathrm{d}\alpha}{\mathrm{d}l} = \frac{\mathrm{d}z}{\mathrm{d}l} \times \frac{\mathrm{d}\alpha}{\mathrm{d}z} \tag{6-1}$$

假设整个 ab 段的曲率是常数,有:

$$\frac{\mathrm{d}\alpha}{\mathrm{d}l} = \frac{\alpha_b - \alpha_a}{L_b - L_a} = 常数 \tag{6-2}$$

$$\frac{\mathrm{d}z}{\mathrm{d}l} = \cos\alpha \tag{6-3}$$

将式(6-2)、式(6-3)代入式(6-1),得:

$$\frac{\alpha_b - \alpha_a}{L_b - L_a} = \frac{\mathrm{d}\alpha}{\mathrm{d}z}\cos\alpha \tag{6-4}$$

式(6-4)变换得到：

$$\mathrm{d}z = \frac{L_b - L_a}{\alpha_b - \alpha_a}\cos\alpha \cdot \mathrm{d}\alpha \tag{6-5}$$

将式(6-5)积分,得到：

$$\int_a^b \mathrm{d}z = \frac{L_b - L_a}{\alpha_b - \alpha_a}\int_{\alpha_a}^{\alpha_b}\cos\alpha \cdot \mathrm{d}\alpha$$

$$Z_b - Z_a = \frac{L_b - L_a}{\alpha_b - \alpha_a}(\sin\alpha_b - \sin\alpha_a) \tag{6-6}$$

式(6-6)描述了测量深度从 L_a 增至 L_b,井斜角从 α_a 到 α_b 时,井段 ab 的真垂直深度从 Z_a 到 Z_b 的变化。

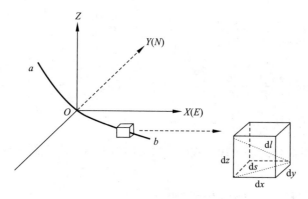

图 6-1　测段 ab 内无限小直井段示意图

同理,设 $\mathrm{d}s$ 为 $\mathrm{d}l$ 在 $X-Y$ 平面上的投影,$\mathrm{d}\beta$ 为 $\mathrm{d}l$ 小段上的方位角变化值,假设 ab 在水平面上的投影的曲率也是常数,可以得到 ab 井段在水平面上的变化规律。

$$S_b - S_a = \frac{L_b - L_a}{\alpha_b - \alpha_a}(\cos\alpha_b - \cos\alpha_a) \tag{6-7}$$

$$x_b - x_a = \frac{(L_b - L_a)(\cos\alpha_b - \cos\alpha_a)(\cos\beta_b - \cos\beta_a)}{(\alpha_b - \alpha_a)(\beta_b - \beta_a)} \tag{6-8}$$

$$y_b - y_a = \frac{(L_b - L_a)(\cos\alpha_b - \cos\alpha_a)(\sin\beta_b - \sin\beta_a)}{(\alpha_b - \alpha_a)(\beta_b - \beta_a)} \tag{6-9}$$

式(6-7)~式(6-9)是井段 ab 的空间位置从 a 点变到 b 点时在直角坐标系中 X,Y,Z 轴方向上及水平面上变化的一般式。第 n 个采样点处的 x,y,z 及水平位移 s 分别为

$$x = \sum_{i=1}^{n}(x_b - x_a)_i \tag{6-10}$$

$$y = \sum_{i=1}^{n}(y_b - y_a)_i \tag{6-11}$$

$$z = \sum_{i=1}^{n}(z_b - z_a)_i \tag{6-12}$$

$$K = \sqrt{\left|\sum_{i=1}^{n}(x_b - x_a)_i\right|^2 + \left|\sum_{i=1}^{n}(y_b - y_a)_i\right|^2} \tag{6-13}$$

在第 n 个采样点处的闭合方位角为：

$$\delta = \arctan\left|\frac{x}{y}\right| = \arctan\left|\frac{\sum_{i=1}^{n}(x_b - x_a)_i}{\sum_{i=1}^{n}(y_b - y_a)_i}\right| \tag{6-14}$$

式(6-10)~式(6-14)是井眼轨迹数据东西位移、南北位移、真垂直深度、水平位移和闭合方位角的标准计算公式。

在用上述公式进行计算时，有时会遇到分母为零的情况，这时就需要对此种情况进行特殊处理。下面讨论分母为零时的处理方法。

当 $\alpha_b = \alpha_a$ 时，

$$\lim_{\alpha_b \to \alpha_a}\left(\frac{\sin\alpha_b - \sin\alpha_a}{\alpha_b - \alpha_a}\right) = \sin\alpha_b = \cos\alpha_b$$

$$\lim_{\alpha_b \to \alpha_a}\left(\frac{\cos\alpha_a - \cos\alpha_b}{\alpha_b - \alpha_a}\right) = -\cos\alpha_a = \sin\alpha_b$$

当 $\beta_b = \beta_a$ 时，

$$\lim_{\beta_b \to \beta_a}\left(\frac{\cos\beta_b - \cos\beta_a}{\beta_b - \beta_a}\right) = -\cos\beta_b = \sin\beta_b$$

$$\lim_{\beta_b \to \beta_a}\left(\frac{\sin\beta_b - \sin\beta_a}{\beta_b - \beta_a}\right) = \sin\beta_b = \cos\beta_b$$

根据上述 4 式，可简化式(6-10)、式(6-11)及式(6-12)为下面 3 种特殊情况：

(1) $\alpha_b = \alpha_a$，$\beta_b \neq \beta_a$

$$z_b - z_a = (L_b - L_a)\cos\alpha_b$$

$$x_b - x_a = \frac{(L_b - L_a)\sin\alpha_b(\cos\beta_b - \cos\beta_a)}{\beta_b - \beta_a}$$

$$y_b - y_a = \frac{(L_b - L_a)\sin\alpha_b(\sin\beta_a - \sin\beta_b)}{\beta_b - \beta_a}$$

(2) $\alpha_b \neq \alpha_a$，$\beta_b = \beta_a$

$$z_b - z_a = \frac{L_b - L_a}{\alpha_b - \alpha_a}(\sin\alpha_b - \sin\alpha_a)$$

$$x_b - x_a = \frac{(L_b - L_a)\sin\beta_b(\cos\alpha_a - \cos\alpha_b)}{\alpha_b - \alpha_a}$$

$$y_b - y_a = \frac{(L_b - L_a)\cos\beta_b(\cos\alpha_a - \cos\alpha_b)}{\alpha_b - \alpha_a}$$

(3) $\alpha_b = \alpha_a$，$\beta_b = \beta_a$（同折线法计算公式）

$$z_b - z_a = (L_b - L_a)\cos\alpha_b$$

$$x_b - x_a = (L_b - L_a)\sin\alpha_b\sin\beta_b$$

$$z_b - z_a = \frac{(L_b - L_a)}{\alpha_b - \alpha_a}(\sin\alpha_b - \sin\alpha_a)$$

根据测斜资料还可算出另外一个重要的井身参数——狗腿度，即测点（或测段）的井眼曲率 K：

$$K = \frac{\sqrt{(\alpha_b - \alpha_a)^2 + (\beta_b - \beta_a)^2\sin^2[(\alpha_b + \alpha_a)/2]}}{L_b - L_a} \tag{6-15}$$

井眼轨迹坐标计算公式中,井斜角和方位角的单位均为弧度。在进行井眼轨迹的测斜计算时还需要对井斜方位角作磁偏角校正,因为目前广泛使用的磁力测斜仪测得的方位值是以地球磁北方位线为准的磁方位角,磁北方向线与正北方向线之间还有一个夹角——磁偏角。

第二节 断层面重构

油藏的地层格架模型是数字油藏的基础,主要反映油藏的空间几何形态,由断层模型和层面模型构成。断层可以简化为三维空间中的一个曲面,用以表示地质体的断裂。断层模型刻画了断层和裂隙的分布、形状、发育程度等特征。断层建模是构造建模的基础,主要有 Fault Sticks 创建、断层多边形创建、散点数据和断面自动提取这 4 种创建办法。

一、Fault Sticks 的断层面的创建方法

在对研究区块的断层的分布有一个总体的认识以后就可以对全区进行构造解释了。按照主测线和联络线进行精细剖面解释。由于断层关系较为复杂,在二维剖面很难确定断层关系,需要在三维空间交互指定断层关系,对断裂进行三维空间的重组,保证断裂在三维空间的闭合及断层面在三维空间展布的合理性。常用的一种方式是在地震剖面上用折线段来标记断裂的位置和断层的倾斜程度,实际上是断层面与该剖面的一条交线,这样可得到一系列的断层线,称之为断层柱(Fault Sticks)(图 6 – 2)。

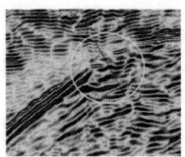

A.地震剖面解释断层线　　　　B.解释结束后形成的Fault Sticke

图 6 – 2　Fault Sticks 的获取流程

Fault Sticks 的连接关系应该满足最近邻原则,即距离较近的断层线相连,断层连接不能封闭,连接关系是一棵"树",所求最好的连接关系,应为最小生成树。从断层 Fault Sticks 重建断层面需要解决两个问题。

(1)确定断层线是否属于同一条断层,这可以通过三维可视化来界定,以保证断层面在三维空间中展布的合理性。

(2)确定同一组断层 Fault Sticks 间的拓扑关系。

假设 Pt 为三维空间中的一个点,PtSet 是三维空间中的一个非空点集,一个点到点集的距离 Dist 定义为到点集中所有点的距离的最小值,即:

$$\text{Dist}(Pt, PtSet) = \min\{\sqrt{(x-x_i)^2 + (y-y_i)^2 + (z-z_i)^2}\}, i = 1, 2, \cdots, n$$

其中(x, y, z)为 Pt 的空间坐标,(x_i, y_i, z_i)为 PtSet 中第 i 个点的坐标。

算法步骤如下。

步骤1：求出每条线 Pt_i, $i=1,2,\cdots,n$ 的代表点。

$$Pt_i = \begin{bmatrix} x \\ y \\ z \end{bmatrix} = \begin{bmatrix} \dfrac{1}{m_i}\sum_{j=1}^{m_j} x_j \\ \dfrac{1}{m_i}\sum_{j=1}^{m_j} y_j \\ \dfrac{1}{m_i}\sum_{j=1}^{m_j} z_j \end{bmatrix}, i=1,2,\cdots,n,\text{其中}\ m_i\ \text{表示第}\ i\ \text{条断层线的关键点个数,}\ (x_j,y_j,$$

$z_j)$ 是该断层线上第 j 个节点坐标。把 Pt_1 放入点集 PtSet11：PtSet11$\Leftarrow Pt_1$；把 Pt_i ($i=2,3,\cdots,n$) 放入点集 PtSet00：PtSet00$\Leftarrow Pt_i$。

步骤2：在 PtSet00 中选取 Dist(Pt,PtSet) 最小的 Pt。

步骤3：如果点集 PtSet00 为空，计算结束；SegSet 中包含所需要的 Fault Sticks 间的拓扑关系，否则，转向第2步执行。

二、从断层多边形创建断层

断层多边形是指断层面在某个层面上的投影，形状如同一个多边形，简称为断层多边形（图6-3）。断层中心线提取的关键是搜寻多边形内部到边界线上的等距离点集，本质上属于空间邻近分析问题（图6-4）。一般的骨架线的提取算法有：①数学形态学提取骨架线，这种方法本质是矢量化方法，但本次工作是基于矢量数据结构的；②最大内切圆盘法，最大圆盘完全落于目标图像内，并且至少有两点与目标边界相切。骨架的每一个点都对应于一个最大圆盘的圆心和半径，圆盘的构建特别是小圆盘的构建是该算法的最大难题；③基于 Delaunay 三角网的多边形骨架线提取算法，Delaunay 三角网是一系列相连但不重叠的三角形的集合，而且这些三角形的外接圆不包含面域中其他任意点，且是 Voronoi 图的对偶。Delaunay 三角剖分可以最大限度地避免狭长三角形的出现，并且可以不管何处开始都能保持三角网络的唯一性，Delaunay 三角网是探测空间图形邻近关系的优秀工具。因此，本书采用 Delaunay 三角网作为提取骨架线的理论工具。以多边形的边界为约束条件构建三角网，取三角形边线的中点作为骨架线的节点，顺次连接这些节点，得到多边形的骨架线。

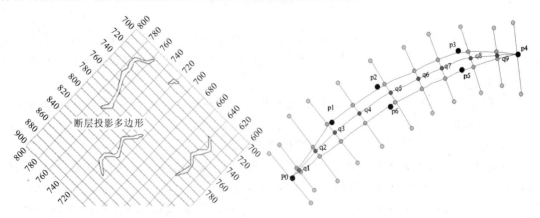

图6-3 断层面在平面上的投影　　　　图6-4 断层中心线

1. 约束 Delaunay 三角网的构建

对于约束 Delaunay 三角网生成算法，有很多算法，大致可以分为三种：分治算法、逐点插入法和三角网生长法。而逐点插入算法的特点是实现比较简单，占用内存小，因此本书采用逐点插入法生成无约束的 Delaunay 三角网，再根据约束边删除多边形外部多余的三角形。具体过程如下：

第一步，将离散后多边形的顶点，建立一个包含其他数据点的初始多边形，称其为凸包；

第二步，在初始多边形中建立初始三角网，对所有初始多边形中数据点循环处理[图6-5(a)]；

第三步，插入1个数据点 P，在已有三角网中找出包含 P 的三角形 T，把 P 与 T 的3个顶点相连，生成3个新的三角形，用 LOP 算法优化三角网[图6-5(b)]；

第四步，删除不在多边形内部的三角形。判断三角形的一边是否在多边形的内部，如果在其内部保留该边，如果不在则舍弃。具体的实现过程是每次选取一个三角形一边的中点，从该点根据射线法进行判定，最后结果如图6-5(c)。

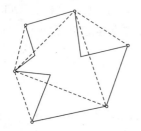 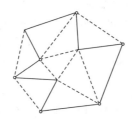 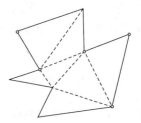

a. 构建凸包，建立初始三角网　　b. 构建非约束的三角网　　c. 添加约束边

图6-5　约束 Delaunay 三角网的生成过程

2. 三角形类型的确定

所谓三角形类型的确定是在 Delaunay 三角剖分的同时确定三角形的类型。在此过程中，还要标记出新生成的三角形为何种类型，目的是用来识别断层中心线节点的类型。从多边形内部三角形的邻近关系来看，可以分为三种类型的三角形。第Ⅰ类三角形是只有一个邻接三角形；第Ⅱ类三角形是有两个邻接三角形；第Ⅲ类三角形是三条边都有邻接三角形。根据邻接三角形的数目，将三角形分为三类（图6-6）。第Ⅰ类三角形是三角网中的边界节点，其中一边的中点作为骨架线的端点；第Ⅱ类三角形是三角网中的桥接三角形，是道路中心线的骨干结构，描述了中心线的延展方向；第Ⅲ类三角形作为中心线分支的交会处，是向三个方向伸展的出发点。

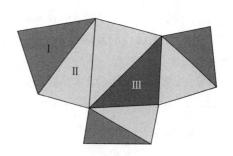

图6-6　三角形类型的划分

三角形类型的确定方法主要依据与某个三角形相邻三角形的个数。首先统计分别与三角形的三条边相邻三角形的个数总和，默认的情况下设置与三角形的一条边的邻接三角形的个数为0；其次，根据三角形三边相邻三角形的总和判断三角形的类型，当值为1的话就是第Ⅰ类三角形，值为2的话就是第Ⅱ类三角形，值为3的话就是第Ⅲ类三角形。这样就能判断出三

角形的类型。

3. 中心线的提取

首先,判断三角形是否是多余三角形,如果不是就判断它是哪种类型的三角形。如果是第一种类型的三角形,提取桥接边的中点和另外两边中较长的一边的中点;第二种类型的三角形提取两个桥接边的中点;第三种类型的三角形则需要提取该三角形的重心和三条桥接边的中点。其次,对于第一类和第二类的三角形来说提取的两个点便是中心线;对于第三类的三角形来说,将重心分别和其他的三个点相连便也是中心线。但求出的中点是事先需知道该三角形的哪条边是桥接

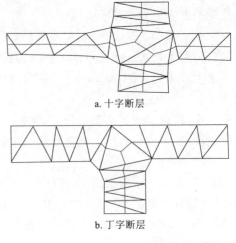

a. 十字断层

b. 丁字断层

图 6-7 中心线的提取

边,这样便于找出桥接点、端点、分支点,从而确定中心线各节点的类型。这样把 Delaunay 三角形一个个的单独处理,提取他们各自的这些端点、桥接点、分支点连起来,便可获得最终的结果(图 6-7)。

三、从离散点创建断层

离散点数据可能来自本系统断层解释,也可能从外部导入;由于断层面在 X-Y 平面上不是单值,断层面不能在 X-Y 平面插值得到。要用散点拟合投影面,在投影面上部分插值,计算断层面。

设 $p_i(x_i, y_i, z_i)$, $i=1,2,\cdots,n$ 表示 n 个离散点,则

步骤 1:设离散点的最佳投影平面为 $a*x+b*y+c*z+d=0$,用最小二乘法估计投影平面系数 a、b、c、d。

步骤 2:求投影平面的法向量与三个坐标轴的夹角。

设 $c \neq 0$,令 $z = z' - d/c$,则 $a*x + b*y + c*z' = 0$

令 $\alpha = a\cos\left(\dfrac{a}{\sqrt{a*a+b*b+c*c}}\right)$, $\beta = a\cos\left(\dfrac{b}{\sqrt{a*a+b*b+c*c}}\right)$,

$\gamma = a\cos\left(\dfrac{c}{\sqrt{a*a+b*b+c*c}}\right)$,则 α、β、γ 分别表示投影平面法向量与坐标轴 ox、oy、oz 的夹角;依次绕 x、y、z 轴旋转 $-\alpha$、$-\beta$、$-\gamma$,平面方程变为 $z=0$;综合以上变换的矩阵为

$$\boldsymbol{T}_1(-d/c) = \begin{pmatrix} 1 & 0 & 0 & 0 \\ 0 & 1 & 0 & 0 \\ 0 & 0 & 0 & 0 \\ 0 & 0 & -d/c & 1 \end{pmatrix}$$

$$T_2(-\alpha) = \begin{pmatrix} 1 & 0 & 0 & 0 \\ 0 & \cos(-\alpha) & \sin(-\alpha) & 0 \\ 0 & -\sin(-\alpha) & \cos(-\alpha) & 0 \\ 0 & 0 & 0 & 1 \end{pmatrix}$$

$$T_3(-\beta) = \begin{pmatrix} \cos(-\beta) & 0 & \sin(-\beta) & 0 \\ 0 & 1 & 0 & 0 \\ -\sin(-\beta) & 0 & \cos(-\beta) & 0 \\ 0 & 0 & 0 & 1 \end{pmatrix}$$

$$T_4(-\gamma) = \begin{pmatrix} 1 & 0 & 0 & 0 \\ 0 & \cos(-\gamma) & \sin(-\gamma) & 0 \\ 0 & -\sin(-\gamma) & \cos(-\gamma) & 0 \\ 0 & 0 & 0 & 1 \end{pmatrix}$$

令 $T = T_1(-d/c) * T_2(-\alpha) * T_3(-\beta) * T_4(-\gamma)$，用齐坐标表示散点的变换，则

$$p'_i = [x'_i \quad y'_i \quad z'_i \quad 1] = [x_i \quad y_i \quad z_i \quad 1]^T$$

步骤3：在 xoy 平面根据散点 $p'_i, i=1,2,\cdots,n$ 计算外包矩形，并对矩形进行剖分得到网格 G_0。

步骤4：使用克里格法（或反距离法）给网格 G_0 上所有网格节点插值。

步骤5：令 $T' = T_4(\gamma) * T_3(\beta) * T_2(\alpha) * T_1(d/c)$ 对 G_0 的每个节点 g_{ij} 变换后得 G_1 的节点 g'_{ij}, $g'_{ij} = [x'_{ij} \quad y'_{ij} \quad z'_{ij} \quad 1] = [x_{ij} \quad y_{ij} \quad z_{ij} \quad 1] T'$, G_1 即所求断层面，如图6-8所示。

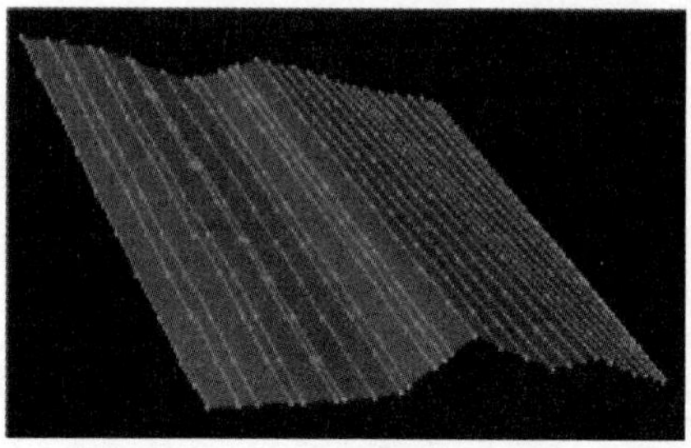

四、直接创建断层

图6-8 离散点生成的断层面

1. 相干体法

相干体是由振幅数据体计算生成的三维数据体，描述了三维地震振幅体内地震道之间的一致性，断层及裂缝在相干体中很容易识别。其基本原理是对每个道、每个点求得与周围点的相干性，形成一个表征相干性的三维数据体，即计算时窗内的数据相干性，把结果赋给时窗中心点。

相干体分析技术是20世纪90年代中期发展起来的一项新的三维地震解释技术。相干体的算法已历经三代，第一代算法采用三道相干处理，算法简单但不稳定，对于高品质的地震资料具有很好的检测效果，分辨率也最高，但抗噪能力较差，特别在数据质量不好的地方应用效果不能令人满意。第二代算法采用多道相干处理，抗噪能力强，较第一代算法稳定性有较大提高，是目前地震解释软件中采用的主要算法。第三代相干算法称之为特征构造，把多道地震数据组成协方差矩阵，应用多道特征分解技术求得多道数据之间的相关性，计算倾角、方位角。具有更佳的稳定性及更强的抗干扰能力，分辨率高，但计算量大，不适合大倾角地层数据计算。这里介绍常用的第二代相干体算法。

相干体技术是利用地震数据各道之间的相关性，突显不相关的异常情况。通常原始地层

沉积时，地层是连续的，因此地震波在横向上大致是相似的。影响地震道之间不相关的因素较多，地层倾角变化、数据处理中的噪声、岩性变化、断层和裂缝等因素，都会影响地震道的相关性。在地震勘探中使用反射波法，地震波在横向均匀地层中传播时，相同的地层反射波相似，体现在地震剖面上是振幅和相位一致，或者称作波形相似。所以相干体数据就是利用邻近地震信号近似性表述岩性与地层的横向不均质性。当地下断层存在，反射波在相邻道表现为不相干；横向匀称的地质，反射波在相邻道表现为相干值大；对渐变的地层，反射波在相邻道，表现为部分相干。根据此原理，对地震体逐点求相干值，就能获取相关体。在有断层的部位相干体会出现鲜明的不同，利用这种差异可以识别断层。

Kurt J Marfurt 等人建立一个 $j \times j$ 的协方差矩阵，把主测线和联络测线方向上两道互相关推广到 j 道分析窗内的多道互相关，通过沿协方差矩阵中各个检测倾角/方位计算相似性，提出了多道 C_2 算法。C_2 算法抗噪能力较强，可指示辨认反射面的倾角和方位，在得到相干数据体的同时也得到了两个方向的视倾角数据，有利于识别旋转断块等。

假定分析窗口内的 j 道数据 u 的坐标为 $(\{x\},\{y\})$，沿着视倾角对 (p,l)（即 x、y 方向的视倾角），中心时间 $t=n\Delta t$ 来计算 $2M+1$ 个采样点的协方差矩阵 C：

$$C(p,q)=\sum_{m=n-M}^{n+M}\begin{bmatrix}\overline{u_{1m}\,u_{1m}} & \overline{u_{1m}\,u_{2m}} & \cdots & \overline{u_{1m}\,u_{jm}} \\ \overline{u_{2m}\,u_{1m}} & \overline{u_{2m}\,u_{2m}} & \cdots & \overline{u_{2m}\,u_{jm}} \\ \vdots & \vdots & & \vdots \\ \overline{u_{jm}\,u_{1m}} & \overline{u_{jm}\,u_{2m}} & \cdots & \overline{u_{jm}\,u_{jm}}\end{bmatrix}$$

其中 $\overline{u_{jm}}=u_j(m\Delta t-px_j-qy_j)$ 表示地震道沿着视倾角在时间 $t=m\Delta t-px_j-qy_j$ 处的内插值。沿视倾角 (p,q)，定义第二代相干计算体方法：

$$C_2(p,q)=\frac{a^T Ca}{J\,tr C}$$

其中，a 是有 J 的数据的一维向量，表述为：$a=\begin{bmatrix}1\\1\\\vdots\\1\end{bmatrix}$，协方差矩阵的迹

$$tr C=\sum_{j=1}^{J}C_{jj} \tag{6-16}$$

计算出的最大值作为窗口模板中心的相干值。该算法稳定，增加了垂向分辨率，降低了横向分辨率。

定义一个以分析点为中心的矩形或椭圆时窗，并假定地震反射波相位相同的点构成的三维空间的面在分析时窗内为一倾斜或水平的平面，其与水平面的夹角为地层的真倾角，真倾角在 x、y 两正交方向的分量称为视倾角。相干技术是通过修改视倾角来查找时窗中的多道相关系数最大值，并得出相应的真倾角和视倾角。设分析窗口的地震道数为 j，则相干值 C_2 为分析时窗内平均道的能量与所有道的能量比，即：

$$C_2(t,p,q)=\frac{\sum\limits_{K_m=-K}^{+K}\left[\dfrac{1}{J}\sum\limits_{j=1}^{J}u_j(t+k\Delta t-px_j-qy_j)\right]^2}{\sum\limits_{K_m=-K}^{K}\dfrac{1}{J}\sum\limits_{j=1}^{J}[u_j(t+k\Delta t-px_j-qy_j)]^2} \tag{6-17}$$

式中,下标 j 表示落在分析时窗内的第 j 道,x_j 和 y_j 为第 j 道与分析时窗内中心点 t 在 x 方向和 y 方向的距离;p 和 q 分别表示分析时窗内中心点,所在局部反射界面 x 和 y 方向的视倾角。

主要参数选取有:①道数选择,时窗与地震的波形特点有关,根据所在地区构造情况选择道数;②时窗选择,一般根据地震反射波的周期而定。根据上述算法就可以计算出地震数据体的相干值(图 6-9)。

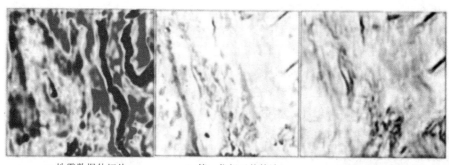

a.地震数据体切片　　b.第一代相干体算法　　c.第二代相干体算法

图 6-9　相干体算法的断层识别

2. 蚂蚁追踪技术

斯伦贝谢公司最近推出的新型勘探技术——Petrel 自动构造解释模块,利用先进的"蚂蚁追踪"算法,通过产生三维地震体,清楚显示断层轮廓,并利用智能搜索功能和三维可视化技术,自动提取断层面,克服了解释工作中的主观性,有效提高了解释精度,大幅缩减了人工解释时间。

断裂体系的蚂蚁自动追踪算法模拟了自然界中蚂蚁的觅食行为而产生,主要通过称为人工蚂蚁的智能群体之间的信息传递来达到寻优的目的,其原理是一种正反馈机制,即蚂蚁总是偏向于选择信息素浓的路径,通过信息量的不断更新最终收敛于最优路径上。假如在地震数据体中播散大量的蚂蚁,那么在地震振幅属性体中发现满足预设断裂条件的断裂痕迹的蚂蚁将"释放"某种信号,召集其他区域的蚂蚁集中在该断裂处对其进行追踪,直到完成该断裂的追踪和识别,而其他不满足断裂条件的断裂痕迹将不进行标注。

蚂蚁追踪技术是图像处理技术在三维地震资料处理中的延伸,包括图像边缘锐化、反射段连续性增强和边缘追踪等技术,其本质仍属于三维地震资料属性提取的技术范畴。该算法首先根据实际地震资料进行合理的参数设置,使之突出具有断面特征的响应,然后运算并形成一个低噪音、具有清晰断裂痕迹的蚂蚁属性体。工作流程由 4 个独立的步骤组成。

(1)采用任何一种边缘检测手段(如 variance、chaos、edge detection)来增强地震数据在空间上的不连续性,并通过降低噪音来任意地限定地震数据。

(2)建立蚂蚁追踪立方体。蚂蚁追踪算法遵循类似于蚂蚁在其巢穴和食物源之间,利用可吸引蚂蚁的信息素(一种化学物质)传达信息,以寻找最短路径的原理。在最短路径上,用更多的信息素做标记,使随后的蚂蚁更容易选择这一最短路径。该技术原理就是在地震体中设定大量这样的电子"蚂蚁",并让每个"蚂蚁"沿着可能的断层面向前移动,同时发出"信息素"。沿断层前移的"蚂蚁"应该能够追踪断层面,若遇到预期的断层面将用"信息素"做出非常明显的标记。而对不可能是断层的那些面将不做标记或只做不太明显的标记。"蚂蚁追踪"算法建立了一种突出断层面特征的新型断层解释技术。通过该算法可自动提取断层组,或对地层不连续详细成图。

(3)验证和编辑断层。为了得到最终的解释,提取的断层须要进行评估、编辑和筛选。这一步是用一个创新的方法(交互的立体网和直方图过滤工具)来执行的。

(4)建立最终的断裂解释模型。确定的断层既可用于进一步的地震解释,也可作为断层模型的直接输入。

五、断层面拟合

如果断层线的数量比较多,生成的断层面就看起来比较光滑,否则,该曲面看起来很不光滑。如果将这样的断层用于构造建模,将会使构造面和断层相交的位置不能光滑地连接,为此,我们需要对断层线进行拟合,使其满足地质结构建模的需要。

RBF 方法是一系列精确插值方法的组合,即表面必须通过每一个测得的采样值。有以下 5 种基函数:薄板样条函数、张力样条函数、规则样条函数、高次曲面函数、反高次曲面函数。在不同的插值表面中,每种基函数都有不同的形状和结果。RBF 方法是样条函数的一个特例。

从概念上讲,RBF 类似于在最小化表面的总曲率时通过测得的样本值拟合橡皮膜。所选基函数确定如何在值之间拟合橡皮膜。

薄板样条曲线(TPS)是由 Duchon 首先引入到几何设计中的,薄板样条可以看作是将一片薄金属板弯曲后的物理学模拟。其基本思想是通过在已知点中插值来最小化曲率,生成一个没有波纹和褶皱的光滑变换,这就是薄板样条变换(TPS),Bookstein 详细地说明了 TPS 的细节。TPS 在两个点集 $S\{s_i\}$ 和 $T\{t_i\}$ 之间计算一个映射函数 $f(s)$ 满足下面的能量函数最小化:

$$E = \iint \left[\left(\frac{\partial^2 f}{\partial x^2}\right)^2 + 2\left(\frac{\partial^2 f}{\partial xy}\right)^2 + \left(\frac{\partial^2 f}{\partial y^2}\right)^2 \right] \mathrm{d}x\mathrm{d}y$$

在三维情形下,E 为:

$$E = \iiint \left[\left(\frac{\partial^2 f}{\partial x^2}\right)^2 + \left(\frac{\partial^2 f}{\partial y^2}\right)^2 + \left(\frac{\partial^2 f}{\partial z^2}\right)^2 + 2\left(\frac{\partial^2 f}{\partial x \partial y}\right)^2 + 2\left(\frac{\partial^2 f}{\partial x \partial z}\right)^2 + 2\left(\frac{\partial^2 f}{\partial y \partial z}\right)^2 \right] \mathrm{d}x\mathrm{d}y\mathrm{d}z$$

给定一组控制点,径向基函数定义了从空间任意位置 x 映射到一个新位置 $f(x)$ 的空间映射函数,点集 $\{s_i\}$ 是控制顶点的集合,定义如下:

$$f(x) = \sum_{i=1}^{K} c_i \varphi(\parallel x - s_i \parallel)$$

式中,$\parallel \cdot \parallel$ 表示常用的欧氏标准距离,$\{c_i\}$ 是一组映射函数的系数。

通常选择核函数 φ 为薄板样条曲线 $\varphi(r) = r^2 \lg r$。与另一个常用高斯核函数 $\varphi(r) = \exp(-r^2/\sigma^2)$ 相比,薄板样条函数具有更好的全局性。最小化的函数 f 可以用由两个矩阵 **D**、**C** 组成的参数 a 表示:

$$f_{\text{TPS}}(x,a) = f_{\text{TPS}}(x,d,c) = x \cdot d + \sum_{i=1}^{K} \varphi(\parallel x - s_i \parallel) \cdot c_i$$

其中 **D** 是一个表示仿射变换的矩阵,**C** 是一个 $K \times (\mathbf{D}+1)$ 的变形系数矩阵,代表薄板样

条变换中的非线性仿射变换成分。这样求使得能量函数 E 最小的函数 f 转化为求参数矩阵 $\mathbf{A}$。对于每一个点 x,核函数 $\sum_{i=1}^{K}\varphi(\|x-s_i\|)$ 是一个 $1\times K$ 的向量,在三维情况下,使用核函数 $\varphi(x)=\|x-s_i\|$。薄板样条的很好的一个优点是可以看作全局仿射变换和局部非仿射变换的组合。TPS 中的光滑项仅仅依赖于非仿射变换部分。

第三节 层面重构

通过地层解释得到的是不完整的地层信息,需要进行插值;插值过程包括剖分和插值两部分。常用的剖分方法有三角剖分、四边形剖分和角点网剖分。根据剖分条件分为有约束剖分和无约束剖分。三角剖分灵活,在考虑各种约束的情况下有较大优势。但三角剖分速度慢,数据关系复杂,且由于三角形大小不一,由此产生的等值线有时会出现抖动。四边形网格,特别是矩形网格在实际中大量应用,速度快,数据关系简单,但是不能很好地适应有复杂断层的约束条件下的插值,特别是地质处理中的断层约束。角点网格是近来兴起的一种新型网格。角点网是变形四边形网,具备了四边形网的数据关系简单和快速,又可以像三角形网一样能够灵活描述复杂的任意边界的地质结构。

一、断层约束的插值方法

二维及三维层面数据的追踪,其结果仅仅是实际地层上的一些散乱点,需要构造网格,然后采用插值算法给网格节点估算值。插值方法可有多种选择,比如有反距离插值、趋势面插值及克里格插值等,其中克里格插值被认为是地质应用上最好的插值方法。传统的插值算法并没有考虑有断层约束的插值,这是首先需要解决的问题。

在地质构造建模中,研究区域经常会有断层,这时插值会受到断层的影响。常用的处理断层的方法有分块法、层位复原法、断面法和断层轨迹法。分块法和断面法回避了怎样处理断层两边点的相关性的问题。层位复原法和断层轨迹法是采用不同的近似手段考虑断层两边的相关性问题。断层分布和构造的复杂性,引起断层处理技术的复杂性。这四种方法对较为复杂的情况不能提供令人满意的结果。断层具有隔断信息的作用,若待估点与已知点在断层两侧且两点连线与断层线相交,则已知点对待估点将没有贡献或贡献(权重)适当减小。基于最短路径的断层约束插值算法,生成的等值线顺滑流畅,断层隔断效果明显,比较符合实际地质状况。

基于最短路径的断层约束插值计算的基本思想如下:

假设待估网格节点坐标为 (x, y, v),已知散乱点数据点有 n 个 (x_i, y_i, v_i),$i=1, 2, \cdots, n$,其中,(x_i, y_i),$i=1,2,\ldots n$ 为点的位置坐标,v_i 为高程值,这些是已知量,v 为需要估算网格节点的高程值,要通过插值方法求得。一般有:

$$V = \sum_{i=1}^{n}\lambda_i v_i,\ i = 1, 2, \cdots, n \tag{6-18}$$

其中 $\lambda_i(x_i, y_i, v_i)$ 称为插值权值,是点坐标 (x_i, y_i, x, y) 的函数,权值的大小一般是向量模长的减函数。$\lambda_i = (x_i, y_i, x, y)$ 是点坐标 (x_i, y_i, x, y) 和断层 F 的函数,权值的大小受断层约束。断层不严格隔断断层两侧数据的关联,断层仅减弱两侧数据的相互影响,其减弱程度与待估节点和断层另一侧的数据点连线距离有关。

(1)断层对信息传递的影响。已知数据点不能直接穿越断层,影响待估节点,但可绕过断层,对待估节点产生影响,断层增加了两点之间的连接距离,从而减弱了该点对待估点的影响。如图6-10、图6-11所示,$F1$,$F2$,$F3$为断层节点,C为已知数据点,A为待估节点,断层不隔断数据点C对点A的影响,C绕过断层对A产生作用。

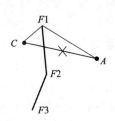
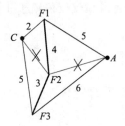

图6-10　断层对信息传递的影响　　图6-11　建立连接矩阵

(2)建立数据点、断层节点和待估节点之间的连接距离矩阵。由断层节点和断层线、已知数据点、待估节点构成一个图。建立数据点、断层节点和待估节点之间的连接矩阵,矩阵元素为两点之间的连接距离。若能直接相连,连接长度为两点之间的欧氏距离;不能直接相连,连接距离为l;图6-12和图6-13分别给出了节点不可连接及可连接的情况。一般来说,当两点连线不分割断层时,两节点可直接相连;否则,不能相连。在图6-12中,点C不能与断层线节点F相连接;断层节点$F3$不能与$F2$和$F4$相连。在图6-13中,点C能与断层节点F相连接;点C能与断层节点$F1$和$F5$相连接;断层节点$F3$不能与$F1$和$F5$相连接。

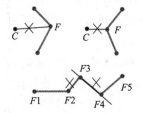
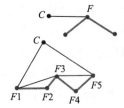

图6-12　不能连接的情况　　图6-13　可连接情况

这样就可以构建图6-11的各节点的连接矩阵:

$$\begin{bmatrix} \infty & C & F1 & F1 & F1 & A \\ C & \infty & 2 & \infty & 5 & \infty \\ F1 & 2 & \infty & 4 & \infty & 5 \\ F1 & \infty & 4 & \infty & 3 & \infty \\ F1 & 5 & \infty & 3 & \infty & 6 \\ A & \infty & 5 & \infty & 6 & \infty \end{bmatrix}$$

(3)根据连接距离确定权值。建立了数据点、断层节点和待估节点之间的连接距离矩阵后,可根据Dijkstra最短路径算法计算已知数据点与待估数据点在断层约束下,两点之间的连接距离,根据这个连接距离确定已知点对待估点的贡献权值。

二、层面的创建

(一)网格类型

角点网格是一种在三维地质建模中应用比较广泛结构化网格,其位置能用 i、j 来表示,单元网格的长度、宽度大小可变化。可以分为以下两种情况。

1. 角点网处理单断层线约束

图 6-14 中,a 图是矩形网格,b 图是角点网格,要求网格的行列不变,但要能表现断层,图中 p_1、p_2 表示断层线的两个端点。矩形网格到角点网变换的算法如下。

步骤1:首先,计算出断层线的外包矩形,然后,在外包矩形内搜索距离端点最近的网格节点,假设搜索处理的对应网格节点索引为 0 和 7,则将端点 p_1、p_2 分别绑定在节点 0 和 7 上。

步骤2:根据 4 连通方式,从节点 0 沿着断层线 $p_1 \sim p_7$ 的方向,寻找与之相连通的节点,获得节点 1 和节点 2。

步骤3:分别计算节点 1 和 2 距离 p_1、p_2 的距离,选择离 p_1、p_2 最近的节点 1 绑定到断层上。

步骤4:如果没有到达断层线终点,继续寻找下一个网格节点。

步骤5:把绑定的网格节点移到断层线的相应位置。

2. 角点网处理断层多边形约束

运用相同的算法,用角点网可处理断层多边形,这里就不再赘述,处理效果见图 6-15。

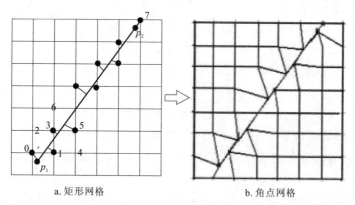

a. 矩形网格　　　　b. 角点网格

图 6-14　矩形网格转化角点网格

(二)重构流程

一般来讲,创建一个层面,需要遵循以下流程。

(1)准备数据。如果断层和层面数据是存储在文件中,则将它们加载到内存并进行数据的预处理,获取数据的信息头。

(2)根据横、纵坐标范围生成网格横向及纵向网格节点数。

(3)计算待估计网格节点的坐标值。

横坐标=横向最小值+节点横向编号*网格间隔

纵坐标=横向最小值+节点横向编号*网格间隔

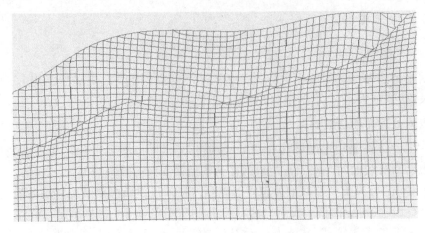

图 6-15 断层控制生成的角点网格

(4)选择参估点。选择参估点的关键是保证选取的点要分布均匀且搜索效率高。常见的邻域搜索方法为搜索圆(图 6-16)。

A. 定搜索半径。可以按照以插值点为中心,以经验公式为初始半径 R 建立搜索圆(图 6-16)。根据圆的面积公式,构造初始半径经验公式为:

$$R = \sqrt{k\frac{A}{n\pi}} \qquad (6-19)$$

式中,A 是包括所有采样点的区域面积(可采用数据的最小外接矩形面积),n 是所有采样点总个数,k 是所有采样点的均值。

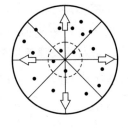

图 6-16 分区搜索圆
(虚线为初始搜索圆)

当落入该区域中点数符合插值要求,直接进行插值;如果小于插值要求的数目,则按一定步长扩大搜索半径,否则缩小搜索圆,直至满足要求为止。

B. 确定搜索方向。当采用点数据平面分布不均匀时,会导致内插点周围某个方向上没有充足的数据,从而影响插值效果,因而通常采取将圆划分为若干扇区,按扇区搜索数据避免此类问题。四方向或者八方向法是通常采用的分区方式,如果不能满足插值需要,再采用分区方式进行分区搜索。

(5)求出各个参估点对待估计点的贡献权值。根据选取的插值方法构造方程组,使用高斯消元或 LU 分解法解方程组,计算出待估计点的值。

(6)如果所有的网格节点都已经估算完毕程序退出,否则转向(3)继续执行。

第四节 三维储层的重构

储层随机建模是 20 世纪 80 年代后期兴起的一项油藏表征技术。它是以地质统计学为基础,把地质学、数学、计算机技术结合起来,给储层地质工作者提供了一个定量化、精细的、能反映"不确定性"的储层地质模型。

Haldorson(1990)提出了将储层随机建模技术应用到储层表征有 6 个方面的原因。

(1)储层空间展布、内部结构和岩石物理性质在各个尺度下的信息不完善。

(2)储集体和微相的复杂空间组合。
(3)对于空间位置和方向上岩石性质的变化和变化方式难以把握。
(4)不了解岩石物性与用来求取平均值的岩石体积关系。
(5)静态资料比动态资料要多。
(6)方便快捷。

采用随机储层建模方法所建立的储层模型不止一个,而是多个,但对于每一种实现,多模拟参数的统计学理论分布与控制点参数值统计分布特征是一致的,即所谓的等概率实现,各个实现之间的差别就是储层参数不确定性的直接反映。利用多个等概率随机模型进行油藏数值模拟,相应地可以得到一系列动态预测结果,对这些结果进行综合分析,可以提高动态预测的可靠性。

一、变差函数的含义和理论模型

变差函数是指区域化变量 $Z(x)$ 在 x 与 $x+h$ 两点处增量的方差之半,即区域化变量在相距为 h 的任意两点处的平方均值的一半。

$$g(x,h) = \frac{1}{2}\sum[Z(x) - Z(x+h)]^2 \qquad (6-20)$$

但理论变差函数是由样品来估计的,谓之实验变差函数,实验变差函数的计算公式为:

$$\gamma^*(h) = \frac{1}{2N(h)}\sum_{i=1}^{N(h)}[Z(x_i) - Z(x_i+h)]^2 \qquad (6-21)$$

式中,x_i 为第 i 个观测点的坐标;$Z(x_i)$,$Z(x_i+h)$ 分别为 x_i 及 x_i+h 两点处的观测值;h 为两观测点间的距离;$N(h)$ 为相距 h 数据对数目;$\gamma^*(h)$ 为实验变差函数的值。

以 h 为横坐标,$\gamma^*(h)$ 为纵坐标得到变差函数(图6-17),变差图中有3个主要特征值 a,c 及 c_0,这3个特征值由实验变差函数通过理论模型拟合得到,如球状模型。

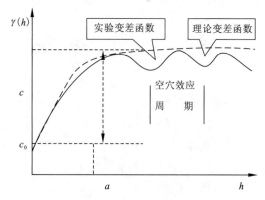

图6-17 变差函数参数图解

(1)变程 a:是指储层参数变量在该距离范围内,相邻点之间具有一定的相关性,这种相关性可用不同的函数形式来描述。

(2)块金常数 c_0:是变差函数在原点处的间断性,反映了变量的连续性很差,至平均的连续性也没有,即使在很短的距离内,变量的差异也很大,对于储层参数的变差函数,基本上不存在"块金效应"。

(3)基台值 c:当距离 $|h| \geqslant a$ 时,变差函数就不再单调增加了,而是稳定在一个极限值 $\gamma(\infty)$ 附近,这种现象称为"跃迁现象"。

(4)拱高 c_0+c:对于无块金常数的变量来说,拱高即等于基台值。

(5)空穴效应:是指变差函数曲线呈现出的一种波形特征,明显的空穴效应反映出空间变异性的伪周期,并且空穴效应又具有空间各向异性,所以在做精确估计时应加以考虑。

(6)各向异性:是指变程 a 在空间上的变化特征。如我们在对某一模拟层进行平面变差函数估计时,会发现变程在不同方向上是不一样的,通常情况下呈现出一种近于椭圆形的分布特征(图6-18),长轴(a_1)代表参数变化的延伸方向,短轴(a_2)代表其展宽方向。在对储层厚度进行分析时,长轴代表物源方向;而在剖面上分析时,长轴与短轴的比例(a_2/a_1)关系则与该剖面上储层的宽/厚比相一致。

变差函数的这些特征值反映了储层参数的空间变化特征。利用变差函数提供的全部结构信息,既可以用来分析和认识所研究的地质问题,也可以从地质角度对变差函数进行一次检验。

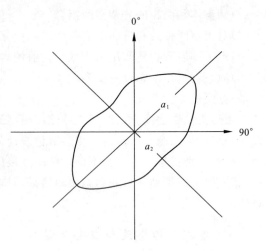

图6-18 变差函数参数图解

变差函数是地质统计学的一个有力的工具。变差函数的变程大小,不仅能反映某区域变量在某一方向上变化的大小,同时还能从总体上反映出区域化变量的载体(如砂体)在某个方向的平均尺度,从而可利用变程 a 来预测砂体在某个方向上的延伸尺度,以实现预测砂体规模的目的。

为对区域化变量的未知值做出估计,还需要将实验变差函数拟合成相应的理论变差函数模型。这些模型将直接参与克里格的估算及其他估值。几个常用的理论模型如下。

(1)球状模型。

$$\gamma(h) = \begin{cases} 0 & h = 0 \\ c_0 + c\left(\dfrac{3h}{2a} - \dfrac{b^3}{2a^3}\right) & 0 < h < a \\ c_0 + c & h > a \end{cases} \quad (6-22)$$

(2)指数函数模型。

$$\gamma(h) = c_0 + c(1 - e^{-g/a}) \quad (6-23)$$

(3)幂函数模型。

$$\gamma(H) = \gamma^\theta \quad 0 < \theta < 2 \quad (6-24)$$

(4)对数函数模型。

$$\gamma(r) = \log(r) \quad (6-25)$$

实际工作中所用到的区域化变量的变差函数从已有的理论模型中进行选择及套合。上述几种模型已能满足需要。

二、地质统计学插值方法

在实际工作中,我们不可能获得每一个空间点的实际测量值,因此就产生了用已知样品点数据去预测未知采样点的数据,并且要尽可能地接近真实值。由于克里格法具有"最佳线性无偏估计"的特点,所以在许多领域都有广泛应用,也是储层随机模拟的核心算法。

1. 普通克里格

$Z_i(i=1,2,\cdots,n)$ 是一组离散的信息样品数据,为了估计一个未知值点的值,采用线性估计量为:

$$Z_V^* = \sum_{i=1}^{n} l_i Z_i \qquad (6-26)$$

其中,λ_i 为权系数;Z_i 为已知点的值。它是 n 个数值的线性组合。

克里格估值的原则:保证这个估计的 Z_V^* 是无偏的,且估计方差最小的前提下,求出 n 个权系数 λ_i,在这样的条件下求得的 λ_i 所构成的估计量 Z_V^* 称为 Z_V 的克里格估计量,记为 Z_K^*,这时的估计方差称为克里格方差,记为 σ_K^2。

(1)无偏性条件 若要使 Z_V^* 为 Z_V 的无偏估计,即要求:

$$E[Z_V^* - Z_V] = 0 \qquad (6-27)$$

因为 $E[Z_V] = \dfrac{1}{V}\int_V E[Z(x)]\mathrm{d}x = m$,又因为 $E[Z_V^*] = E(\sum \lambda_i Z_i) = \sum \lambda_i E(Z_i) = m\sum \lambda_i$,所以 $\sum_{i=1}^{M} \lambda_i = 1$。

(2)普通克里格方程组。

估计方差:

$$s_E^2 = E[Z_V - Z_V^*] = E[Z_V^2] - 2E[Z_V E_V^*] + E[Z_V^*]^2$$
$$= \overline{C}(V,V) - 2\sum_{i=1}^{n} l_i \overline{C}(x_i, C) + \sum_{i=1}^{n}\sum_{j=1}^{n} l_i l_j C(x_i, x_j) \qquad (6-28)$$

在无偏条件下,要 σ_E^2 最小,以求 $\lambda_i(i=1,2,\cdots,n)$,作拉格朗日乘数法,令 $F = \sigma_E^2 - 2\mu(\sum_{i=1}^{n} \lambda_i - 1)$,求 F 对 λ_i 及 μ 的偏导,整理得:

$$\begin{cases} \sum_j l_i C(x_i, x_j) - m = \overline{C}(x_i, V) \\ \sum_j l_i = 1 \end{cases} \qquad (6-29)$$

式(6-29)即为 $n+1$ 个方程的普通克里格方程组,其矩阵表示为:

$$[K] \cdot [\lambda] = [M] \qquad (6-30)$$

其中:

$$[l] = \begin{bmatrix} l_1 \\ l_2 \\ \vdots \\ l_n \end{bmatrix} \quad [M] = \begin{bmatrix} \overline{C}(V_1, V) \\ C(V_n, V) \end{bmatrix} \qquad (6-31)$$

$$[K] = \begin{bmatrix} \overline{C}(V_1,V_1) & \overline{C}(V_1,V_2) & \cdots & \overline{C}(V_1,V_n) & 1 \\ \vdots & \vdots & \vdots & \vdots & \vdots \\ \overline{C}(V_n,V_1) & \overline{C}(V_n,V_2) & \cdots & \overline{C}(V_n,V_n) & 1 \\ 1 & 1 & \cdots & 1 & 0 \end{bmatrix}$$

2. 指示克里格

指示克里格是对离散指示变量的一种最优空间估计的克里格方法,既可以针对离散变量,也可以针对连续变量。对于连续变量时,必须首先进行指示变换,是将原始数据按照不同的门槛值,编码成离散指示变量的过程。如根据地震属性的岩性预测、数据分布级差较大的渗透率分级别的模拟等。

设条件数据为$\{z(x_a),a(n)\}$,其中x为未采样点并需估算其 cpdf 值,z_0 为级别中的一门槛值,则 cpdf 的 $\text{Prob}\{z(x)\leqslant z_0|z(x_a),a\in(n)\}$ 值将由指示克立格法估算出。设一门槛值 z_0,并且定义x点处的指示随机变量的二值变换式为:

$$I(x,z_0) = \begin{cases} 0 & z(x) > z_0 \\ 1 & z(x) \leqslant z_0 \end{cases} \quad (6-32)$$

则x点处的条件期望值为:

$$\begin{aligned}E\{I(x,z_0)|z(x_a),a\in(n)\} &= 0\times\text{Prob}\{z(x)>z_0|z(x_a),a\in(n)\} \\ &+1\times\text{Prob}\{z(z_0)\leqslant z_0|z(x_a),a\in(n)\} \\ &= \text{Prob}\{z(x)\leqslant z_0|z(x_a),a\in(n)\}\end{aligned} \quad (6-33)$$

所以,通过相应指示条件期望 $E\{I(x,z_0)|z(x_a),a\in(n)\}$ 的估算可以得到其相应的条件概率分布值,$\text{Prob}\{z(x)\leqslant z_0|z(x_a),a\in(n)\}$。

利用条件数据点及指示克里格法可得到期望值 $E\{I(x,z_0)|z(x_a),a\in(n)\}$ 的最佳线性无偏估计。由指示数据的线性组合便得到了局部条件概率的估计式:

$$\begin{aligned}F^*\{(x;z_0)|z(x_a),a\in(n)\} &= P^*\{z(x)\leqslant z_0|z(x_a), \\ a\in(n)\} &= \sum\lambda_a(x,z_0)i(x_a,z_0)\end{aligned}$$

式中,$*$ 表示估计值;$i(x_a,z_0)$ 为以 z_0 为门槛值的样点 $z(x)$ 的指示变换;$\lambda_a(x,z_0)$ 为相对应的克里格权因子。

此权因子为门槛值与待需估算 cpdf 函数在 x 处的函数值,它可通过指示克里格法解得[使用指示协方差函数 $C_1(h,z)$ 及二值随机函数 $I(x,z_0)$ 的克里格系统],即:

$$\begin{cases}\sum_{\beta=1}^n \lambda_\beta(x,z_0)C_1(x_\beta-x_a,Z_0)+\mu(x,z_0)=C_1(x-x_a,z_0) \\ \sum_{\beta=1}^n \lambda_\beta(x,z_0)=1\end{cases} \quad \alpha=1,\cdots,n \quad (6-34)$$

3. 软克里格

软克里格实际上就是引入了与硬数据相关的软数据的指示克里格方法,其目的是为了弥补硬数据的不足,这一点非常适合储层建模,在井资料贫乏的情况下,地震等软数据的引入是十分必要的。其计算思路是通过修改局部先验概率分布函数来得到局部后验分布函数。估计方程如下:

$$[\text{Prob}\{Z(u)\leqslant z|(n+n')\}]_{IK}^* = \lambda_0 F(z)+\sum_{\alpha=1}^n \lambda_\alpha(u,z)i(u_\alpha,z) \\ +\sum_{\alpha'=1}^{n'} v_{\alpha'}(u,z)y(u_{\alpha'},z) \quad (6-35)$$

式中,$\lambda_\alpha(u,z)$ 是 n 个邻近硬指示数据的权值;$v_{\alpha'}(u,z)$ 是 n' 个邻近软指示数据的权值;λ_0 为全局先验概率分布函数的权值。

为了达到无偏条件,λ_0 通常设为:

$$\lambda_0 = 1 - \sum_{\alpha=1}^{n}\lambda_\alpha(u,z) - \sum_{\alpha'=1}^{n'}v'_\alpha(u,z) \tag{6-36}$$

累计条件概率分布函数(ccdf)式(6-35)可以视为一个指示克里格估计,该估计中集合了不同类型的数据(包括硬数据 i 或 j 指示数据和软数据的 y 先验概率数据)。如果不采用软数据,式(6-36)就回到了简单指示克里格。

4. 协克里格

传统意义上的克里格是对单一属性数据进行空间上的最优估计,如一个未取样点的孔隙度值 $Z(u)$ 的估计是根据邻近具有相同承载的样品的孔隙度,通过求解克里格方程组(式6-29)来得到的。而协克里格可以通过多个具有相关性的数据属性来估计一个数据属性,如同样是对孔隙度的估计,一般在空间上的取样点是十分有限的,油田上最多的也只有测井资料的解释成果数据,在横向上的连续性极差。尤其是在井网密度大的情况下更为明显,这时,我们可以借助于地震波阻抗数据的补充,因为波阻抗与孔隙度的相关性是我们都已熟知的。这样,在克里格的估计中,就同时存在两个变量,初级变量(孔隙度)和次级变量(波阻抗)。

设初级变量为 Z,次级变量为 y,$Z(u)$ 的普通协克里格估计则为:

$$Z^*_{COK}(u) = \sum_{\alpha_1=1}^{n_1}\lambda_{\alpha_1}(u)Z(u_{\alpha_1}) + \sum_{\alpha_2=1}^{n_2}\lambda'_{\alpha_2}(u)Y(u'_{\alpha_2}) \tag{6-37}$$

式中,λ_{α_1} 为 n_1 个 Z 样品的权值;λ'_{α_2} 为 n_2 个 Y 样品的权值。

普通克里格方法需要关于 Z 的空间协方差模型,而协克里格需要一组协方差模型,即:Z 协方差 $C_Z(h)$、Y 协方差 $C_Y(h)$、$Z-Y$ 协方差 $C_{ZY}(h) = Cov\{Z(u),Y(u+h)\}$、$Y-Z$ 协方差 $C_{YZ}(h)$。在一个克里格计算中,当具有 K 个变量时,协方差矩阵就会有 K^2 个协方差函数,这样的计算是十分复杂的,这也是协克里格方法在实践中应用并不广泛的主要原因。而采用具有外部漂移的克里格和排列克里格可以大大地减少其复杂性。

三、随机模拟原理

随机模拟是以随机函数理论为基础的。随机函数由一个区域化变量的分布函数和协方差函数来表征。一个随机函数 $Z(x)$ 有无数个可能的实现,模拟的基本思想是从一个随机函数抽取多个可能的实现。在模拟中可进行条件限制,即用观测点的采样支队模拟过程进行条件限制,使得采样点的模拟值与实测值相同,这就是我们常说的条件模拟。

随机模拟与克里格等插值方法有较大差别,主要表现在以下三个方面。

(1)插值法考虑局部估计值的精确程度,力图对估计点的未知值做出最优(估计方差最小)和无偏(估计值的均值与观测点的均值相同)的估计,不考虑估计值的空间相关性,而模拟首先考虑的是结果的整体性质和模拟值的统计空间相关性,其次才是局部估计值的精度。

(2)插值法给出观测值的平滑估计,而削弱了观测数据的离散性,忽略了数据之间的细微变化;而条件随机模拟通过在插值模型中系统的加上了"随机噪音",使得产生的结果比插值模型真实得多。

(3)插值法只插身一个实现,在随机模拟中则产生许多可选的模型,各模型之间的差别正是空间不确定性的反映。

(一)随机模拟的主要方法

随机模拟的基本思想非常简单,但依据不同的研究对象、不同的样品信息来源和不同的地质复杂程度,随机模拟的方法多种多样。概括起来,主要有以下五种基本类型。

1. 序贯模拟

序贯模拟是一种思路,高斯型、指示型模拟都可以采用,即是将 u 邻域内的所有已知数据(包括原始数据和先前已模拟实现的数据)作为后续模拟的条件数据,在此基础上进行下一步的模拟。考虑 N 个随机变量 Z_i 的联合分布,这里 N 可以很大,Z_i 可以代表一个区域内离散在 N 个网格点的同一属性,也可以是同一点的 N 个不同属性。模拟时的抽样是在变量的 ccdf 中进行的。

使用序贯模拟方法,需要确定越来越复杂的累积条件概率分布函数(ccdf)。在实际计算过程中,由于数据的屏蔽作用,只有最近的数据作为条件,然而即使比较远的原始数据也应该加以重视。

2. 高斯模拟

高斯随机函数: $F(u_1, \cdots, u_k; Z_1, \cdots, Z_k) = \text{Prob}\{Z(u_k \leqslant Z_k)\}$ 的任何 k 元 cpdf 完全由来自协方差函数: $\text{Cov}(u, u') = E\{Z(u)Z(u')\} - E\{Z(u)\}E\{Z(u')\}$ 的知识确定。这样,高斯模型就显得容易实现,因而得到了广泛应用。但要注意在使用过程中要先对原始数据进行正态转换。

高斯模拟是将地质变量作为符合高斯分布的随机变量,空间上作为一个高斯随机场,以高斯随机函数来描述,即随机函数 $Y(\bar{u}) = \{Y(\bar{u}), \bar{u} \in B \in A\}$ 是多元正态的,当且仅当:

(1) 所有 $Y(\bar{u})$ 的子集,如 $\{Y(\bar{u}), \bar{u} \in B \in A\}$ 也是多元正态的。

(2) 随机函数 $Y(\bar{u})$ 的成分的所有线性组合也是正态分布的。

(3) 给定任何其他子集的实现,随机函数 $Y(\bar{u})$ 的任何子集的条件分布也是多元正态分布。

当储层参数具有连续的特性时,我们可以将其分解为一个连续的或近似连续的随机曲面外加一个具有空间相关性的高斯随机噪声的模型。

设 $Z(*)$ 是一个高斯过程,且为一个回归趋势面 $m(x, \beta)$ 外加一个零均值的高斯噪声 $[\varepsilon(x)]$,即:

$$Z(x) = m(x, \beta) + \varepsilon(x) = \sum_{j=1}^{p} \beta_j f_j(x) + \varepsilon(x) \tag{6-38}$$

这里 $\beta(\beta_1, \cdots, \beta_p)^T$ 是一个向量;f_j 是回归函数,常取 $f_1(x) = 1$;β_p 是回归参数。

协方差函数为:

$$\text{Cov}\{z(x), z(y)\} = \text{Cov}\{\varepsilon(x), \varepsilon(y)\} = \sigma^2 k(x, y) \tag{6-39}$$

可以用来度量噪声的空间连续性。如果要对 x 处进行估计,从高斯假设条件可知:

$$\begin{pmatrix} Z(x) \\ \mathbf{Z}_{data} \end{pmatrix} \propto N_{n+1} \left\{ \begin{pmatrix} f(x)^T \beta \\ \mathbf{F}\beta \end{pmatrix}, \sigma^2 \begin{pmatrix} K(x, x) & \mathbf{k}^T \\ \mathbf{k} & \mathbf{K} \end{pmatrix} \right\} \tag{6-40}$$

这里 $\mathbf{K}$ 是一个 $n \times n$ 的以 $\mathbf{K}(x_i, x_j)$ 为元素的矩阵,称为协方差矩阵,此外还有:

$$\mathbf{k} = (\mathbf{K}(x, x_1), \cdots, \mathbf{K}(x, x_n))^T$$

$$\mathbf{Z}_{data} = (\mathbf{Z}(x_1), \cdots, \mathbf{Z}(x_n))^T \tag{6-41}$$

而 $\mathbf{F}$ 是一个 $n \times p$ 的矩阵,第 i 行为:

$$f(x_i)^T = (f_1(x_i), f_2(x_i), \cdots, f_p(x_i)) \tag{6-42}$$

从而在观测数据给定的条件下,随机变量 $Z(x)$ 的分布可以写成如下的高斯分布:

$$Z(x) \mid \text{data} \propto N\{m(x,\beta) + \boldsymbol{k}^T \boldsymbol{K}^{-1}(Z_{\text{data}} - m_c(x,\beta)), \sigma^2(K(x,x) - \boldsymbol{k}^T \boldsymbol{K}^{-1}\boldsymbol{k})\} \quad (6-43)$$

这里,$m_c(x,\beta)$是一个向量,其分量为$m(x_i,\beta)$。由于$m_c(x,\beta) = \boldsymbol{F}\beta$,所以一般来讲,该向量要随着回归函数$f_i(x)$的改变而变化。

利用最小二乘法对β进行估计,使得$(\boldsymbol{Z}_{\text{data}} - \boldsymbol{F}\beta)^T \boldsymbol{K}^{-1}(\boldsymbol{Z}_{\text{data}} - \boldsymbol{F}\beta)$达到最小。当协方差矩阵$\boldsymbol{K}$已经确定时,$\beta$的最小二乘估计$\beta_{LS}$可写成如下形式:

$$\beta_{LS} = \boldsymbol{H}\boldsymbol{F}^T \boldsymbol{K}^{-1} \boldsymbol{Z}_{\text{data}} \quad (6-44)$$

最后,在x处的内插结果可写成:

$$\begin{aligned} Z(x) &= m(x,\beta_{LS}) + \boldsymbol{k}^T \boldsymbol{K}^{-1}(\boldsymbol{Z}_{\text{data}} - m_c(x,\beta_{LS})) \\ &= f^T(x)\beta_{LS} + \boldsymbol{k}^T \boldsymbol{K}^{-1}(\boldsymbol{Z}_{\text{data}} - \boldsymbol{F}\beta_{LS}) \end{aligned} \quad (6-45)$$

顺序高斯模拟算法包括下列步骤。

(1)将所有条件数据(硬数据和已模拟实现的数据)进行正态变换,从非正态分布变换为正态分布,作为先验条件概率分布。

(2)对变换后的条件数据进行变差函数计算与建模。

(3)对模拟网格,定义一个模拟的随机路径。

(4)对每个网格点,根据邻近的条件数据(包括井的硬数据和已模拟的数据)和地震波阻抗数据进行协克里格估计,得到后验条件概率分布。

(5)从后验条件概率中进行随机抽样,得到该网格点上的一个模拟值。

(6)将模拟值加到条件数据中去。

(7)重复(4)~(7),直至所有网格点模拟一遍。

(8)进行高斯条件模拟值的正态逆变换。

3. 指示模拟

指示随机函数模型适用于k元点统计量所控制的离散变量的模拟,其最重要的应用在于它可以给出条件概率最直接的评价,这正是序贯模拟时所必需的。它对离散变量和连续变量都可以进行模拟。

我们在直角坐标系下,将地质模型离散为$n+m$个网格单元,并以整型数$i=1,\cdots,n+m$进行标记,对每个网格i,我们以砂/泥两种岩相为例,定义一个二值指示变量:

$$x_i = \begin{cases} 0, i \text{ 为泥岩} \\ 1, i \text{ 为砂岩} \end{cases} \quad (6-46)$$

假设x_i为满足二阶平稳条件的随机场,并具有稳定的均值:

$$E\{x_i\} = p(x_i = 1) = \pi_{\text{sand}} \quad (6-47)$$

该均值与模型的砂岩比例相关,其空间上的协方差为:

$$E\{[x_i - \pi_{\text{sand}}][x_j - \pi_{\text{sand}}]\} = C(h_{ij}) \quad (6-48)$$

这里,h_{ij}是网格i与j之间的内部距离矢量。一般来讲,协方差与i和j之间的距离、矢量h_{ij}的方向有关,这就使我们得以模拟岩相在空间上的各向异性。

在实际应用当中,对于砂/泥模型矢量$\boldsymbol{X} = \{x_1,\cdots,x_{n+m}\}$,设井的数据作为条件数据$x_1,\cdots,x_n$,则待估数据为$x_{n+1},\cdots,x_{n+m}$。

对于砂/泥两种岩相,分解式(6-50)可用图6-19来表示。结合式(6-49)、式(6-50),顺序指示模拟过程包括以下6个基本步骤。

(1) 随机地提取一个未模拟的网格 i。

(2) 用指示克里格(IK)估计砂/泥局部先验概率分布；

$$\begin{cases} p_{IK}^{砂}(i) = p(x_i = 1 \mid x_1, \cdots, x_{i-1}) \\ p_{IK}^{泥}(i) = 1 - p_{IK}^{砂}(i) \end{cases} \quad (6-49)$$

对于砂岩的克里格方程组为：

$$\begin{cases} p_{IK}^{砂}(i) = \pi_{砂} + \sum_{j=1}^{i-1} w_j (x_j - \pi_{砂}) \\ \sum_{j=1}^{i-1} w_j = 1 \end{cases} \quad (6-50)$$

(3) 结合(2)和(3)获得砂/泥的局部后验概率分布。

(4) 对局部后验概率分布进行随机抽样，得到网格 i 的一个模拟值 x_i。

(5) 将(4)所得到的模拟值 x_i 作为模拟 x_{i+1} 时的条件数据：

$$\begin{cases} f(z_i \mid x_i = 1) \\ f(z_i \mid x_i = 0) \end{cases} \quad (6-51)$$

$$\begin{cases} p^{砂} \propto p_{IK}^{砂}(i) f(z_i \mid x_i = 1) \\ p^{泥} \propto p_{IK}^{泥}(i) f(z_i \mid x_i = 0) \end{cases} \quad (6-52)$$

(6) 重复(1)~(5)，直至所有网格都被模拟一次。

上述步骤可用图 6-19 来说明，图中 X_1、X_2、X_3 为井数据，X_{10} 为第 10 个模拟网格处的地震属性，$X_4 \sim X_9$ 为已经模拟完成的实现值。这样，在模拟到第 10 个网格时，以 $X_1 \sim X_9$ 为条件数据，通过指示克里格估计得到由条件数据产生第 10 个网格处的局部概率分布(式 6-49)；最后，通过对该分布的随机抽样来得到该网格处的一个随机实现。图中的箭头表示模拟的随机路径，由于网格一经模拟之后，就将被加入到条件数据集，所以，避免了抽样不均匀的问题，且每个网格仅被模拟一次，在整个模拟过程中，条件数据集是在不断累加的。

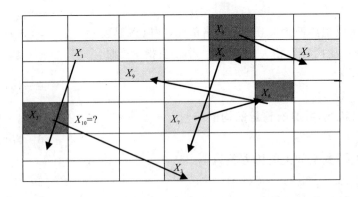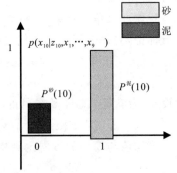

图 6-19 模拟实现示意图

4. 布尔模拟

布尔模拟是用于离散变量的随机模拟算法，示性点过程模拟是布尔模拟的扩展。在地学中主要用于推断，如相模拟、矿体分布等。

5. 退火模拟

退火模拟是一种条件随机模拟方法，可以综合再现两点统计量和复杂多元空间统计量，连续型和离散型变量都适用。开始时产生一初始图像，同时将条件数据置于最近结点，在其余结点随机地从直方图中抽取样本，然后序贯地交换一对非条件结点数据，计算目标函数（实验与模型变差函数的平均平方差），目标函数减小时接受交换，直到进一步的交换不能使目标函数降低或达到最小值为止。

（二）随机模拟的方法分类

随机模拟方法有许多种，各种随机模拟方法在其基本原理、复杂程度和应用条件诸方面均有所不同。不同学者从不同角度对随机模拟方法进行了分类。分类主要以数据的分布类型、变量的类型、模拟的结果是否忠实原始数据、模拟实现的过程，以及模拟所设计的变量数来加以区分，如表 6-1 所示。

按照变量的特征，将随机模拟分为离散性和连续性随机模拟。离散性随机模拟方法主要用于模拟离散型变量，如岩性、沉积相等；连续性随机模拟方法主要用于模拟连续型变量，如孔隙度、渗透率等。

从数据分布类型角度看，各种高斯模拟算法（分形随机函数法、矩阵方法、频率域方法、序贯高斯模拟、基于各种克里格估计的高斯模拟等）适用于服从正态（高斯）分布的数据；利用高斯得分转换可将非高斯分布的数据转换为高斯分布的数据。其他模拟算法（如各种指示模拟方法、模拟退火方法、转向带法、布尔模拟方法等）则不要求数据为高斯分布。

从变量类型角度看，各种基于指示克里格的模拟（序贯高斯模拟、基于 Markov-Bayes 方法的模拟、概率场模拟）、截断高斯模拟、布尔模拟适用于类型变量的模拟；序贯高斯模拟、序贯高斯协同模拟、分形随机函数法、矩阵方法、频率域方法适用于连续型变量的模拟；模拟退火模拟（包括 Metropolis 算法、热浴法、协同模拟退火法、并行模拟退火法）既适用于类型变量，也适用于连续型变量。

从模拟实现的过程看，可以分为基于目标的模拟和基于像元的模拟。前者包括标点过程法、Markov 随机域法、截断高斯模拟、两点直方图法、随机成因模拟法和指示模拟法，用来表现各种地质特征的空间分布；后者包括模拟退火法、序贯指示模拟、分形随机域法、Markov 随机域法、LU 分解法、转向带法，用来模拟各种连续性参数（岩石物性参数），以及离散性参数（地质特征参数）的变化。

从参与模拟的变量数目看，有单变量模拟和多变量模拟。前者还包括结合软硬数据的单变量模拟（基于同位协同克里格的高斯模拟、基于全协同克里格的高斯模拟、序贯高斯协同模拟和基于 Markov-Bayes 模型的模拟）和结合二级变量的单变量模拟（基于泛克里格的模拟、基于外部漂移泛克里格的模拟和基于局部变化均值的简单克里格的模拟），后者包括 K 个相关变量的联合条件模拟、基于 Markov 型协区域化模型的多变量联合模拟、相关变量组成的矢量模拟、化为独立变量的方法和从条件分布中抽取的方法。

表 6-1 模拟方法特征

对比项目 建模方法	数据分布类型		变量类型		对原始数据是否忠实		模拟过程		可参与模拟的变量个数	
	高斯分布	无要求	连续变量	离散变量	忠实	不忠实	基于目标	基于象元	单变量	多变量
转向带法		✓	✓			✓		✓	✓	
布尔模拟		✓		✓		✓	✓			
序贯高斯模拟	✓		✓		✓			✓		✓
序贯指示模拟		✓		✓	✓			✓		
概率场模拟		✓	✓		✓			✓		
模拟退火		✓	✓		✓			✓		✓
截断高斯模拟	✓		✓		✓			✓		
分形随机模拟	✓		✓		✓			✓		
LU 分解模拟	✓		✓		✓			✓		
误差模拟	✓		✓	✓	✓			✓		

第五节 重构的不确定性因素

不确定虽然不是油藏本身的内在特征,主要是由于我们对油藏缺乏了解,预测地下油气水的流动需要确定储层的地质构造和对应的岩石物理性质,如孔隙度、渗透率等,然而,这些过程涉及到不确定性的各种来源,这就需要进一步的研究(图 6-20)。

为了管理油藏的不确定性,需要一套方法和工具,需要满足以下条件。

(1)能评价不确定性的全部范围,能捕捉地质模型的不确定性,需要整合到一个统一框架来自动地评价其累积效应。

(2)识别出不确定性的相关要素,挑选出不相关的要素。

(3)一旦识别出关键的不确定性要素,快速地确定采取什么活动可减少其不确定性。

一、数据尺度和体积变化引起的不确定性

油藏的不确定性主要可分为三类:第一,构造的不确定性,油藏的边界,如断层的产状或者涉及到多少断层等;第二,沉积微相结构及其三维空间展布的不确定性,如哪一种地质现象发生过,储层中沉积对象的形状及分布等;第三,在每一种沉积相类型中,其物性的确定。

除油藏的地质结构外,还有一种与流体有关的不确定性,油气水的属性、与 PVT 相关因素、PVT 模型表征的流体热动力特征,这在油藏数值模拟中是至关重要的,此外,油水接触面和气油接触面也是不确定的。

而且,储层建模依赖于各种来源的数据来减少储层模型的不确定性。地下的直接采样是

有限的，仅仅只有岩芯资料，这就需要尽可能的获取各种各样的数据，现在可以得到实时的多种类型的数据。很多是间接数据，如地球物理探测、测井、测试等。这些资料类型多，跨度大，从微米级到千米级以上（图6-21），不同尺度的数据在应用过程中会带来不确定性。

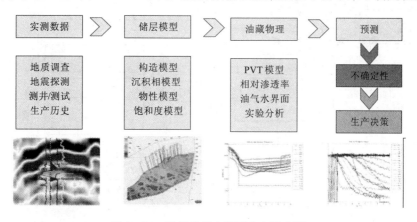

图6-20 储层建模中的不确定性来源

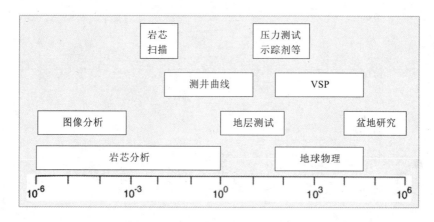

图6-21 储层建模数据中的各种尺度

二、构造模型的不确定性

虽然难于用一个统一的规则来评价构造模型的不确定性，基于地震资料的构造建模的不确定性评价思路可以概括如图6-22所示。地震速度是主要的不确定性来源，其直接影响构造解释结果，如层位的位置、断层的模式。因为通常地层厚度的不确定性小于深度的不确定性，常常对一套层位抽样而不是每个层位的不确定性评价。

三、测井曲线粗化和细分层引起的不确定性

在构造模型建立完毕后，就需要进行细分层和测井曲线粗化的操作，由于储层模型垂向精度的限制，细分层的厚度几乎不可能达到0.125m，也就是一般测井曲线的采样密度，这样会导致储层模型的网格数成几何级数增长。这就导致测井曲线值在粗化时可能会产生光滑效应（图6-23），丢掉了可能的最大值，这样往往不能准确地反应流动过程。

细分层时往往会提供很多的细化方法，主要是为了模拟各种各样的地质条件，如地层的不

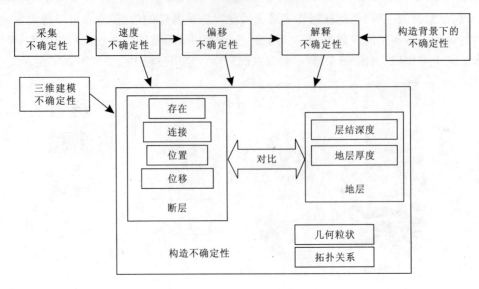

图 6-22 构造建模的不确定性来源

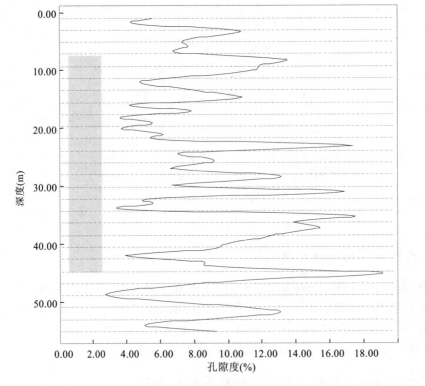

图 6-23 测井曲线粗化引起的不确定性

整合等,一般提供了 4 种细分方法(图 6-24)。至于采用哪种方法来细分地层,这取决于地层的结构,如根据地质认识,地层相互之间是整合的,则可以采用均分的方法,如上部地层遭受了剥蚀,则有可能采用根据地层层位来等厚分层。这保证了储层物性在空间上的连通性。

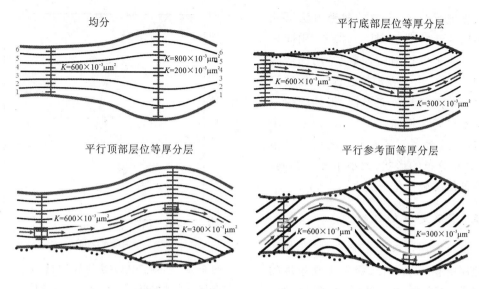

图 6-24 细分层引起的不确定性来源

四、储层建模的不确定性

当需要考虑相和物性属性的不确定性建模时，在贝叶斯的规则下，需要考虑以下问题。

第一，每一个后验模型不得不在先验模型的集合之内，先验信息用来构架先验模型，如地质现象的解释和描述，在储层建模中主要有三种技术来产生先验模型：基于过程的、基于对象的和地质统计序贯模拟技术。基于过程的模拟技术产生的储层模型是通过控制方程、其初始条件和边界条件来计算其实际的地质信息，这种技术提供了最实际的地质模型但其计算和模拟费时费力，此外，难于用数据来约束模拟，许多研究者改进了这些技术。基于对象或者布尔模拟技术是通过放置预先定义的各种地质对象来模拟的，该技术也能非常快地产生符合实际的地质模型，但也难于与实测数据吻合。一些学者建议在面向对象的技术中用循环的方法来吻合实测数据。目前，地质统计序贯模拟算法是广泛用来产生吻合先验地质现象和数据的建模方法，基于变差函数地质统计学的建模，如序贯高斯和指示模拟，常不能再现地质实际情况，然而，多点地质统计算法，如单一正态方程模拟方法、基于滤波的模拟方法，通过训练图像可以有效地产生实际的地质模型。这样的话，后验模型有可能再现其中的一种地质现象。

第二，在建模过程中，需要处理各种各样的数据的差别，硬数据（D_1），如测井、岩芯、测试等；软数据（D_2），如地球物理数据、概率体；非线性的时态数据（D_3），如压力瞬态数据和生产历史。建立的模型应能匹配所有的数据源。或者说，不得不从后验分布中联合抽样，$P(X|D) = P(X|D_1, D_2, D_3, \cdots)$。

第三，为了预测将来的状态，建立的模型往往非常多且很复杂，处理这样多的模型是耗时的，因此，整个流程需尽可能的有效，特别是对非线性时态数据，一次正演模拟需要几个小时甚至几周，更糟的是，需要处理大量可选的模型来表征其不确定性。

给定一个先验知识，需要解决相和物性的不确定性的建模方法，更确切地说，如何用给定的生产数据来确定其不确定性，特此假设，任何先验模型已经由硬数据（D_1）和软数据（D_2）正确地约束。尽管储层建模有多种模拟方法，但每种方法应用的条件不尽完全相同，即使采用同样的数据进行约束,不同的建模方法可能产生不同的储层模型(图6-25)。用同一种模拟方法来模拟地质现象时,用同样的数据进行约束,由于在模拟过程中,每次模拟经过的结点路径可能不同,得到的模拟结果也不尽完全相同(图6-26)。从图中可以看出,虽然高值区域分布的范围基本相似,但其分布的形状、大小不完全相同,图中的低值区域变化则更大。

五、不确定性的级次

一级是宏观尺度的不确定性,比如构造和地层沉积环境等;二级是细观尺度的不确定性,构造面的上下浮动、断层的位

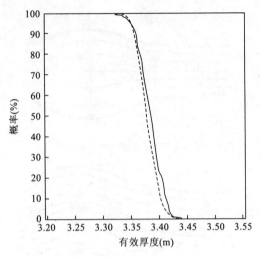

图6-25 不同建模方法的不确定性来源
(虚线是序贯高斯模拟200次,实线是转换带200次)

置、变差函数模型及参数的选取,算法的选择,累积分布函数的变换等;三级是井间的变化,如修改种子数得到的多个实现。

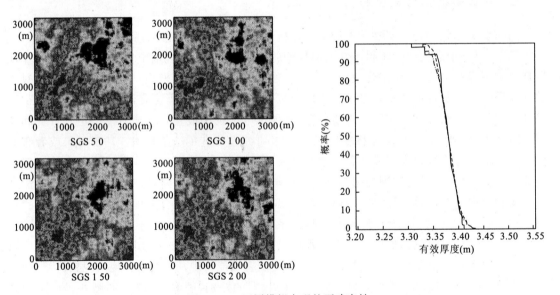

图6-26 不同模拟实现的不确定性
(序贯高斯模拟结果,虚线是第200个实现,实线是第50个实现,点虚线是第100个实现)

第六节 三维储层模型的优选

一、生成储层模型的整体表示

用一组集合 x_i 代表一个模型,表示分配到每个网格块的一个矢量属性值。如果定义模型参数的数量为 N,模型的数量为 L,然后由矩阵 X[式(6-53)]表示模型的一组(或集合)。模

型的集成是为了覆盖现有的不确定性空间约束的任何现有数据的地质统计模拟方法(基于变差函数或布尔或多个点)生成,如井岩芯、测井及地震数据。例如,如果我们有孔隙度、渗透率和地质模型格网块的数量是 100 000 的 100 个模型,x_i 表示每个格网块的孔隙度和渗透率的属性值,因此 x_i 的大小是 200 000×1 和 X 的大小是 100×200 000。

$$X = (x_1, x_2, \cdots, x_i, \cdots x_L)^T \quad \in R^{L \times N} \qquad (6-53)$$

用一组值 g_i 表示模型 x_i 的响应,它常常是一个时间序列的向量(如产油率或井底压力)或静态向量,例如,预测石油地质储量(原始石油地质储量)或者油水界面(水油接触)。g_i 通常是通过求解一个偏微分方程,由式(6-54)表示。g_i 的维度通常用步长 N_t 表示。在大多数情况下,一个模型的响应是关键的,而不是模型本身。比如,如果一个项目的目的是预测石油生产超过 10 年的每个月,g_i 是在一定时间内的油产率,向量的长度为 120(10 年或 120 个月)。注意,它往往需要几个小时至数天来评估函数 $g(*)$。

$$g_i = g(x_i) \quad i = 1, \cdots, L \qquad (6-54)$$

二、三维储层模型的优选原理

1. 度量空间下的距离的定义

在数学中,度量空间定义为一个集合,并且该集合中的任意元素之间的距离是可定义的。度量空间的方法在许多领域中得到了大量应用,如搜索引擎、图像分类等。在石油行业,还很少使用,这也是现在只使用唯一一个储层模型来分析或做决策支持的一个主要原因。

常说的距离是一个实数,显然是一个正实数,可以用来定义两个对象之间的差别,这里的对象可以指两个储层模型,如果有 L 个储层模型,则可以定义 $L \times L$ 个距离。数学中定义了多种距离,常见的距离就是欧氏距离。度量空间的创建需要定义一个相似距离,也就是度量两个不同模型之间的不相似性。距离的度量需要两个主要条件:第一,每一个模型组之间的距离是可以计算的,且应该快速;第二,距离度量一定要为研究的目的而设计,没有一种距离可用于任何情况,最后距离度量应该容易理解。

度量空间下的距离是这样定义的,任何两个模型之间的距离与这两个模型的反应的差异相关[式(6-55)]。只要满足式(6-55),我们可以定义任何类型的函数来进行距离的计算。注意函数 $d(x_i, x_j)$ 应该是计算简单、快速,而评价函数 $g(x_i)$ 经常花费大量的时间。

$$d_{ij} = d(x_i, x_j) \text{ 与 } \sqrt{(g_i - g_j)^T (g_i - g_j)} \text{ 相关} \qquad (6-55)$$

距离是用来确定两个储层模型根据地质属性和生产响应确定其相似性的一种方法,两个模型之间的距离可以是传统意义上的几何形状度量差异的距离,如 Hausdorff 距离,基于连通的距离,或者基于快速流动的模拟。需要注意的是,两个对象之间的相对距离的概念不同于绝对统计中的差的概念。在储层建模中应用时,估计储层模型的相似性时不需要度量每个储层模型的属性的绝对值,仅仅只需要定义任意两个模型之间的距离,距离定义的唯一条件是两个储层模型之间的相似性与他们的流动响应差别之间有合理的相关关系。

(1)基于属性的静态距离度量方法。

总孔隙体积常用来优选储层模型和不确定性评价的模型选取,基于属性的静态距离容易快速计算,由于不需要流动模拟。然而,该距离可能超出总属性,如总孔隙体积或者 OOIP。如用式(6-56)求一个网格块的孔隙体积距离,这个距离就是网格块孔隙体积的累加和。

$$\delta_{ij} = \sum_{k=1}^{N_{gb}} |(PORV_k^i - PORV_k^j)| \qquad (6-56)$$

由于井间孔隙体积对驱替过程至关重要，则可以使用距离度量，注意的是也可以使用网格块的渗透率、初始含油饱和度或者其他属性，只是要着重考虑距离的含义。

(2) 基于流动模拟的距离度量。

由于我们的多数研究涉及到流动模拟，也许基于流动模拟的距离度量是较适合的选择，基于流动模拟的距离可以解释动态属性，如相对渗透率、黏度、压缩系数、流体接触面、模型的非均质性和流动障碍，然而，当需要研究一大堆模型，流动模拟耗时，这是流线模拟可以用来作为基于流动模拟的距离度量，由于流线模拟和标准流动模拟相比较省时，且是一个最好的替代。

一个极快的基于流线模拟的距离度量可以定义为基于连通性的距离，如果尝试区分不同储层模型井的流动响应可以使用下式的距离度量，该表达式说明了所有井和当前的累积产油量差别的绝对值之和。

$$\delta_{ij} = \sum_{k=1}^{N_{wellpairs}} |Q_k^i - Q_k^j| \qquad (6-57)$$

$$\delta_{ij} = \sum_{ts=1}^{N_{ts}} \sum_{k=1}^{NW} |q_{0,ts,K}^i - q_{0,ts,K}^j| \qquad (6-58)$$

在大多数情况下，g_i 的维度远小于之前提到的 $x_i(N \gg Nt)$。换句话说，其响应 x_i 模型通常存在高维度($105D \sim 108D$)空间。另一方面，g_i 通常存在于低维($1D \sim 103D$)空间。因此，如果我们构建的距离只代表模型的一个度量空间，度量空间中的模型是根据他们的反应差异的排列，这在大多数应用中比在高维空间模型中更有效。这种简化是我们之所以通过 MDS 建立度量空间作为投影到低维度($2D \sim 5D$)空间的原因。

给定一组储层模型(N_R 个)，任意两个模型之间的距离函数，就可以构建一个 $N_R \times N_R$ 个不相似矩阵 D，该矩阵包含了任意两个实现之间的距离。一个有效的不相似矩阵一定满足2个约束条件，即自相似和对称。一旦距离矩阵 D 构建好以后，所有 N_R 个储层模型就可以使用多维标度法投影到欧氏空间 R 中。

2. 多维标度法

多维标度法(MDS)是一种把非相似性矩阵转换为 nD 欧氏空间中的点的一种构造方法，这些点之间的欧氏距离尽可能的与对象之间的不相似性对应，从而展现其空间关系。这样，MDS 的成功应用可以很好地度量欧氏距离与非相似距离的关系。

分析一个非相似性距离矩阵的 MDS 算法广义上可分为两大类，经典的 MDS 和飞度量空间下的 MDS 算法。经典的 MDS 算法假设非相似性矩阵显示了度量空间小的特性，如从一幅地图中量测的距离，经典 MDS 空间中的距离尽力地保留了点之间的间隔和比率；非度量空间下的 MDS 有更少的限制，仅仅假设不相似性的次序是有意义的，该结构下的距离次序尽可能地反应了非相似性次序，没有解释点之间的间隔和比率。这两种方法都可以在储层模型的优选过程中使用。由于根据 MDS 得到的映射仅仅从非相似性距离矩阵中导出，与点的绝对位置无关，因此，映射可以平移、旋转、反射灯变换，而与方法无关，仅仅对映射空间 R 的距离有关。

多维标度法(MDS)是一种从度量空间映射到低维空间(模型过程的度量投影空间)，在低维空间映射的点之间的欧氏距离尽可能地接近构建度量空间的距离。

$$X \to X_m \quad \text{s.t.} \, d(x_i, x_j) \cong \sqrt{(x_{i,m} - x_{j,m})^T (x_{i,m} - x_{j,m})} \quad (6-59)$$

其中,X_m 定义如下:

$$X_m = (x_{1,m}, x_{2,m}, \cdots, x_{i,m} \cdots x_{L,m})^T \in R^{L \times m} \quad (6-60)$$

式中,下标 m 表示投影空间维数或者保留特征值的数量。

MDS 是简单地通过特征值分解完成并保持"合理"的最大正特征值的数量,如式(4-9)~式(4-11)。"合理"意味着大到足以捕获度量空间模型的变化。度量空间和投影空间的距离的相关系数决定了"合理"的数量。式(6-61)代表中心的距离矩阵的过程。

$$\boldsymbol{B} = \boldsymbol{HAH} \quad (6-61)$$

其中,$\boldsymbol{H}$ 代表中心矩阵:

$$\boldsymbol{H} = \boldsymbol{I} - \frac{1}{L} ll^T \in R^{L \times L}$$

$\boldsymbol{I}$ 是单位矩阵,l 是 L 的列向量。(i, j) 是矩阵 $\boldsymbol{A}$ 的元素,计算如下:

$$a_{ij} = -\frac{1}{2} d_{ij}^2$$

接着,将 $\boldsymbol{B}$ 的特征值分解

$$\boldsymbol{B} = V_B \wedge_B V_B^T \quad (6-62)$$

其中,用 V_B 表示 B 和对角矩阵的特征值的特征向量的集合,如果我们保留了 m 最大特征值和相应的特征向量来构造一个小的特征值矩阵和特征向量的矩阵,度量空间模型的投影 X_m,最终得到

$$X_m = V_{B,m} \wedge_{B,m}^{1/2} \quad (6-63)$$

需要 MDS 有以下几个原因。首先,MDS 转换成等价的欧氏距离定义的距离,因为通过 MDS 的度量空间上距离投影中的欧氏距离和定义的距离几乎相同。在大多数情况下,一个三维投影空间是足够($m=3$)达到 0.99 的相关系数,或者是使得定义距离$[d(x_i, x_j)]$和通过 MDS($\| x_{m,i} - x_{m,j} \|_2$)的投影距离达到更高,在后面会有介绍。有许多理论和技术要求的距离是欧氏距离。MDS 可以用"欧氏"的任何距离。

其次,MDS 使得它可以映射所有的模型到二维或三维空间中,这意味着我们可以通过简单的目视检查分析模型组的分布。在低维空间中的一个点代表每个模型后,有可能通过在响应方面具有相似特性确定模型。此外,MDS 应用优化算法,如概率摄动法或逐渐变形法或集合卡尔曼滤波,通过 MDS 或者二维、三维度空间在度量空间投影钟模型的更新是明确可视化的过程。此外,如果聚类灵敏度分析或不确定性评估的要求,在三维空间中的结果显示有助于调查结果集群有效。

把 MDS 算法应用到储层建模中,考虑的对象变为储层模型,每个储层用一个点来代表,MDS 就可以在维数减少的坐标系统代表每个实现(由几万个网格块定义),通常是二维或者三维,这样便于可视化。

对于大多数应用,映射空间 R 中的点的结构是非线性的,因此常用的模式识别工具无法使用。为了解决这个问题,需要使用核方法,把非线性转换到高维的线性空间中。

3. 核 K 均值聚类

核方法是解决非线性模式分析问题的一种有效途径,其核心思想是:首先,通过某种非线性映射将原始数据嵌入到合适的高维特征空间;然后,利用通用的线性学习器在这个新的空间

中分析和处理模式。相对于使用通用非线性学习器直接在原始数据上进行分析的范式,核方法有明显的优势:首先,通用非线性学习器不便反应具体应用问题的特性,而核方法的非线性映射由于面向具体应用问题设计而便于集成问题相关的先验知识。再者,线性学习器相对于非线性学习器能更好的控制过度拟合从而可以更好地保证泛化能力。还有,很重要的一点是核方法还是实现高效计算的途径,它能利用核函数将非线性映射隐含在线性学习器中进行同步计算,使得计算复杂度与高维特征空间的维数无关(图6-27)。

常用的核函数是高斯核(径向基函数)。其参数σ控制着核的伸缩性,σ值越小,核矩阵就越接近单位阵。换句话说,大的σ值逐渐把核减少为一个固定的函数。

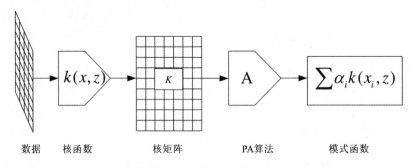

图6-27 核方法的计算流程

聚类有一种有用的功能,它可以选择一些有代表性的模型、筛选不兼容的模型,进行敏感性分析、评估不确定性等。由于所有模型在度量空间中都通过MDS和K-means映射到低维空间是容易的,收敛速度很快。更重要的是,使用安排在内核空间中的线性模型的聚类的核心技术,能使聚类更有效。

K-means聚类是一个迭代算法找到聚类中心的位置,使得模型和最接近的质心之间的距离的总和最小。一旦确定质心的位置,模型最接近的质心群集到相同的组中,并分配了相同的簇索引。

$$C_{opt} = \sum_{c_i=1}^{\arg\min L} \min \| c_j - x_{i,m} \| \qquad (j = 1, 2, \cdots, N_c) \qquad (6-64)$$

式中,矩阵C表示聚类中心的集合($C_j, j=1,\cdots,N_c$),大小为$m*N_c$。N_c是预定数量的集群。下标opt表示优化的聚类中心。

核K-means聚类(KKM),表示在核中的K-means聚类空间。首先,我们定义了一个从原始空间映射到核空间。总的来说,径向基函数(RBF)内核往往是被选择的,因为我们已经定义了一个距离并且核RBF只有距离功能[式(6-66)]。然后,在核空间中的两个特征之间的欧氏距离由式(6-66)表示。在式(6-67)中,核空间中的距离是通过核函数计算得到的,这就意味着特征没有必要明确声明。

$$X_m \to \Phi \quad \text{s.t.} \quad K(x_{i,m}, x_{j,m}) = \Phi_i^T \Phi_j \qquad (6-65)$$

$$K(x_{i,m}, x_{j,m}) = \exp\left(\frac{\| x_{i,m} - x_{j,m} \|^2}{2\sigma^2}\right) \qquad (6-66)$$

$$\| \Phi_i - \Phi_j \|^2 = \Phi_i^T \Phi_j - 2\Phi_i^T \Phi_j + \Phi_i^T \Phi_j = 2 - 2K(x_{i,m}, x_{j,m}) \qquad (6-67)$$

因此,稍微修改式(6-64)和式(6-65)就可以得到KKM方程[式(6-68)和式(6-69)]:

$$\boldsymbol{C}_{\text{opt}} \sum_{c_i=1}^{\text{argmax}L} = \max K(c_{j,\text{opt}}, x_{i,m}) \qquad (j=1,2,\cdots,N_c) \qquad (6-68)$$

$$u_i = \mathop{\text{argmax}}_{j} K(c_{j,\text{opt}}, x_{i,m}) \qquad (6-69)$$

4. 三维储层模型变换

在度量空间中的一系列模型可以通过 KL 方法参数化成相对较短标准的高斯随机向量。由于模型扩展法的应用，一个短的标准高斯随机向量代表了一个模型，参数化的结果能够被很方便地应用于各种需要高斯假设的优化算法，如逐渐变形的方法和集合卡尔曼滤波。

KL 变换首先从协方差开始。让 C_X 成为由式(6-70)计算得到全体[式(6-52)]的协方差。

$$C_X = \frac{1}{L}\sum_{i=1}^{L} x_j x_j^T = \frac{1}{L} X^T X \qquad (6-70)$$

当我们执行的协方差的特征值分解[式(6-68)]，X_i 是代表一个模型参数化义[式(6-72)]。此外，可以得到一个新的模型[式(6-73)]。

$$C_X V_{C_x} = V_{C_x} \wedge_{C_x} \qquad (6-71)$$

$$x_i = V_{C_x} \wedge_{C_x}^{1/2} y_i \qquad (6-72)$$

$$x_{\text{new}} = V_{C_x} \wedge_{C_x}^{1/2} y_{\text{new}} \qquad (6-73)$$

式中，V_a 是一个矩阵的每一列，是矩阵 A 的特征向量，是其中每个对角元素的对角矩阵的矩阵 A 的特征值。y_{new} 代表参数模型 x_{new}。y_i 或 y_{new} 的参数化是一个标准的高斯随机向量，其大小由多少保留特征值决定。

我们没有使用所有非零 L 特征值，通常是几大特征值保留。通过式(6-73)，我们可以产生许多模型代表相同的协方差和相同的不确定性空间。

为了考虑高阶矩或空间相关性超出了逐点的协方差，功能扩展的模型可以引进。设 Φ 是从模型空间 R 到特征空间 F 的特征图[式(6-74)和式(6-75)]。

$$\Phi: R \to F \qquad (6-74)$$

$$x_m \to \Phi: = \Phi(x_m) \qquad (6-75)$$

其中，Φ 是特征扩展的模型，与功能扩展的集合结合，可以得到一个参数化的模型和一个新的功能扩展中相同的方式[式(6-79)]。功能扩展的协方差的集合及特征值的分解由式(6-80)计算得到：

$$[\Phi(x_m)]_{\cdot,j} = \Phi(x_{j,m}) \qquad (6-76)$$

其中，$[A]_{\cdot,j}$ 代表矩阵 A 的 $j\text{-}th$ 列。

$$C = \frac{1}{L}\sum_{j=1}^{L} \Phi(x_{j,m})\Phi(x_{j,m})^T = \frac{1}{L}\Phi\Phi^T = V_{C\Phi} \wedge_{C\Phi} V_{C\Phi}^T \qquad (6-77)$$

$$\Phi(x_{i,m}) = V_{C\Phi} \wedge_{C\Phi}^{1/2} y_1 \qquad (6-78)$$

$$\Phi(x_{m,\text{new}}) = V_{C\Phi} \wedge_{C\Phi}^{1/2} y_{\text{new}} \qquad (6-79)$$

然而，由于特征空间的扩展通常是非常高维的，甚至是无限维的，这取决于所选择的内核，协方差矩阵的特征值分解几乎是不可能的。点积矩阵和协方差之间的二元性，使得它可以取得完全等价的解决方案的协方差的特征值分解。如果我们定义两个特征扩展[式(6-80)]的一个点积作为核函数，那么可以不明确展现的高维特征扩展就可以评估核函数。因此，核矩阵[式(6-81)]或兰氏矩阵可以有效地进行计算。

$$K(x_{i,m}, x_{j,m}) := \Phi(x_{i,m})^T \Phi(x_{i,m}) \tag{6-80}$$

$$K := \Phi(x_m)^T \Phi(x_m) = \Phi^T \Phi \tag{6-81}$$

其中,K 的 (i,j)-th 元素是 $K_{ij} = K(x_{i,m}, x_{j,m})$。

核 KL 扩展的主要思想是一个新的特征扩展,是模型特征变换的线性组合,用两个特征变换的点积代表了公式中的所有元素。考虑核矩阵的特征值分解:

$$KV_K = V_K \wedge_K \tag{6-82}$$

那么,协方差的特征向量和相应的特征值由核矩阵的特征向量和特征值直接计算得到,这将减少花费的时间[式(6-83)]。

$$\wedge_{C\Phi} = \frac{1}{L} \wedge_K$$
$$\Phi^T V_{C\Phi} = V_K \wedge_K^{-1/2} \tag{6-83}$$

对于给定集合的参数集,我们必须找到一个参数化 Y 的集合

$$\Phi = V_{C\Phi} \wedge_{C\Phi}^{1/2} Y \tag{6-84}$$

$$\Phi^T \Phi = \Phi^T V_{C\Phi} V_{C\Phi} \wedge_{C\Phi}^{1/2} \tag{6-85}$$

$$K = \frac{1}{\sqrt{L}} V_K \wedge_K Y \tag{6-86}$$

那么,式(6-84)给出了参数:

$$Y = \sqrt{L} \wedge_K^{-1} V_{KK}^T = \sqrt{L} \wedge_K^{-1} V_K^T V_K \wedge_K V_K^T = \sqrt{L} V_K^T \tag{6-87}$$

此外,一个新的模型扩展式[式(6-79)]由初始模型特征变换的式(6-91)集合的一个线性组合来表示。

$$\Phi(x_{m,\text{new}}) = V_{C\Phi} \wedge_{C\Phi}^{1/2} y_{\text{new}} \tag{6-88}$$

$$= \frac{1}{L} L V_C \wedge_C V_C^T V_C \wedge_C^{-1/2} y_{\text{new}} \tag{6-89}$$

$$= \Phi \frac{1}{\sqrt{L}} \Phi^T V_C (L \wedge_C)^{-1/2} y_{\text{new}} \tag{6-90}$$

$$= \Phi \frac{1}{\sqrt{L}} V_K y_{\text{new}} = \Phi b_{\text{new}} \tag{6-91}$$

其中,b_{new} 表示功能扩展的线性组合的系数,它的定义为 $b_{\text{new}} = \frac{1}{\sqrt{L}} V_k \cdot y_{\text{new}}$。

三、三维储层模型的优选流程

1. 构造模型的优选

构造模型的不确定性建模的主要思路是基于不确定性的各种数据源生成多个可选的构造模型,这些数据源中一部分是离散变量,如构造解释成果;一部分是连续变量,如给定一个层面的变化区间来模拟断层或者层面的位置,在此变化中,用一种特定的方式来变化位置。例如随机变化一个层面的简单方法是表现这个面的厚度图。

然而,在处理构造模型的不确定性时出现了各种各样的方法,这阻止了软件的实现及推广,主要原因是构造模型难于自动生成,特别是在构造复杂的地区。因此多数工具通过扰动一个地层网格来减少不确定性,而不是变化或者模拟构造模型(图 6-28)。

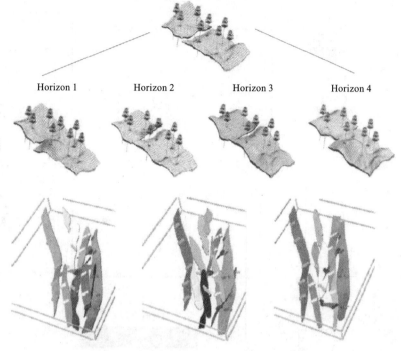

图 6-28 确定构造模型的不确定性示意图

拓扑关系的不确定性抽样还处在研究级别，因为需要代替所有对构造模型的人工编辑，如生成断层网络可以从有关断层的方位和形状、断层规模和断距关系、断层簇的截断规则的统计信息来生成。

2. 储层属性模型的优选

传统的优选方法如地质储量、连通性应用流线模拟、示踪剂模拟等，已经得到了大量的关注，但当有多个流动响应变量时，没有唯一的优选索引指示，可见没有一个优选的度量方法是完美的。一个特定的优选度量参数必须与生产状况相关联，目前常用优选的中心思想是采用一个相对简单的静态方法来精确地挑选地质实现，这些实现与生产响应的目标百分位相对应，例如 P10、P50、P90 的代表，这虽然定义了一个不确定性边界，但没有进行小尺度的流动模拟。

采用度量空间方法可以用来快速决策和分析一组储层建模的实现，当有大量的储层模型的实现需要分析时，该方法是不确定性研究或敏感性分析的有吸引力的方法（图 6-29）。在储层建模中，度量空间定义为相似距离函数，该函数定义了一组储层模型的相似性。一般来讲，模型 i 和模型 j 之间的距离与模型 j 和模型 i 之间的距离相同，则需估计储层模型距离的个数为 $N\times(N-1)/2$。该距离矩阵就定义了一个度量空间，然而，该空间难以可视化。为了便于可视化该空间，可以采用多维标度法（MDS），其输出可以转换为一个二维图像。多维标度法把距离矩阵转化成 n 维欧氏空间中的点的组合，n 一般选取较小值（$n=2,\cdots,10$）。每一个点代表一个储层模型的实现，尽可能地优化欧氏距离与距离矩阵中的近似距离相对应（图 6-30）。

把这些欧氏空间中的点用主成分分析或者聚类算法分组，再挑选每一类中具有代表性的点（或者实现），该过程就相当于优选出了代表性的模型。然而，这些传统的统计技术都假设了

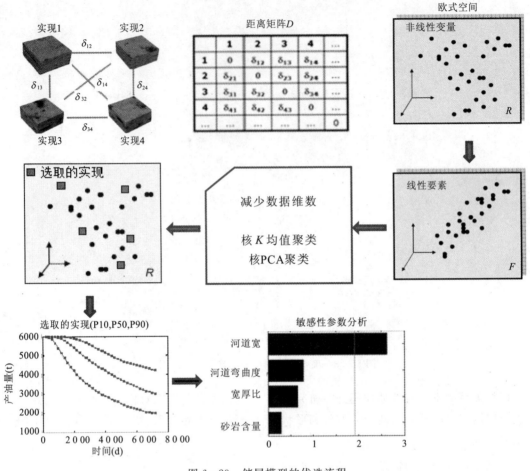

图 6-29　储层模型的优选流程

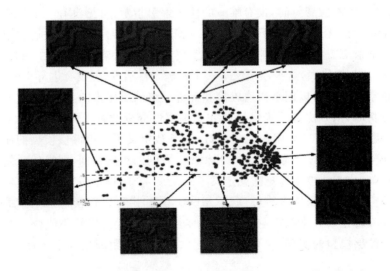

图 6-30　MDS 方法中 2D 欧氏空间中一个点代表一个储层模型的实现

欧氏空间中点的结构是线性的,而在很多现实应用中,这些点的结构是非线性的。这样,就需要把非线性的欧氏空间 R 转换到一个新的线性空间 F,该空间称之为要素空间,采用的方法以核方法为主,核变换的目的就是使新空间中点的关系更加线性化。这时就可以使用模式识别中标准的线性工具,成功率也大大提高。这样就可以在大量的储层模型中挑选出有不同的流动特征的具有代表性的模型。应用核变换之后,在要素空间中应用经典的 K 均值聚类算法来确定聚类中心点定义的一个点的子集,K 均值算法根据欧氏距离来聚类,也就是相邻的点为同一类。而且,选取的度量距离越合适,意味着具有相似流动响应的点越相邻。每类中点的个数可以作为与之所代表储层模型的权值,选取的模型子集虽然很小,但足以代表了原来的所有模型的信息。

传统的敏感性参数分析方法使用实验设计方法,该方法首先定义一系列参数值(最小值和最大值),然后进行流动模拟,其目的是确定影响流动特征的每一个参数的影响因子,在敏感性分析中使用流动模拟是利用参数的函数来构建一个代表流动变化的多项式模型。度量空间的方法在对选取的代表性模型的建模参数进行分析,就可以得到一个地质参数的构成,确定与之对应的敏感性参数。在使用该方法时还需注意以下问题:①选取的储层模型的个数。数量足够才能估计模型的相关因素。②在每个选取的实现中,每个参数的最大值和最小值须有代表性。尽管实验设计看起来很精确,但需要进行大量的模拟,而本方法既不需要耗时的流动模拟,又只需要分析选取的建模参数,更直观明了。

第七节　小　结

通过对油藏实体中的井、断层、层位、三维储层模型等实体的数据来源总结,较详细地介绍了这几种实体的重构方法,从不确定性的角度论述了油藏实体重构中需要注意的问题。主要有以下认识。

(1)井眼轨迹的重构方法很多,最小曲率法是井眼轨迹计算中最常用的计算方法之一。根据测量深度、井斜角和井斜方位角这三个测量参数来计算测点处的垂深、位移偏移量、狗腿度等。

(2)断层模型的创建方法主要取决于断层数据的来源,可以是 Fault Sticks、层位构造图中的断层多边形、甚至是离散点,也可以是三维地震数据体的直接解释成果。常常采用薄板样条曲线法来拟合断层面,以便得到较光滑的断层面。

(3)层面模型重构的难点在于层面和断层面的粘合处理。层面网格剖分时常常采用角点网格来逼近断层面,在插值过程中可以采用最短路径的方法来减少断层相对盘数据点的作用权值。

(4)储层三维模型的重构本质与三维储层建模的原理相同,可采用相控建模和地质统计学的建模算法来实现。

(5)重构不确定性因素较多,既可以是原始数据带来的不确定,也可以是重构过程中算法本身导致的不确定。

(6)随机模拟可以产生储层模型的无数个"实现",优选出的三维储层模型与实际生产相匹配是一个棘手的问题。常用优选的中心思想是采用一个相对简单的静态方法来优选,基于距离的优选方法可以与多个流体流动的变量联系起来,与其他优选方法相比,具有明显的优势。

第七章 油藏的可视化

可视化技术在油田勘探开发中发挥了巨大作用。鉴于此,本书根据数字油藏的特点,在分析其应用需求的基础上,探讨在现有条件下油藏可视化应具备的功能及其关键技术。

三维可视化技术采用逼真的静态或动态图形展示数据、显示计算过程和分析结果,可以直观揭示数据中包含的大量纷繁复杂的信息及其相互关系。在石油工业中,三维可视化技术得到了广泛重视及大量应用,主要的原因有三个:一是石油工业产生了大量复杂的数据体,这些数据体从不同侧面反映了统一地质实体的不同属性,需要以一种方式融合展示,如地震勘探中采集的三维地震数据体,储层建模得到的储层三维模型;二是可以作为石油勘探开发数据分析、解释的有力的工具,地质学家们可以直观分析、研究地下地质情况,专家们可以从任何角度、任意切(片)面分析研究地下构造、油藏特征,如地震解释中已经使用的全三维立体解释方法,采用 Voxel 技术,可以对三维地震数据体进行透明度可控的整体显示;三是为原始数据的表达和研究成果的展示提供新的手段,把反映统一地质对象的不同属性在三维空间中整合,通过资料分析用切片、体等可视化方法在解释人员大脑中完整、准确地再现地质模式,从而可以评价研究成果的空间相互关系及其正确性。

第一节 油藏可视化的需求分析

一、可视化的应用需求

储层建模涉及层序地层学、地震勘探学、沉积学、构造地质学、油层物理、地球物理测井等多个学科的研究成果,不同研究成果来源于不同的技术方法和不同来源的基础资料(区域地质、钻井、测井、地震、分析化验、油气测试、油井生产等),应用可视化技术,可以综合展现多学科的研究成果,实现多学科研究成果的相互验证及及时反馈,为储层建模提供一体化的研究思路,储层建模可视化的应用需求主要体现在以下几个方面。

(1)复杂地质情况下的点、线、面、体的综合显示。对于储层建模而言,不仅要单独描述地层的空间形态,而且要描述多套地层、地质边界的空间组合关系,还要描述地层之间的储层参数性质,这些参数以点、线、面、体的形式来表示。因此,储层建模的可视化不仅要能显示单个地质因素的空间形态,而且还要能显示多个地质实体所构成的复杂组合形态。

(2)原始数据、研究成果显示的人机交互。由于不同学科所依据的理论不一样,必然导致针对统一地质实体的多学科研究成果的不一致、不协调,甚至相互矛盾,建立储层模型之前应能对比不同学科的研究成果,随着研究的深入,逐渐消除中间成果的不一致,直到最后统一。可见可视化技术要能修改资料,并且能保留修改结果,即实现可视化的编辑。

(3)复杂地质体的重构技术。在储层建模中,不仅有标准的三维数据体,而且有其他技术获取的数据或其他学科的研究成果,其表现形式为零维(点)、一维(线)和二维(面)数据,如井的分层数据、测井曲线或地震解释的构造面等。实际上,储层建模的过程就是面(构造模型)、体(储层参数模型)的重构过程。

(4)多项研究成果的相互验证。不同学科的研究成果反映了同一地质实体的不同属性,这些属性之间存在着内在的联系,储层建模过程中,往往需要综合考虑地质实体的多种属性,如对于某一目的层建模,不但要描述其空间构造形态及沉积相带的展布,同时还要研究孔隙度、渗透率与沉积微相的空间配置关系及其相互作用。

二、可视化的功能需求

在传统方式中,地质学家以二维纸质图件的构造图、剖面图、栅格图来表达三维空间中的地质现象,但是这种表达方式比较单一,不直观。三维地质模型能够较完整、准确地表达复杂地质现象的边界条件以及地质体内含的各种地质构造,增强地质分析的直观性和准确性,为设计人员做出符合实际地质现象分布和变化规律的工程设计和施工方案。三维地质建模技术是运用计算机技术在三维环境下将空间数据管理、地质解释、空间分析和预测、地学统计,以及图形可视化等工具结合起来的用户地质分析的技术。

为实现三维地质体的数字表征,需要综合展示地震数据体、解释层位、断层、油藏剖面、连井剖面、合成记录、储量、圈闭、数模结果、井筒信息(包括井轨迹、测井曲线、地质分层、取芯标志、试油标志)及生产信息等,针对每种数据类型,需要研究其不同尺度数据模型的组织方式、对象的选取和交互方式等内容。

数字油气田的一个主要目标是在三维空间内,多尺度地展示井、地层、储量及油气运聚等信息,这些数据大多是深度域的。而地震数据体也是用户非常关注的反映地下地质构造特征的重要信息,由于地震数据主要是时间域内的信息,因此,以专题的形式将地震数据单独展示出来,无疑是解决这一难题的有效途径。

本书中体数据可视化主要为了实现下述要求。

(1)实现多种方式的地震数据体显示,包括线框显示、面绘制、体绘制和椅状显示等。
(2)纵、横测线的显示和推拉交互。
(3)水平切片的显示、推拉交互及颜色表设置等。
(4)任意测线的三维交互式定义和抽取。
(5)层位的集成展示和剥离。
(6)ROI 定义和体绘制的交互设置。
(7)与井筒信息的集成、抽取过井筒的体数据等。

三、可视化软件包的选择

OpenGL 是 Open Graphics Lib 的缩写,是一套三维图形处理库,被认为是高性能图形和交互式视景处理的标准。OpenGL 被设计成独立于硬件、独立于操作系统的,并能在网络环境下以客户/服务器模式工作,针对专业图形处理、科学计算等高端应用领域的标准图形库。OpenGL 提供了直观的编程环境、用户应用程序和操作系统的接口,以及一系列图形变换函数、外部设备访问函数和三维图形单元,开发者可以用这些函数来建立三维模型和三维实时交互,大大简化了三维图形程序的设计工作。虽然 OpenGL 功能强大,但是它也仅仅是一个图形库,它为建模提供了一些基本的图元表示及连接方法,并能够帮助用户较简单地实现绘制过程。但是对于数据场可视化来说,特别是针对地质体复杂的结构、各种参数的分布情况的表达、海量数据的处理及较高的交互性要求来说,如果使用 OpenGL 从底层开始开发,就面临着开发难度大、周期长的问题。

TGS 公司的 Open Inventor 是应用最广泛的面向对象和交互式开发的 3D 图形 API,支持 C++和 Java 等开发语言。新版的 Open Inventor 充分利用了技术优势,更好地满足了广大用户的需要。Open Inventor 采用全组件式构架,支持快速应用程序设计,它已经成为一个功能强大的 3D 可视化图形显示系统。开发人员在利用 Open Inventor 做应用程序设计时,既可以选择 C++,也可以选择 Java,并且应用程序具有可以在多个不同平台上运行的灵活性,这使得 Open Inventor 成为开发交互式、面向对象 3D 应用程序的快速、灵活和高性能的 API。Open Inventor 是功能强大的面向对象开发工具包,包括 450 多个类和直接可用的程序接口,支持快速原型设计及图形应用程序开发,使开发者只要基于底层 API 开发的 1/10 时间就可以开发出高性能和高稳定性的产品,但不提供源代码,只能在原有基础上进行扩展。

目前已经被广泛使用的三维重建工具 Visualization ToolKit(VTK)是一种基于 OpenGL 的开放源代码,用于 3D 图形学、图像处理及可视化的一种工具。它的优势表现在以下方面:①VTK 利用了流行的面向对象技术,可以直接用 C++、TCL、Java 或 Python 编写代码,可以在 Windows、UNIX 等操作系统下运作;②集计算机图形、图像处理和可视化于一体,容纳了图像和可视化领域内的上百种算法,如包括数量、向量、张量等的可视化算法和包括多边形缩减、造型和曲面三角形等高级建模技术;③VTK 是一个目标库,并且可以开发自己的库函数;④VTK 充分利用了编译语言和解释性语言的优势,使其不仅应用起来极为灵活和方便,而且保证了应用程序的开发效率和运行的高效性。

VTK 采用模块化的面向对象的技术,将基本功能用类包装,系统结构简单,用户可以很容易在很短时间内学习和掌握 VTK,同时对 VTK 的维护、扩充也很简单。在 VTK 类库中,将许多常用的图形操作、图像处理算法封装成不同的类,非常易于理解和调用。它也将数据可视化算法封装成一系列定义清晰的、易于扩展的类,便于人们研究、使用、扩展。VTK 类库中将底层的图像、图形处理算法和数据的绘制进行了明确划分,使人们可以非常容易地增加自己的绘制引擎(图 7-1)。

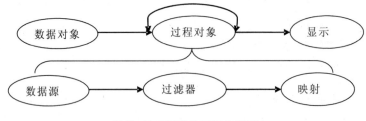

图 7-1 VTK 的可视化模型

为此,本书采用以面向对象技术搭建源码开放的三维可视化类库 VTK 作为辅助工具,主要应用 VTK 的一些数据处理能力和可视化算法。

四、实现方法

在国际市场上成熟的三维地质建模软件中,不管是早期基于 UNIX 推出的 Earth Vision,还是近几年基于 Windows 开发的 Petrel,以及同时可应用于 UNIX 和 Windows 的 RMS 都具有较强的三维可视化功能。储层建模软件在国内目前还没有看到真正成熟、实用或商品化的成果。与国外相关公司相比,有 10～15 年的差距。从目前研究水平来看,国内与国外差距较大,这也是国外开发的储层建模软件一统天下的主要原因之一。目前,三维可视化技术在油气勘探开发中的应用还处于数据场的图示阶段,生产的图像只提供了视觉感受及简单的编辑功能,没有考虑数据场的空间关系;而且,大多应用于单一属性显示,多项研究成果的综合显示有待于进一步深化。

储层建模可以看作是三维地学模拟的一个特例,其研究对象的特殊性对三维空间数据模型的实用性提出了更高的要求:它不仅要能表达和显示地学对象本身,而且还要能表达地学对象间的相互关系即拓扑关系和实体关系,另外还要能存储地学对象众多的属性信息。另外,目前既没有统一的标准地学模型,也没有形成能为大多数人所接受的理论与模式,这更增加了面向三维储层建模空间数据模型的复杂程度。因此,为储层建模三维地学表达和分析服务的三维数据模型和数据结构设计,应针对储层地质建模数据的获取方式、储层建模对象本身的形态特征和主要的应用目的设计具体的数据模型。采用三维栅格数据结构来组织表征三维地震数据体,并将二维栅格数据分块和金字塔式存储调度技术用于三维栅格数据的存储组织,解决大规模地震数据体的快速提取与检索问题。采用不规则六面体来表达地层网格,可以很好地逼近断层形态。井轨迹用圆柱表示,其分层数据用圆盘来表示空间位置,为便于井上的离散数据的可视化,用长方方形的宽表示其厚度,长表示其属性,用不同颜色区分,井上的连续性数据用多边形表示,或充填颜色加强显示效果。散点数据,如构造模型要使用地震解释的数据,可用球体表示。断面的显示是储层建模的重中之重,不同的建模软件采用的方法不同,经过对比分析,发现 Petrel 的断面表示方法简洁,交互方便,可以借用,即在垂向上采用立柱,根据断面的复杂程度选择多个控制点,改变控制点的空间位置即可改变立柱的形态,横向上分层组织控制点,这样就构成了断面的骨架。

第二节 空间数据结构

油藏的数据既可来自原始的采集数据,也可来自研究成果,并且这些数据类型、结构、维度等多种多样。从数据性质可以概括为标量、矢量和张量三种类型。

(1)标量。可以用多个不依赖于坐标系的数字表征其性质的量,只具有数值大小,而没有方向,部分有正负之分。在储层建模中绝大部分数据以标量来实现可视化。

(2)矢量。指一个同时具有大小和方向的对象,线段的长度可以表示矢量的大小,而矢量的方向也就是箭头所指的方向。油藏的可视化主要是地下流体的流动用其可视化,如在建立好储层模型之后,可以通过流场来模拟储层内流体的流动,用矢量的形式显示油气水的流动特征。

(3)张量。指一个物理量或几何量,它由在某参考坐标系中一定数目的分量的集合所规定,当坐标变换时,这些分量按一定的变换法则变换。不同维度与阶数的张量为具体的可视化操作带来了巨大的挑战。目前还没有比较好的张量可视化方法，储层建模中只有渗透率是张量类型，这也是储层建模中的难点之一。

按照数据的组织方式可分为结构化数据和非结构化数据。一类数据能够用数据或统一的结构加以表示，称之为结构化数据；而另一类数据无法用数字或统一的结构表示，如文本、图像、声音、网页等，称之为非结构化数据。数字油藏也不例外（图7-2），结构化数据中的规则网格结构化数据有地震资料，三维地震资料可以看作一个立方体，二维地震资料则看作是一个长方形；矩形网格结构化数据有地层模型，但常常由于断层的存在而成为非结构化数据。非结构化数据由于其空间位置和连接关系必须明确给出，因而可以表达断层导致的复杂空间关系，因此油藏的储层模型以非结构化数据为主；另外，井资料归属于非结构化数据类型。这些数据类型在很多三维可视化软件开发包中都有对应的数据结构，只需要按照对应的类进行派生实现。

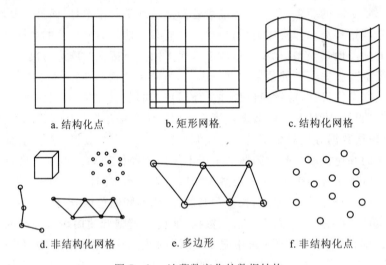

图7-2　油藏数字化的数据结构

油藏的可视化方法所处理的对象是定义在三维空间中的数据集合。要将这些对象表达出来，首先需要建立三维数据模型。所谓数据模型，是概念模型的数学表达，是对现实世界的一种抽象、归类及简化，是现实世界向数字世界转换的桥梁，它决定了数据的存储结构以及定义的对应操作。

人们习惯把三维数据模型分为三类：基于面表示的数据模型（基于矢量结构的数据模型）、基于体表示的数据模型（基于栅格结构的数据模型）及混合结构数据模型。油藏数字化涉及到的数据都可归到这三类表达方式中，如表7-1所示。

一、基于面表示的数据结构

1. 格网模型

将表面划分成规则的格网，每个格网点上有一个对应的属性值，格网模型的一个明显的缺点是难以精确表达边界，另外如果存在空属性值的格网，则还需进行插值处理。前面提到的层位数据可以按这种模型来表达，由于三维工区通常会很大，解释人员为了减少解释的工作，经常会每隔几条测线解释一个层位,这样原始的解释层位的数据点呈不规则分布(图7-3),解释层位的边界与三维工区并不能严格对应,如果想把未解释的格网上赋予属性值,则还需对其进行插值处理。

表7-1 三维数据模型可表达的地质体

三维数据模型		适合表达的数据类型
基于面表示的数据模型	格网模型	层位
	边界表示模型	绝大多数的地质体对象
	解析模型	井眼轨迹
	TIN模型	地层构造
基于体表示的数据模型	立方体模型	
	长方体模型	数据量小的ROI
	八叉树模型	地震数据体、油藏数值模拟模型
	四面体模型	复杂地质体、异常体
	构造实体几何模型	井筒
混合结构数据模型		复杂地质体

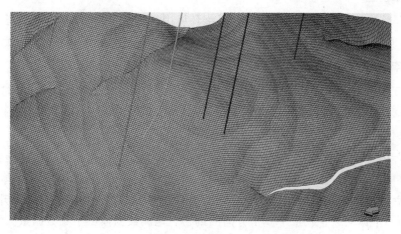

图7-3 采用格网模型展示的层位数据

2. 边界表示模型

边界表示模型将三维空间中的物体抽象为点、线、面、体4种基本几何元素,然后以这4种基本几何元素来构造更复杂的对象。这样会把一个空间实体划分为有限个面,每个面由有限条边围成,每条边由起点和终点定义。这种表示法能精确地表达描述对象,当模型不复杂时数据量小,并能直观地表现出空间几何元素间的拓扑关系,这种表达方法最适合表达现实生活中真实存在的物体。在地面关键导航信息中这种表示方法更加普遍,比如公路、村庄、河流等,对于数字油气田中的三维工区、二维测线、油气田等也用这些数据的边界来表示。

3. 解析模型

解析模型采用函数或参数方程来表示构成三维空间实体及其边界的曲面。使用函数或参数方程可大大地减少模型表示所需的存储量，运算速度快，也可以保证空间唯一性和几何不变性。这种模型能有效地解决多值面的问题，对地质应用有一定的价值，但在实际的地质情况中三维空间对象却是非常复杂的，难以用统一的函数或参数方程来表达。

4. 不规则三角网(TIN)模型

TIN(Triangular Irregular Networks)是一种利用不规则三角形面片构造地质模型的方法。TIN 表面法需要将区域中随机分布点的采样点以某种相对合理的方式连接起来，建立形态上较为完美和功能上较为完善的三角形网络。对地层构造模型适合采用 TIN 模型来表达，因为 TIN 模型可以比较精确地表达边界，同时还可以较好地表达三角形之间的拓扑关系，Delaunay 三角剖分方法是常用的建立 TIN 三角网的方法，因此在地层建模和可视化中常常采用 TIN 模型。

二、基于体表示的数据结构

基于体表示的数据模型是用体信息代替面信息来描述对象的内部，它将三维空间物体抽象为一系列邻接但不交叉的三维体元的集合。体元是此模型中最基本的组成单元，根据体元的不同，可以建立起不同的数据模型。

1. 立方体模型

该模型是将二维中的栅格模型扩展到三维环境中，因而被称为三维栅格模型，其优势是操作算法简单，尤其是未经压缩的标准体元的数据模型具有简单、标准、通用等优点。

2. 长方体模型

等边立方体模型虽然数据结构简单、算法简单，但其数据量巨大。在实际工作中，可能某个方向的精度比别的方向的精度更重要，这时就宜采用长方体模型。

3. 八叉树模型

使用这种模型主要有两方面的考虑：一是为了克服三维栅格模型数据量巨大的弊端，其基本思想是，如果一个立方体体元内部属于同一实体就不再细分，否则，将立方体体元均分成八个次一级的立方体体元，直到指定的最小体元大小为止；二是在体数据交互时提升数据访问效率，以适应同一个体从纵、横、水平 3 个方向的剖切。地震数据体由于其数据量大，并且交互操作复杂，最适合用八叉树模型。

4. 四面体模型

四面体格网模型以不规则四面体作为描述空间实体的基本元素，将任意一个三维空间实体剖分成一系列邻接但不重叠的四面体，通过四面体间的邻接关系来反映空间实体间的拓扑关系。四面体模型可以构建复杂的地质体，数值模拟的结构也可以用此模型来表达，但考虑到数值模拟方法并不成熟的原因，在油藏数值模拟的模型中并不常用此模型。

5. 构造实体几何模型

构造实体几何法的基本概念由美国人 Requicha 和 Voelcher 提出，这是一种由简单的基本体元(如球、圆锥、圆柱等)通过正则 Boolean 运算(并、交、差)构造复杂三维空间对象的表示方法。该方法把复杂三维空间对象描述为一棵二叉树,树的叶结点为基本体元,中间结点为正则 Boolean 运算集。该方法能很好地表达规则实体,但是对于不规则复杂的形体,表达起来非常困难。对于井身结构中的一些仪器,可以采用此种表示方法。

三、混合数据结构

为了集成栅格模型和矢量模型的优点,一些学者将两种或两种以上的数据模型加以综合,形成具有一体化结构的模型,即混合结构数据模型。值得一提的是,对于一种数据类型,根据数据量大小、交互方式的不同,采用的数据模型也不相同。以油藏数值模拟结果为例,以边界表示法也可以表现出含油饱和度等属性的分布情况,用八叉树模型也可以表达,但当数据量更大时,则会采用混合结构的数据模型。

第三节 油藏的可视化技术

三维可视化是计算机真实感图形技术在地质上的应用,是一种计算机图形生成技术,它首先在计算机中构造出所需场景的几何模型,然后根据光照明模型,计算画面上可见的各景物表面的光亮度,使观者产生如临其境、如见其物的视觉效果。

一、散乱数据场的可视化

散乱数据指的是在二维或者三维空间中,数据之间缺乏拓扑关系的数据。散乱数据的可视化的核心问题是对散乱数据进行插值或拟合,形成曲线或者曲面并用图形或图像表示出来的技术。这些内容在第六章中有详细的介绍,这里主要指散乱数据场的可视化方式。油藏中的散乱数据主要来源于地质勘探数据、测井数据、油藏数据及地质研究结果中的非结构化数据,它们的可视化都要用到散乱数据的可视化技术。往往用一个圆球来代表离散的数据点(图 7-4)。

二、常用体绘制技术

(一)基于八叉树的数据组织

在任何一个处理海量规则数据体的算法中,减少 I/O 操作尤为重要,首先需要优化数据的组织方式。一个有效的解决办法是将整

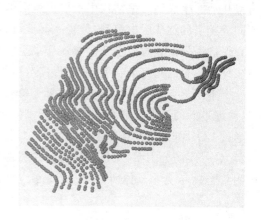

图 7-4 散乱数据的可视化

块体数据划分为较小的数据块,以数据块为单位进行磁盘读取操作,即一次读取整个数据块。可见,数据块的大小直接影响了算法的效率,分块过小,会导致 I/O 操作中断的次数增加,降低系统效率;分块过大,会使单次读取的时间增加,导致一些无用数据的读入。八叉树结构是由 Hunter 于 1978 年在其博士论文中首次提出的一种数据结构,它是由四叉树结构推广到三维空间而形成的一种三维数据结构,其树形的结构在空间剖分上具有很强的优势,因而得到了

广泛的应用。在八叉树形结构中（图7-5），根结点表示整个三维空间区域，将该区域分成8个大小相同的小区域，用其8个"子女"表示，继续将每个小区域分成8个更小的区域，以此类推，直到不再需要分割或达到规定的层次为止。一般来说，数据块的大小应该保持在0.5~4.0MB，同时为了使数据块能够载入显存，应该确保数据块的边长为2的整数次幂（32×32×32个或64×64×64个体素等）。

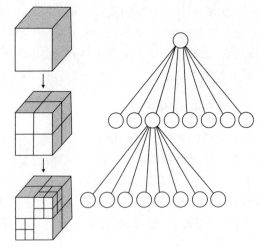

图7-5 八叉树划分及结构示意图

（二）LOD 及 ROI

1. LOD 技术

LOD 技术即 Levels of Detail 的简称，意为多细节层次。1976年，Clark 提出了细节层次模型的概念，认为当物体覆盖屏幕较小区域时，可以使用该物体描述较粗的模型，并给出了一个用于可见面判定算法的几何层次模型，以便对复杂场景进行快速绘制。主要依据视觉上的特性，在同一场景中，离视点距离较远的物体需要较粗、模糊的图像，反之则需要细致、精确的图像。

LOD 技术指根据物体模型的节点在显示环境中所处的位置和重要度，决定物体渲染的资源分配，降低非重要物体的面数和细节度，从而获得高效率的渲染运算。LOD 模型主要有两种实现方式。①静态 LOD：在预处理过程中产生一个物体的几个离散的不同细节层次模型。实时绘制时根据特定的标准选择合适的细节层次模型来表示物体。②动态 LOD：在实时绘制时可以从动态生成的数据结构中抽取出所需的细节层次模型。从这个数据结构中可以得到大量不同分辨率的细节层次模型，分辨率甚至可以是连续变化的。

在保持场景渲染效果不变的情况下，通过 LOD 技术一步一步简化对象显示的层次细节以减少计算场景的几何复杂度，从而提高渲染算法的效率。它的原理是为每一个多面体模型创建几个不同逼近精度的几何模型。每个模型与原模型相比，均保留了一定程度的细节，在绘制时，根据不同的要求和准则选择适当级别的层次模型来表示对象。

通过 LOD 处理每一层次的模型对象，对粒度进行"粗化"，即是对数据体进行分割和抽稀的过程，每一层的分割系数（每一层等分的子体数）为8，抽稀系数为 $2(N-n)$。其中，N 为数据体的总层数，n 为该子体所处的细节层次，即1级 LOD。

$$N = \log_8 \frac{v}{v_0}$$

式中，v 为地震数据体所占的字节总数；v_0 为适量地读取一次数据所需的字节数。

构造完八叉树后，以自底向上、自左向右的顺序为每个结点建立一个 v_0 大小的抽稀子体文件。在体绘制时，为了减少海量体数据的数据载入量，同时降低体绘制的运算复杂度，就需要计算不同层次所对应的抽稀子体，从而实现更高效率的图形绘制，达到视觉要求。运用体绘制的多级 LOD 技术能够实现以上目标，即在1级 LOD 的基础上，通过判断视点与数据体之间的距离，在体绘制过程中进行2级 LOD 抽稀计算，也就是保持数据载入量相对不变，依据视点到观察对象的距离设定 2 级 LOD 系数,对三维网格进行间隔采样,随着距离的拉近,系数也相应地变小。

2 级 LOD 系数为 $2(N-n)$,其中,N 为 2 级总层数,n 为当前 2 级 LOD 细节层次。以此类推,多级 LOD 技术能够使大规模地震数据体的体绘制的交互性变得流畅,解决了原来加载困难的问题。即使在某些时候以丢失一些细节为代价,使得生成的图像比原来要模糊一些,但也基本上满足了地震解释的需要,既缩短了数据的读取时间,又缩短渲染时间,大幅提高了绘制效率。

2. ROI 技术

感兴趣区域(ROI,Region Of Interest)是指在实际的应用中,观察者出于某一特定的目的对数据集中的数据的关注程度不尽相同的原理,从数据集中抽取关注程度高的区域。如二维图像中某一对象的边界,三维数据集中的某一对象的外表面,油藏数值模拟中某一时间间隔内的储层模型。一个 ROI 可以是感兴趣的点集(POI),也可以是感兴趣的数据体(VOI)。可见,ROI 有 3 个根本不同的含义:①作为一个数据集的组成部分,具有唯一属性使得与其他部分隔离;②作为一个独立部分,如矢量图形或者栅格图中的一个绘图元素;③作为一个独立的结构化的语义信息对象,具有一组空间或时间坐标特性。

在油藏的可视化应用过程中,以第一和第三种形式最为常见。在渗透率三维数据体中,希望抽取高渗带区域,用以查看地下油气水的运动效果,这时候的 ROI 即为第一种形式。在精细储层地质研究中,研究的目标区往往小于地震数据体的区域,这时候只需要抽取本次研究的目标区域中的部分数据体。这可以看作是 ROI 的第三种形式。第二种形式的 ROI 可能会在可视化的过程中,根据要求动态选择空间实体的一种方法,比如满足某一条件的空间实体显示,否则隐藏。

第一种和第二种形式的 ROI 只需要用户输入一定的条件,可视化系统就会自动抽取数据体,而第三种与前两种不同,需要用户直接参与交互定义 ROI。这里的操纵器类响应并编辑用户事件。一个直接响应用户事件的拖拽器都属于一个操纵器并且该拖拽器能够反过来改变操纵器的区域。用户可以在一个数据体内调整或改变感兴趣区域的大小和位置,同时显示的数据体也会随着拖拽器一起改变(图 7-6)。

(三)大数据管理方法

现在的许多地震数据体常常都超过几十千兆字节(GB),这些数据很容易超出可用的系统内存。在这样的情况下,这就需要大数据管理(LDM)模型。即在同一的空间参照下,根据用户需要以不同分辨率进行存储与显示,形成分辨率由粗到细、数据量由小到大的金字塔结构。是一种典型的分层数据结构形式,适合于规则体数据的多分辨率组织,也是一种体数据的有损压缩方式。

它是一个基于多层次、多分辨率的数据管理器。每个数据集只需构建一次金字塔,之后每次查看数据集时都会访问这些金字塔。体数据集越大,创建金字塔集所花费的时间就越长。但是,这也就意味着可以为将来节省更多的时间。每层更高一级的切片以更低的分辨率展示大部分的数据体。所以最顶层的切片涵盖了低分辨率的整个体的概括,最低一级的切片包含完整的高分辨率数据(图 7-7)。

金字塔通过仅检索使用指定分辨率(取决于显示要求)的数据,可以加快栅格数据的显示

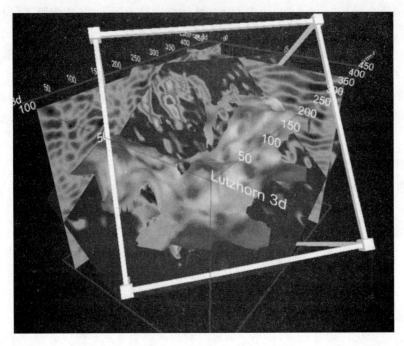

图 7-6 ROI 的交互定义

速度。利用金字塔,可在绘制整个数据集时快速显示较低分辨率的数据副本。而随着放大操作的进行,各个更精细的分辨率等级将逐渐得到绘制;但性能将保持不变,因为在连续绘制更小的各个区域时,数据存取器会根据用户的显示比例自动选择最适合的金字塔等级。如果不使用金字塔,则必须从磁盘中读取整个数据集,然后将其重采样为更小的大小。这便称为"显示重采样",在刷新显示内容时发生。

(四)体绘制技术

体绘制是一种直接由三维数据场在屏幕上产生二维图像的技术。地震数据体的体绘制技术是

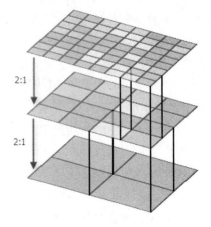

图 7-7 LDM 构建示意图

从医学中 CT、MRI 成像等技术而来的。1999 年,Gerald D Kidd 提出了基于体素模型的算法,他将三维地震数据体中每一个数据采样点建立一个体素,根据采样点的振幅给予不同的颜色和透明度,应用直接体绘制算法成功得到了三维地震数据的可视化图像,开创了三维地震数据体可视化的新思路。Paradigm 公司在此基础上开发了 VoxelGeo 软件,得到了国内外用户的广泛应用。

体绘制的目的就在于提供一种基于体素的绘制技术,它有别于传统的基于面的绘制技术,能显示出对象体丰富的内部细节。为了加快体绘制速度,人们提出了许多优化方法。通用的体绘制加速的主要原理包括提前终止光线计算、空间数据结构相关性和并行方法等。提前终

止光线计算的目的是消去数据体中对光线贡献很小的体元,其主要有两种表现形式:一种是算法按从前到后的顺序沿光线积分,一旦光线上的积累不透明度大于事先设定的阈值,就停止此光线的计算;另一种形式是随着光线离视点距离的增加而增大采样步长或减少采样频率。利用空间数据结构的目的是探求数据集中的相关性,对数据的相关性进行编码,从而剔除无关体元。常用的数据结构包括八叉树、金字塔、K-D树和行程编码等。绘制算法利用这些数据结构快速跳过那些透明体元。

体绘制方法提供二维结果图像的生成方法。根据不同的绘制次序,体绘制方法主要分为两类。①以图像空间为序的体绘制方法和以物体空间为序的体绘制方法。以图像空间为序的体绘制方法是从屏幕上每一像素点出发,根据视点方向,发射出一条射线,这条射线穿过三维数据场,沿射线进行等距采样,求出采样点处物体的不透明度和颜色值。可按由前到后或由后到前的两种顺序,将一条光线上的采样点的颜色和不透明度进行合成,从而计算出屏幕上该像素点的颜色值。这种方法是从反方向模拟光线穿过物体的过程。②以物体空间为序的体绘制方法首先根据每个数据点的函数值计算该点的颜色及不透明度,然后根据给定的视平面和观察方向,将每个数据点投影到图像平面上,并按数据点在空间中的先后遮挡顺序,合成计算不透明度和颜色,最后得到图像。

1. 光线投射法

光线投射方法是基于图像序列的直接体绘制算法。从图像的每一个像素,沿固定方向(通常是视线方向)发射一条光线,光线穿越整个图像序列,并在这个过程中,对图像序列进行采样获取颜色信息,同时依据光线吸收模型将颜色值进行累加,直至光线穿越整个图像序列,最后得到的颜色值就是渲染图像的颜色(图7-8)。体绘制的光线投影法步骤如下。

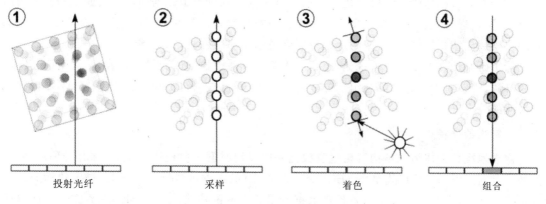

图7-8 光线投射方法基本流程

(1)对最终图像的每个像素,都有一条光线穿过体素。在这一阶段,考虑体素被接触并且在一个原始边界内封闭是很有用的,一个简单的几何对象——通常是一个长方体,表示光线和体的相交。

(2)沿着光线的射线部分位于体的内部,等距离的点采样被选择。通常体和表示光线的射线对齐,样本点通常被放于体素中间。因为如此,有必要对从它周围的体素的样本点的值进行插值。

(3)计算出每个样本点的梯度。这些梯度代表在体内部的局部表面的方向。然后,这些样本根据它们的表面方向和实际的光源被加阴影,着色加光照。

(4)在所有的样本点加阴影后,他们沿着光线复合,得到最终的每个被处理过的像素的颜色值。组成是直接派生于渲染方程并且是像在一个投影机上的混合图层,这个过程被不断重复。计算开始于视图中最远的样本点,并且结束于最近的一个。这个工作流水线确认被遮挡的体部分不影响得到的像素。

2. 抛雪球法

抛雪球法的最初工作是由 Westover 提出的,它是一种以物体空间为序的直接体绘制算法。这种方法又称之为溅射方法,把能量由中心向四周逐渐扩散的状态形象地看作溅射的雪球,就好像把一个雪球(体素)扔到一个玻璃盘子上,雪球散开以后,在撞击中心的雪量(对图像的贡献)最大,而随着离撞击中心距离的增加,雪量(贡献)减少。该方法把数据场中每个体素看作一个能量源,当每个体素投向图像平面时,用以体素的投影点为中心的重建核将体素的能量扩散到图像像素上。

三、地震数据体的可视化

三维地震勘探技术是地球物理勘探中最重要的方法,也是当前全球石油、天然气、煤炭等地下天然矿产的主要勘探技术。地震勘探从 20 世纪 30 年代的二维地震、80 年代的三维地震,到现今的四维地震及多类型属性数据体,人们能够得到和利用的信息越来越丰富。随着高精度数据采集、连片处理等技术的发展,地震数据体资料分辨率越来越高,容量也越来越大,经过地震资料处理的叠后数据体也会达到数千兆字节到数十千兆字节不等。

对于地震数据体的三维可视化方法通常可根据绘制过程中数据描述方法的不同而分为两大类:一类是通过几何单元拼接拟合物体表面来描述物体三维结构的,称为表面绘制方法,又称间接绘制方法;另一类是直接将体素投影到显示平面的方法,称为体绘制方法。

为了研究地震数据体的可视化方法,首先要了解地震数据体的组织方式,然后了解各种体绘制方法,许多可视化方法都与组织方式密切相关,通过数据组织和方法的优化来不断地提高可视化的效率。

1. 常用数据特点

常规地震数据体组织结构解析地震数据一般以地震道为单位进行组织,采用 SEG-Y 文件格式存储。SEG-Y 格式是由 SEG(Society of Exploration Geophysicists)提出的标准磁带数据格式之一,它是石油勘探行业地震数据的最为普遍的格式。标准 SEG-Y 文件一般包括三部分,从图 7-9 中可以看出第一部分是 EBCDIC 文件头(3200 字节),由 40 个卡组成(例如:每行 80 个字符×40 行),用来保存一些对地震数据体进行描述的信息;第二部分是二进制文件头(400 字节)用来存储描述 SEG-Y 文件的一些关键信息,包括 SEG-Y 文件的数据格式、采样点数、采样间隔、测量单位等一些信息,这些信息一般存储在二进制文件头的固定位置上;第三部分是实际的地震道,每条地震道都包含 240 字节的道头信息和地震道数据。道头数据中一般保存该地震道对应的线号、道号、采样点数、大地坐标等信息,但一些关键的参数位置(如线号、道号在道头中的位置)并不固定。地震道数据是对地震信号的波形按一定时间间隔进行取样,再把这一系列的离散振幅值以某种方式记录下来。地震数据格式可以是 IBM 浮点型、IEEE 浮点型、整型、长整型等，一个三维地震工区同一次处理的地震数据格式是唯一的。地震道采样点数由该地震道道头中采样点数决定，大部分 SEG-Y 文件的所有地震道采样点数是一致的，但也存在不同地震道采样点数不同的情况，一般称这种 SEG-Y 文件为变道长格式的 SEG-Y 文件。

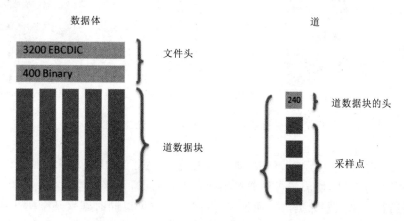

图 7-9 SEG-Y 地震数据体的组织方式

由于 SEG-Y 标准出来时，还没有三维采集技术，当时完全可以满足二维地震测线存储的要求，另外当时数据体较大，当时的磁盘容量也受限，这种标准也是针对磁带的顺序存储来专门设计的，后来三维地震采集技术出现后，该 SEG-Y 标准就对道头字进行扩展，将测线号和 CDP 号存储在指定的道头中，但在存储时按主测线的顺序来存储，采用这种方式实现地震数据访问的主要优点是访问主测线的数据时，速度很快，但在显示联络测线或任意测线的地震剖面时，构成这条剖面的地震道在文件中是不连续的，对于变道长格式的 SEG-Y 文件更是难以处理。

2. LOD 多级组织技术

在超大规模三维体数据处理过程中，应用八叉树对数据进行分解，按需要分级导入，可以实现对大规模三维数据局部进行快速可视化。但是当需要对全局或者对超过计算机容量的较大局部进行概览和分析时，此方法无法实现，因此需要应用 LOD 技术。该技术通常对每一原始数据场建立几个不同逼近精度的几何模型。与原始模型相比，每个模型均保留一定层次的细节。结点结构中的结点序号是从 1 开始对八叉树自顶向下、自左向右按层进行的顺序编号，结点序号和空间数据编码为一一对应关系。

3. LDM 体绘制方法

应用 LDM 数据格式实现数据体的绘制流程如图 7-10 所示，首先，SEG-Y 格式的数据包含全部的分辨率即最高分辨率，通过转换器将 SEG-Y 格式的体数据转换为 LDM 的数据格式，并保存到磁盘中。其次，磁盘中的数据在转换过程中又生成低分辨率和中间一层的分辨率数据，这样数据量会增加 15%～20%，当然也会增大占用的磁盘空间，此时磁盘存储了多个层次的分辨率数据。然后，当程序要绘制体数据时，数据分块加载到内存，先加载分辨率最低层次的数据，其次是中间一级的，当需要观察数据的细节，即数据体表面占屏幕区域较大时，程序会控制加载最高分辨率的数据,从而实现数据体绘制逐渐清晰的过程。

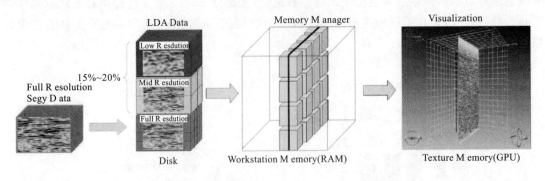

图 7-10 地震数据体的 LDM 格式绘制过程

由于三维地震数据体具有数据量大、属性多的特点,为了使用户更好地观察和研究,需要给用户提供多种交互方式,使用户可以通过不同角度、不同方法来观察数据体的内外部属性,快速了解数据特征。当某些数据的转换正在进行时,用户可以同时观察某个测线或者保存等进行其他操作,而不必等待数据转换结束再去做其他操作。用户可以进行多种操作,如选取任意测线、水平切片、选择连井测线、对感兴趣区域的获取、层位的拾取或单独显示,拾取某个井筒的十字剖面都可以清楚地对地震数据体的内部结构、地层变化及地形特点有进一步的观察。用户可以自定义不同的颜色模式,设置数据体某些属性的颜色表示方式,颜色图例给用户以直观的属性表达。

四、油藏数值模拟模型的可视化

油藏数值模拟是寻找剩余油的重要手段,为高含水开发后期油藏的调整挖潜提供重要依据,也是数字化油田的重要体现。在前期石油地质和油藏工程研究的基础上,建立油藏数值模拟模型,通过生产过程的再现,拟合生产动态指标,发现动静态矛盾,通过反复模拟,建立反映整个油藏开发过程的四维地质模型。油藏数值模拟是一种从宏观上研究油田开发规律的最科学、最经济、最方便的技术手段,可用于产能建设、水平井设计、剩余油分析、方案优化、指标预测以及驱油机理研究。

油藏数值模拟的结果是在静态地质模型的基础上通过油藏数值模拟方法产生的,所以一个油藏数值模拟的模型文件包括网格数据和属性数据两大部分。

(1)网格数据。其中存储了油藏数值模拟模型的所有网格信息,包括所有网格的 IJK 三个方向的维度、坐标系统信息、所有的网格坐标信息以及有效性信息等。

(2)属性数据。其中存储了静态属性以及动态属性数据。静态属性(如渗透率数据、孔隙度数据等)在整个模型中保持一致,不随着时间点的变化而改变。动态属性(如含油饱和度、含水饱和度等)是根据生产数据模拟计算出来的,每个时间点有一个数据。

网格数据按网格类型划分,可以分为栅格网格(即结构化网格,如不规则笛卡尔网格、柱状网格、平行笛卡尔网格及均匀笛卡尔网格等)和索引网格(即非结构化网格,如多面体网格、四面体网格、六面体网格等),对于每一类网格都有不同的建模技术和展示技术。加载时需要分配大量内存空间(约需要内存 900M),在这种的应用情况下,传统的数据组织、加载、可视化和交互都遇到了许多困难,主要表现在以下3个方面。

(1)数据量大,效率和内存的问题。目前的可视化方案是将展示所需的数据一次性读入内存,在这样的情况下,当数值模拟结果包含的网格数量很大时,网格以及多种不同属性来绘制会生成大量的三维纹理占用大量的内存,导致系统运行、人机交互速度的下降,情况甚者甚至会出现内存分配不足的错误,导致系统的崩溃。

(2)二进制解析。Petrel 和 Eclipse 按照 Pillar 模型组织数模数据,并将结果存储到二进制文件中。解析二进制文件必须要对数据组织方式进行解析,再根据构建 Pillar 模型的原理重建三维空间中的网格,这也具有很大的难度。

(3)交互手段。当研究人员需要专注于较大空间中某一细节时,除了该细节之外的数据都是暂时不需要展示的数据,应该屏蔽掉这些外围数据;同理,当研究人员只专注于某一范围区间内的属性时,该区间外属性所对应的网格也应该被屏蔽掉,可以让用户清晰地查看所需结果。

(一)油藏数值模拟的定义和流程分析

数字油气田的一项重要内容就是"数字油藏"的管理。现代油藏管理的两大支柱是油藏描述技术和油藏模拟技术,应用地质、地震、测井、试井等资料建立储层模型的过程就是油藏描述,油藏描述的最终结果是油藏地质模型,即储层属性的三维分布模型,油藏工程师们通常把建立静态油藏地质模型的过程俗称为"建模";油藏模拟技术以建立三维油藏动态模型为目的,应用数学模型把实际的油、气藏动态重现一遍,也就是通过流体力学方程借用计算机,计算数学的求解,结合油藏地质学、油藏工程学重现油气田开发的实际过程,用来解决油气田实际问题,油藏工程师们把这一部分建立油藏动态模型的工作俗称为"数模"。

主要的油藏数值模拟方法是基于物质平衡计算(图7-11),用来量化并解释物理现象,从而可以对未来的表现进行预测。油藏数值模拟在三维空间上把整个油藏划分为多个离散单元,而且在一系列离散的时间和空间步上模拟油藏和流体性质的变化。与物质平衡一样,整个系统的质量一直保持恒定不变,即流入量与流出量的差为累积量,它可看作是多个物质平衡模型的结合体。

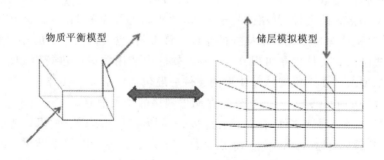

图7-11 物质平衡计算方法原理

胜利油田在多年的数值模拟工作的基础上,提出了一套数值模拟的工作流程,涉及基础资料收集及处理方法、模型建立的技术方法、历史拟合技术方法及质量控制技术指标、方案设计和预测结果分析方法、研究成果及研究报告等多个内容,其工作流程如图7-12所示。油藏数值模拟的输入数据包括静态参数、岩石及流体性质参数、井数据和历史拟合数据等。其中静态参数包括网格定义、地质建模提供的构造、孔隙度、渗透率、有效厚度场、渗流模式、岩石压缩系数等;岩石流体数据就是通过岩芯取样做相对渗透率实验后得到的数据;流体组分性质数据是指由于原油所处的地下条件和地面条件不同,致使地层原油在地下的高压高温下具有的某些特征数据,一般用 PVT 表示;井数据是指井位、井类型、井身参数、射孔数据和约束条件等;历史拟合数据包括试油、试气生产历史、生产措施、测试成果、试井、地质提供的辅助资料等。

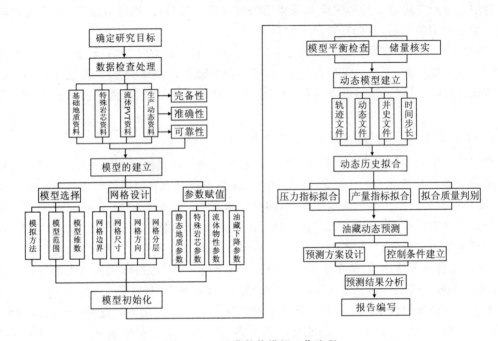

图 7-12 油藏数值模拟工作流程

(二)常用数据模型解析

油藏数值模拟模型数据可分为文本格式和二进制格式两大类,这两种格式的文件有不同的应用场景。文本格式的文件,其格式易于解析,便于软件开发和调试;二进制格式的文件不利于阅读,但计算机读写速度比文本格式的文件快许多倍,也会占用更少的存储空间。油藏数值模拟模型二进制格式文件也是可以在 Eclipse 软件中使用关键字进行定制输出的,输出形式没有强制性的要求。在三维展示时使用的文件一般包括以下 3 个文件。

(1) *.GRID 文件(*.EGRID 文件):存储了网格的相关信息。

(2) *.INIT 文件:属性文件,存储了孔隙度、不同方向的渗透率及 NTG 等静态属性。

(3) *.UNRST 文件(*.X0000):重启文件。记录了各种动态属性结果,如含油饱和度、压力等数据。其中,*.UNRST 文件中包含了所有时间步的属性信息,而 *.X0000 文件可以分时间步进行输出,一个文件仅仅存储一个时间步的属性数据。

Petrel 和 Eclipse 软件输出的网格数据和属性数据主要是一种柱状模型(Pillar 模型),见图 7-13,其组织方式如下。

数据中给出的 $(nx+1)*(ny+1)$ 个顶底点坐标对,构成了 $(nx+1)*(ny+1)$ 个柱状结构,共同组成了该柱状模型。每个柱状结构,有个前提条件即是所有的坐标点都在这条顶底点

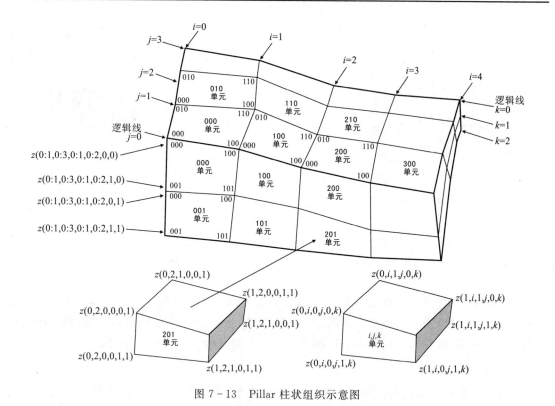

图 7-13 Pillar 柱状组织示意图

构成的线段上。每个单元的角点坐标可以是相邻的,也可以是错开的,保证了地层数据的准确性。

根据 i、j、k 编号,可以获取当前网格单元对应的顶底点坐标序号。

$$P_{index} = (j + j_{pos}) * (i_{dim} + 1) + (i + i_{pos})$$

式中,i_{pos}、j_{pos} 的取值为 0 或 1;i_{dim} 是 i 方向的维度值。

根据 i、j、k 编号,可以获取当前网格单元对应的 8 个 z 值坐标。

$$Z_{index} = (2 * k + k_{pos}) * (4 * i_{dim} * j_{dim}) + (2 * j + j_{pos}) * (2 * i_{dim}) + (2 * i + i_{pos})$$

式中,i_{pos}、j_{pos}、k_{pos} 的取值为 0 或 1;i_{dim}、j_{dim} 分别是网格的 i、j 方向的维度值。

根据 i、j、k 编号,也可以获取当前网格单元对应的有效性数据及属性数据。

$$PR_{index} = k * (i_{dim} * j_{dim}) + (j * i_{dim}) + i$$

式中,i_{dim}、j_{dim} 分别是网格的 i、j 方向的维度值。

(三)数模结果的可视化

1. 油藏数值模拟模型数据预处理

为了将数模结果数据重新组织成 LDM 的数据组织格式,需要将展示的油藏数值模拟模型数据按照特定的顺序进行组织,每个网格单元有 8 个三维点坐标(24 个 float 坐标值)。具体的点排列顺序及网格单元的组织如图 7-14 所示。

全部的网格单元按照先变化 I 方向、再变化 J 方向、最后变化 K 方向的顺序进行组织,如图 7-15 所示。根据解析后的数模结果数据,得到了顶底点坐标数据、K 值坐标数组、有效性数组及多个属性的不同时间步的数组列表。

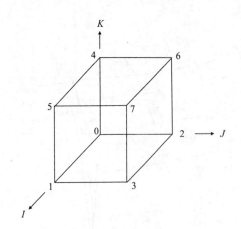 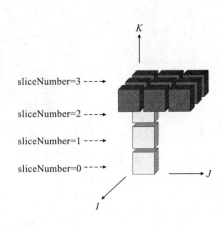

图 7-14 数模结点组织顺序　　　　图 7-15 网格单元组织示意图

根据需要,将顶底点坐标数组及 K 值坐标数组一同重新进行组织。由于模型中使用的是柱状模型,默认同一个顶底点坐标之间是直线连接,因此配合中间的 K 值,可以得到相应的中间点坐标。同理,可以得到任意一个网格单元的 8 个角点的三维坐标。

2. LOD 组织

大规模三维体数据的绘制要求必须对空间数据进行分割的预处理,因为尽管目前计算机的性能有较大提高,但对于大规模体数据的可视化而言,机器的内存容量、计算和绘制性能仍然是非常有限的,不可能将海量的空间数据一次性从磁盘读入而进行处理,而必须分块调度;另外,人眼在观察事物时,对较远处的场景能够获得的信息相对较少,而随着距离的拉近,对细节的观察越来越详细,因此对远近不同的场景可以采用不同的"粒度"描述,这就是多层次细节(LOD)方法基于的基本原理。

而构建 LOD 的过程就是对三维体数据的分割和抽稀的过程,加载数据的初始时刻采用分辨率最低的数据,可以尽快描述物体大概的轮廓,在绘制即使是大数据量的体数据时,效率依然很高,这是因为它在最初加载进内存的是分辨率最小的数据,数据量非常小,能够在很短时间内绘制出来。在内存等条件允许的情况下,系统后台不断地加载分辨率更高的数据,并不断地刷新绘制窗口,直至使用分辨率最高的数据完成所有的绘制,这样就可以兼顾系统的运行速度和显示的精度。

3. LDM 数据组织格式的转换及三维显示

油藏数值模拟模型的数据量跟网格单元的数量及时间步的数量有关。一个有着千万网格单元的模型加上静态属性数据,其数据量可以达到 1GB 以上。为了解决三维显示大数据量数据的需求,可以在小内存的机器上显示大数据量的模型,对前述的 LDM 格式组织格式方案进行编程实现,通过分块显示的思想,解决了小内存的机器显示大模型的问题。数模结果数据重新组织以后,对其包含的网格信息及属性信息进行数据转换。

第四节 交互技术

建立储层三维模型的目的是为了使地质及相关领域的工作者能够在真实形象的三维场景中进行相关的操作、分析、设计方案等，它虽然可以为三维空间计算和分析提供三维数据，但仅仅只作为显示方式还是不够的，还要在三维显示图形上进行人机联作，对成果进行人工编辑、解释等，可见三维空间中的三维交互功能是储层建模可视化系统中的一个重要组成部分。因此三维交互功能不仅要满足用户任意浏览储层任意部位的要求，同时还应能满足三维交互编辑的要求。三维物体在屏幕上的平移、旋转功能是三维可视化的最基本功能，其实质就是如何利用鼠标来实现交互。这在很多提供三维可视化开发平台的软件包中已经实现，如 OpenInventor、VTK 等，这些都已十分成熟。这里重点介绍三维模型的编辑方法。

一、三维交互技术

1. 几何体的拾取方法介绍

有关拾取的方法有颜色缓冲区法、模板缓冲器法和射线法相交测试。

(1) 颜色缓冲区法

Hanrahan 和 Haeberli 提出一种拾取方法：将整个场景绘制到 Z 缓冲器，每个多边形使用一种唯一颜色作为标识，形式的图像将以离屏方式存储。当用户在屏幕上点击一点时，通过颜色就可以很快确定相应的多边形。该方法的优点是算法简单、拾取快速；缺点是必须使用一个单独通道绘制整个场景，缓冲每个视图的代价也较高。

(2) 模板缓冲器

当使用 Z 缓冲器时，如果 8 位模板缓冲器和 24 位 Z 缓冲器共享相同的字节，那么模板缓冲器就会空闲。在绘制场景时，可以在不增大开销的情况下，使用拾取标志，缺点是只有 256 种颜色可以使用。克服的方法是将整个场景继续分割，每个部分使用一种颜色进行标识，然后对这个部分内部的多边形继续使用该方法。

(3) 射线法

如图 7-16 所示，如果从投影中心发射一条选取射线，经过点 p，会与围绕 p 点投影的对象相交，即茶壶。所以一旦计算选取射线，我们可以遍历场景中的每个对象并测试，看射线是否与它相交。与射线相交的对象即是用户选择的对象，如果有多个对象和射线相交，则选择距离视点最近的对象，在这个例子中用户选取的对象是茶壶。

2. 射线拾取法

(1) 屏幕点到投影平面的转换。

从投影平面到屏幕的变换矩阵为：

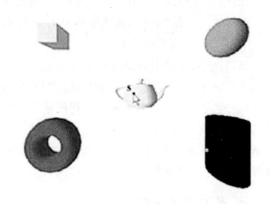

图 7-16 用户准备选择的对象

$$\begin{bmatrix} \dfrac{\text{Width}}{2} & 0 & 0 \\ 0 & \dfrac{\text{Height}}{2} & 0 \\ \dfrac{\text{Width}}{2}+X & \dfrac{\text{Height}}{2}+Y & 1 \end{bmatrix}$$

转换投影平面上一点到平面上的点:

$$s_x = p_x\left(\frac{\text{Width}}{2}\right) + X + \frac{\text{Width}}{2}$$

$$s_y = p_y\left(\frac{\text{Height}}{2}\right) + Y + \frac{\text{Height}}{2}$$

所以 p 点坐标

$$p_x = \frac{2s_x - 2X - \text{Width}}{\text{Width}}$$

$$p_y = \frac{2s_y - 2Y - \text{Height}}{\text{Height}}$$

假定视口的偏移 x 和 y 皆为 0,投影窗口时 $z=1$ 的平面,P_{proj} 是投影矩阵 P_{00}、P_{11} 分别是 x 和 y 的缩放系数,则 p_x 和 p_y 可以表示为:

$$p_x = \left(\frac{2x}{\text{viewportWidth}} - 1\right)\left(\frac{1}{p_{00}}\right)$$

$$p_y = \left(\frac{-2y}{\text{viewportHeight}} - 1\right)\left(\frac{1}{p_{11}}\right)$$

$$p_z = 1$$

至此我们已经求出了屏幕上点在投影窗口上的坐标。

(2)计算相交测试射线。

射线的参数方程为 $p(t) = p_0 + tu$,p_0 为射线的起点 u 单位的向量,u 表示射线的方向。p_0 是观察坐标系的原点,此时 $p(t)$ 表示观察坐标系中的一条射线。

(3)将相交测试射线由观察坐标空间到转换世界坐标空间内。

假设 T_{view} 是观察矩阵,其逆矩阵为 T_{view}^{-1},使用下式可以将射线 $p(t)$ 变换到世界坐标空间内。

$$p_w = p_v T_{\text{view}}^{-1}$$

(4)射线和场景中对象进行相交测试。

在三维中,点、直线、三角形是最基本的几何元素。其中三角形是最简单的多边形,三角形可以组合成较大、较复杂的多边形和网格。通常把对象描述成三角形网格,所以射线和场景中的几何体求交,也就是射线和构造成几何体的三角形求交。如果射线和某个三角形相交,即和三角形所描述的几何体相交。注意:射线可能相交多个对象,然而距离照相机最近的对象会被选择,因为近距离对象遮挡距离较远的对象。

二、体数据的抽取

三维交互式的定义任意测线是从二维的折线定义的思路得来的,在三维数据体上定义一条连井测线的通常操作是:首先默认设置一个基准面,可以选择带井号的地面导航图,这样在二维平面上选取的点就可以映射到三维空间中的坐标,当鼠标在井号上点击后,就拾取了一个拐点,当拾取第二个拐点后,就定义了一段测线,此时可以从 LDM 数据体中抽取该段的数据形成纹理,放入到三维场景图中,随着拐点的不断增加,纹理图片不断加入到三维场景中,当用户按下 ESC 键时,整个三维交互式的任意测线就定义完成,此时三维场景中也就出现了一条任意剖面的图像。

从以上流程中可以看出三维拾取是三维交互技术的基础,只有准确地拾取了目标才能进行下一步的交互操作,因此拾取成为三维交互中重要的一个环节。目前比较成熟的三维拾取技术有基于对象缓冲区的拾取法、基于视口空间的拾取法、射线法、3D Bubble Cursor、Depth Ray 等。

1. 基于对象缓冲区的拾取法

将应用程序的运行设计在双缓冲区模式下,当用户要拾取一个物体时,应用程序在对象缓冲区中重画整个画面,但绘制过程中所使用颜色不再是对象的实际颜色,而是把每个对象的标识符进行编码作为颜色值;然后,应用程序读取光标下面的像素的颜色,该像素的颜色值就是所要拾取对象索引的编码,通过得到的编码值能够快速、准确地搜索到所要拾取的对象。

2. 基于视口空间的拾取法

将三维空间中物体的包围盒投影到二维空间中,在二维坐标系下进行拾取判断。事实上是把求交运算从三维降到二维空间。实现步骤如下:

(1)获取鼠标点击时的屏幕坐标,并转换到视口坐标系,设该点为 $p(x,y)$。
(2)依次取出场景物体并计算其包围盒,并将其变换到世界坐标系。
(3)获得物体的模型矩阵及投影矩阵,投影其包围盒到图像空间。
(4)在图像空间内判断点 p 是否落在包围盒投影区内,判断物体是否被选中。
(5)如果需要对选中物体的细部进行拾取,则可将该物体的包围盒进一步细分,直至细分到面,重复执行步骤(2)~(4)。

3. 射线法

射线拾取算法的流程是(图 7-17):得到鼠标点击处的屏幕坐标,并将其转换为客户区坐标,实现视区反变换;然后,通过投影矩阵和观察矩阵把该坐标转换为通过视点和鼠标点击点的一条射入场景的射线,该射线如果与场景模型的图元相交,则获取该相交图元的信息。从数学角度来看,只要得到射线的方向矢量和射线的出射点就确定了射线方程,最后就可以利用射线判断其与空间一个图元是否相交,从而实现物体或图元的拾取。

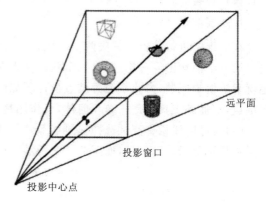

图 7-17 射线拾取法示意图

4. 3D Bubble Cursor

3D Bubble Cursor 在三维环境中半透明绘制,光标球的半径可以动态改变以调整拾取范围,从而拾取该物体。可以设置光标的半径为自动改变,这种情况下,计算光标中心与所有物体的距离,把最短距离设置为光标球的半径,这样就拾取了距离光标最近的物体。当物体与光标球相交时,在物体周围半透明绘制一个球体表示物体被拾取的状态。

5. Depth Ray

Depth Ray 方法对传统射线法进行了改进,在射线上设置一个深度标记,用户可控制深度标记沿射线移动。拾取时,与射线相交的物体中,与深度标记距离最近的物体即被拾取。如图 7-18 所示,黑实线表示拾取射线,黑色圆点表示深度标记,虚线框体表示被拾取物体。

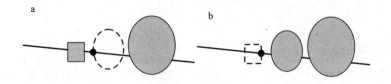

图 7-18　Depth Ray 示意图

三、水平切片的交互技术

在水平切片的交互方面,需要定义一个带有操作杆的交互结点 Dragger,这种操作方式需要用户通过点击并拖拽操作杆来进行操作,当切片对象范围比较小的时候,拖拽比较困难;另外,操作杆也常常影响用户的观察角度,不适合在切片形体数据的交互应用。基于这种情况,使用当前要操作切片对象形体直接替换掉 Dragger 结点中的操作杆形体,然后对用户的键盘和鼠标操作动作的相应函数都进行了重写,最终实现可以直接拖动切片对象的交互方式。

四、层面交互编辑

在建立断层之后,由于断层的复杂性,需要在断层建模以后,对断层进行交互编辑,使其更加合理。如果能够在三维环境下进行编辑,那对使用者而言将是非常直观和方便的。

1. 断层编辑

在三维中进行编辑要解决两个问题:第一是对象的拾取;第二是移动对象的方向及移动距离。第一个问题已经讨论过,第二个问题如果能够从屏幕上的两点得到三维空间的一个向量也就解决编辑问题,为此系统为结点设计了如图 7-19 所示的辅助工具帮助编辑断层柱上的关键点,该辅助工具也是三维几何体,其作用是记录选择点的位置和计算移动的向量。

(1)通过射线相交测试选择三维场景中一个几何体,将交点(将要编辑的点)记作 a,并在该点处显示编辑辅助工具,如图 7-19 所示。

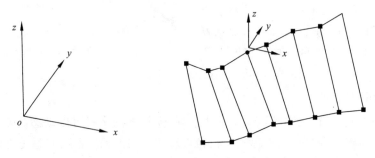

图 7-19　断层交互编辑方法

(2)选择辅助工具中的一个坐标轴,然后沿着该坐标轴在屏幕上移动,记移动中相继的两个坐标点为 p_i 和 p_{i+1}。

(3)通过上述计算得出 p_i 和 p_{i+1} 在投影平面上的坐标,然后,通过将 p_i 和 p_{i+1} 转化到世界坐标空间,记为 p'_i 和 p'_{i+1}。

(4)将 p'_i 和 p'_{i+1} 分别投影到第(2)步中选择的坐标轴,获取移动矢量:
$$V = p'_{i+1} - p'_i$$

(5)$a' = a + v$ 就是编辑点的新位置。

2. 面数据编辑

储层建模得到的储层参数模型,虽然建模时最大限度地整合了多种数据,由于地质过程的复杂性,建立的模型有时不完全符合地质规律,需要将自己的专业知识和经验融入到三维模型中去,这就需要修正已经建立好的三维模型。三维模型的交互编辑主要是三维点的编辑方式,即在三维环境中通过修正某点的空间坐标来修正三维模型。

三维点编辑的主要思路是通过改变某点的属性来改变该点单元格的属性,主要由该点所处的位置、该点校正量的大小、该点对属性的影响程度等决定。该点的校正值越大,该点影响的范围越大;该点越能表征储层属性变化的趋势,该点的影响范围就越大。通过修正三维空间点位的地层变化来修正地质体三维模型的步骤如下。

(1)选择要编辑的三维空间点。通过鼠标选定点的屏幕二维坐标计算出该点在三维空间中的实际坐标,根据该坐标搜寻可见的空间对象。

(2)三维空间点的交互编辑。在储层建模中主要有修改点的位置和点的属性两种。点的位置修改是在选定好位置后通过鼠标的移动来确定选定点方向和大小的变化,方向通过鼠标移动的方向确定,大小通过鼠标移动的距离来确定。属性的修改则是在选定位置后直接输入该点的属性值来达到修改的目的,但效率往往十分低下。如要修改沉积微相模型,一个一个节点修改,工作量太大,因此将单个点的修正按照一定的规则扩散到局部区域,前提是必须首先确定该点影响的范围,这可以借鉴 GIS 中点缓冲区的计算原理。该点对储层属性的影响大小主要是通过 Δr 的大小来衡量的,Δr 为该点的影响半径,根据该点对储层物性影响大小确定一个缓冲区的范围,缓冲区边界以外的区域不受该点修改的影响,对于缓冲区内部,该点的储层属性变化根据属性的性质来决定,如果是离散属性,如沉积微相,都用同一沉积微相代替;若是连续变量,则对储层属性的影响由该点向缓冲区边界递减。

第五节 数据的集成展示

无论是勘探井位的部署,还是钻井开发过程中各种措施的实施,决策的过程都是一个多学科、多专业的融合共同决策的结果。在钻井中应用三维可视化技术,将地球物理、地质等学科与钻井有关的数据和知识综合起来建立钻井三维可视化模型,可增强钻井人员同其他相关学科人员的相互理解和协作,用一种直观的方式来审查多种来源的数据,快速地识别钻井问题,及时地做出更好的决策。在这个过程中,决策人员需要对地震勘探数据进行分析、对大量的地质图件数据进行对比,并查看相关的各种井筒相关的数据资料,因此,在三维显示中,地震数据体的可视化需要与其他多种研究资料、数据进行集成展示,才可以使决策更加准确、快速。在时间域的地震数据体的场景中,最需要集成展示的就是解释层位和井信息。

一、层位的集成展示

在油藏建模过程中,构造模型作为油藏的框架,是建模的基础工作,直接影响到后续建模。通过对断层建模得到断层面模型,以此为依据利用层位解释数据和单井分层数据建立层面模型,但由于数据的缺乏可能会影响到构造模型的精度,这时需要把断层、井轨迹、井分层数据、层面模型集成展示,检查其数据质量(图 7-20)。

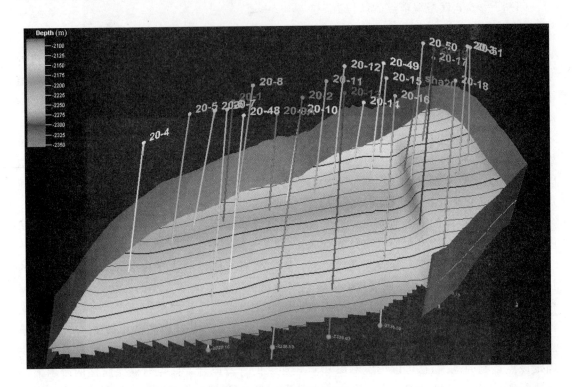

图 7-20 层位集成展示

二、井筒集成

对于录井数据和测井数据,它们的采集精度非常高,通常都是 0.125m 一个采样点,但是这些数据往往不是全程测量的,仅仅是针对井筒的某一段进行测量。因而,对于这些数据并没有将其强制降低精度跟井轨迹一起显示,而是采用显示多个井轨迹的方案进行处理。原始的井轨迹数据可以采用井筒直径为 1 个显示单位进行三维展示,属性数据可以使用井筒直径大于 1 的方式进行展示。这样的处理既不影响原始井轨迹的展示,还可以清晰地展示相关的属性数据(图7-21)。

图 7-21 井数据的集成展示

第六节 小结

本章从数字油藏的可视化需求出发,分析了油藏可视化的主要目标,研究了油藏实体在可视化中的数据组织、体绘制技术,研究了 LDM 的数据组织和可视化交互方法,并设计实现了数据体的三维交互、ROI 定义和水平切片等交互技术,同时给出解释层位、井筒等其他数据的集成展示技术。

第八章 数字油藏系统的开发技术

首先总结了现有 GIS 系统的开发方法的优缺点，提出了数字油藏系统的开发思路，在分析油气领域专业软件开发平台和通用 GIS 软件特点的基础上，提出数字油藏系统的开发方法，指出数字油藏系统开发中的关键技术。

数字油藏过程离不开软件，没有软件，那就是纸上谈兵了。软件设计水平的高低，从某种意义上说，也就确定了储层模型的效率和精度。前面已经阐述了目前流行的储层建模软件的特点及存在的问题，储层建模与精细储层地质研究融合和储层建模中的知识约束是目前储层建模软件中缺乏的功能。解决上述问题的有效办法是实现基于 GIS 的储层建模与精细储层地质描述的融合，即在研究和总结数字油藏特点、影响因素、工作流程及发展趋势的基础上，进行全面的数据需求分析和功能需求分析，以现有的成熟的计算机软硬件平台为依据，设计效率高、精度高的储层建模系统，实现数字油藏软件的系统化、知识化、可视化。

第一节 数字油藏系统的开发方法及思路

建设一个软件系统，要经过可行性分析、初步设计、详细设计等阶段，并多次反复地进行需求分析、功能分析、结构分析及开发、运行环境的制定等阶段工作之后，才能进入到系统开发阶段。

一、开发方法

信息系统开发的方法比较多，最常用而且有效的方法是结构化生命周期法、快速原型法、面向对象法和计算机辅助设计法，这些方法在原则上也适合于数字油藏系统的开发。

结构化生命周期法是结构化分析和设计方法的简称，出现于 20 世纪 70 年代，属于目前使用较多也较为成熟的方法。其分析过程是一个自顶而下的功能分解过程，而设计过程是一个自下而上的功能合成过程。每一个过程都被严格地划分为几个阶段，并且预先规定了各个阶段的任务，要求依照准则按部就班地完成。强调基本功能的聚集及耦合原则。SA 理想的目标是高内聚（越具有共同的目标越好）和低耦合（系统成分之间的联系越少越好）。其突出的优点就是它强调系统开发过程的整体性和全局性，强调在整体优化的前提下来考虑具体的分析设计问题，即自顶向下的观点。它强调的另一个观点是严格地区分开发阶段，强调一步一步地严格进行系统分析和设计，每一步工作都及时地总结，发现问题及时地反馈和纠正。这种方法避免了开发过程的混乱状态，是一种目前广泛被采用的系统开发方法。但是，随着时间的推移，这种开发方法也逐渐暴露出了很多缺点和不足，具体表现在：①系统开发周期长；②开发出来的系统其总体结构和用户现实的业务运作过程存在着较大的差异；③系统的可维护性和稳定性差，这是用 SA 方法开发出来的系统的致命缺点。

原型法是 20 世纪 80 年代随着计算机软件技术的发展,特别是在 RDBS、4GLS 和各种系统开发生成环境产生的基础之上,提出的一种从设计思想到工具、手段都全新的系统开发方法。原型方法的工作流程是首先用户提出开发要求,开发人员识别和归纳用户要求,根据识别、归纳的结果,构造出一个原型(即程序模块),然后同用户一同评价这个原型。如果根本不行,则重新构造原型;如果不满意,则修改原型,直到用户满意为止。与前面介绍的结构化方法相比,它扬弃了那种一步步周密细致地调查分析,然后逐步整理出文字档案,最后才能让用户看到结果的繁琐做法。和 SA 方法相比,原型法具有如下优点:①系统开发人员和用户的交流密切,提高了用户参与的主动性;②系统开发周期短,能更好地适应需求的变化并减少误解;③能有效地提高最终系统的质量,特别是用户接受性,为保证将全系统提供用户使用奠定了基础。但作为一种开发方法,原型法也有其缺陷,表现在:①系统的总体结构就会变得模糊,不利于网络设计;②难以真正调动友好参与的积极性,由此减弱了用户对该系统的兴趣;③不利于软件构建的重用;④对于大量运算的、逻辑性较强的程序模块,原型方法很难构造出模型来供人评价。

  OOA 是 20 世纪 90 年代随面向对象技术的日益成熟而发展起来的一种全新的用户需求分析方法。它将客观世界(即问题领域)看成是由一些联系的事物(即对象)组成。每个对象都有自己的运动规律和内部状态,不同对象间的相互作用和相互联系构成了完整的客观世界,问题的解由对象和对象间的通讯来描述。因此,OOA 比较确切地描述了现实世界,利用它所开发的系统易于理解和维护。其设计步骤是:①识别客观世界中的对象及行为,分别独立设计出各个对象的实体;②分析对象之间的联系,以及它们之间所传递的消息,由此构成信息系统的模型;③对各个对象进行归并和整理,并确定它们之间的继承关系,从而实现由信息系统转换成软件系统的模型。与上述两种方法相比,OOA 具有如下优点:①更好地刻画客观世界的模型;②易于处理复杂问题,开发出来的系统易于理解和维护;③所采用的继承和多态等面向对象技术为软件复用和扩充创造了有利条件;④由于从需求分析阶段到实现阶段都使用相同的面向对象概念,因此可实现开发过程中各阶段的"无缝连接"。然而,任何事物总是一分为二的,OOA 法也存在如下一些问题:①在设计底层的对象和实体时,存在着一定的盲目性;②系统的总体结构性较差;③与用户交流困难。

  CASE 只是一种辅助的开发方法,它主要在于帮助开发者产生出开发过程中的各类图表、程序和说明性文档,在实际开发一个系统时,CASE 环境的应用必须依赖于一种具体的开发方法,如结构化方法、原型法、OO 方法等。CASE 方法解决问题的基本思路是:在前面所介绍的任何一种系统开发方法中,如果自对象系统调查后,系统开发过程中的每一步都可以在一定程度上形成对应关系的话,那么就完全可以借助于专门研制的软件工具来实现上述一个个的系统开发过程。CASE 的出现从根本上改变了我们开发系统的物质基础,主要体现在考虑问题的角度、开发过程的做法、实现系统的措施。它具有上述各种方法的各种特点,同时又具有其自身的独特之处——高度自动化的特点。CASE 具有如下特点:解决了从客观世界对象到软件系统的直接映射,强有力地支持软件/信息系统开发的全过程,使结构化方法更加实用。自动检测的方法大大地提高了软件的质量,使原型法方法和 OO 方法付诸于实施,简化了软件的管理和维护,加速了系统的开发过程,使开发者从繁杂的分析设计图表和程序编写工作中解放出来。使软件的各部分能重复使用,产生出统一的标准化的系统文档,使软件开发的速度加快而且功能进一步完善。

综上所述,在本次储层建模原型系统的设计开发中,在占目前系统开发工作量最大的系统调查和系统分析这两个重要环节采用结构化系统开发方法,在系统分析时采用面向对象的设计方法,借用 CASE 工具辅助系统设计,以保证软件产品的质量。

二、开发思路

由于储层建模软件不仅涉及到地质专业的知识,还涉及到计算机图形学、三维可视化、数据仓库技术等诸多计算机技术,选择好软件的开发平台,对储层建模软件的日后推广具有重要的现实意义。根据储层建模系统的体系特点和应用需求,根据油气勘探专业软件的发展趋势,以成熟的地理信息系统为基础平台进行二次开发不失为一种较好的选择,这主要基于以下理由。

(1)操作系统的变化。计算机技术的飞速发展,尤其是硬件技术和网络技术的发展,分布式 Client/Server 计算机系统的应用需求得到了迅速发展。石油专业软件,如地震数据处理解释软件、油藏描述软件的运行环境由工作站移植到微型机,操作系统由 UNIX 向 MS Windows 或 Linux 转移已成为一种趋势。这从当今开发的专业软件来看,世界上各大油气勘探开发软件公司已经开始逐步将解释系统向微型机上迁移,如 Landmark 公司宣布在 2000 年推出最后一个 UNIX 版本后,将不再在 UNIX 工作站上开发新的软件,全面转向 Windows 平台;GeoQuest 公司已经推出了运行于 Linux 操作系统上的解释系统,并开始向 Windows 平台移植软件;其他一些规模较小的地球物理和油气勘探软件公司已将它们的全部产品移植到微型机上,未来的油气勘探开发软件市场将是微型机的天下。由此可见,集成多学科的储层建模应用软件也必须以基于 C/S 模式为主、B/S 为辅的微型机为系统平台。

(2)GIS 理论的发展为石油专业软件的研究提供了技术保证。兴起于 20 世纪 60 年代的 GIS 技术发展十分迅速,各国政府投入大量的人力、物力和财力,研制了大量的各具特色的地理信息系统,GIS 的空间数据管理、显示、处理与分析功能迅速增强,涌现出一批具有代表性的 GIS 软件,如 ARC/INFO、MAPINFO、ERDAS、Microstation 等及国产的 MAPGIS、Citystar、Geostar、SuperMap 等,应用于土地资源、道路交通、城市规划管理、石油、金属成矿预测、水资源系统分析、环境地质与工程地质等多个领域,并在世界范围内全面推广,应用领域不断扩大。以"数字地球"为代表的 GIS 新技术研究所取得的进展,如互联网 GIS(Web GIS)、三维 GIS(3D GIS)、开放式 GIS(Open GIS)等技术的深入研究将使 GIS 在分布式计算、三维空间数据管理和应用,以及地理空间数据的共享和互操作等方面功能更为强大。石油工业领域只是 GIS 众多应用领域中的一个,GIS 应用是集全社会之力,其人力、物力和财力的投入决非石油工业领域的投入所比拟,应为我所用。

(3)开发的低成本和高效率。从 GIS 软件技术体系发展过程来看,GIS 在软件模式上经历了集成式 GIS、模块化 GIS、核心式 GIS 和组件式 GIS 的过程。模块化 GIS 软件把 GIS 按照功能划分为一系列的模块,运行于统一的基础环境和平台之上,并形成了独立完整的系统,可利用 GIS 开发软件提供的环境进行二次开发,如 ARC/INFO 提供的 A 宏命令语言,Arcview 所提供的 Avenue 语言。核心式 GIS 被设计为对操作系统的一种基本扩展,采用现有的高级编程语言调用动态连接库(DDL)的应用程序接口(API),可在 Windows 操作系统上获取核心式 GIS 功能,如 MAPGIS 提供的二次开发函数库。组件式 GIS 把 GIS 的功能模块划分为多个控件,每个控件完成不同的功能,各个 GIS 控件之间,以及 GIS 控件与其他非 GIS 控件,可以方便地通过可视化的软件开发工具集成起来,形成最终的GIS应用。目前,软件组件化技术正逐步走向成熟,ActiveX控件(包括其前身OLE控件或OCX)已被广泛地应用于Windows应用程序的开发,在地理信息系统的开发中也得到了广泛地应用,组件式GIS为系统开发商提供了有效的系统维护方法,更为用户提供了方便的二次开发手段。

一般GIS应用系统包含通用基本组件、领域共性组件,这两类组件为一般GIS组件,应用性GIS系统只须开发应用专用组件,因此储层建模系统开发的基本思路是以成熟的组件式地理信息系统(COM GIS)为基础平台进行开发,以前两类组件为基础进行扩展,把一些共性的功能由GIS组件处理,将开发的重点集中到储层建模专用组件的开发,最终通过可视化的软件开发工具将GIS组件和储层建模的专用组件集成起来,形成高效无缝的数字油藏系统。GIS平台软件多是以基于C/S模式的微型机为系统平台,价格相对低廉,尤其是国产GIS软件性能优良,价格便宜,具有较高的性价比。因此,以GIS为平台进行储层建模系统的开发可以保证较低的成本。

考虑到本系统具有很强的专业性,开发应具有较高的起点,充分利用现有的软件成果,避免软件开发的重复性。在引用GIS平台的基本功能之上,应采用通用编程软件尤其是面向对象的可视化开发工具(如Visual Basic、Visual C++)进行二次开发,储层建模系统的开发与建设应遵循以下基本原则。

(1)系统应具备良好的可伸缩性、可扩充性、可移植性和开放性。组件化软件作为面向对象软件设计的产物,是软件产业化和可重用设计的基础,代表了现代软件发展的主导潮流,组件式软件可编程、可复用的特点很好地满足了应用系统可移植、可伸缩、可扩展的需求。

(2)系统的标准化。系统的标准化一是图式、图例要符合现有的国家标准和行业规范;二是结合项目需求,定义数据库结构和规范数据项编码。这主要是参考部颁标准。

(3)系统的先进性。系统的先进性一是指技术方法的先进性;二是指软件的先进性即选择好的开发工具及基础平台。

(4)系统的可靠性。系统的可靠性指系统运行的安全性和数据精度的可靠性。

第二节 系统分析

一、功能分析

如前所述,储层建模所涉及的数据、学科如此之多,系统应具备以下功能。

(1)多学科数据的整合。储层建模的前期工作是精细的储层地质研究,在此研究过程中,不同学科、不同阶段的研究都有可能使用同一种数据,一项研究又可能涉及到不同阶段产生的不同类型的数据。学科之间既有各自的研究侧重点,又有相互交叉。不同阶段的研究过程可能出现反复。可见数据之间既成层次关系,又成网络关系,数据流向千变万化。只有采用有效的数据管理方法整合多源数据,才能在不同研究阶段之间、多学科之间实现数据的有序传递和多学科的综合研究,从而实现真正意义上的多学科相互补充、相互反馈。

(2)研究过程和研究成果的一体化。随着各项地质研究工作的深入,对储层的认识也越来越清楚,随之得到的研究成果也越来越多,其表现形式多种多样,有文本、图形和图像、表格、多媒体等。这些单从人工方式加以管理已很难满足要求。虽然各大油田加强了信息化管理,但大多局限于纯关系数据库的管理,很少考虑成果之间的相关性、一致性、正确性。油田有许多功能强大的专业软件,如地震资料解释与处理软件、测井资料处理软件等,各种专业软件之间需要手工转换数据;综合地质研究工作更是缺乏有效的辅助工具,往往是手工方式为主。提高研究过程和研究成果的一体化水平,有助于提炼地质研究成果的内涵,才能为储层建模打下一个坚实的基础。

(3)储层知识获取及管理的计算机化。以研究区储层特征相似的露头、开发成熟油田的密井网区或现代沉积环境的精细储层模型为原型模型,通过地质类比分析,即通过对原型模型的解剖,建立模拟区储层(性质)的参数特征。这些参数可以为储层建模提供有力的地质知识约束,以提高模型精度,为油田开发及油藏数值模拟提供更切合地质实际的储层模型。

(4)有效的数据挖掘工具。在储层建模研究过程中,其数据量巨大且不断增加,数据关系极为复杂,且随着时间的推移有些数据发生了变化,如对数据不采用适当的加工和处理,研究者将面对如此之多的数据而淹没其中。因此储层建模系统应提供数据挖掘功能,让研究者根据特定的研究目标,采用有效的数据挖掘及知识发现方法,帮助研究者分析、归纳、总结,让研究者有更多的时间去思考,从而提高储层建模的精度和效率,为决策者提供更有力的证据。

(5)丰富的地质统计学算法。随机模拟方法很多,但没有一种万能的方法能解决所有储层类型的建模问题,不同的随机模拟算法有其地质适用性及应用范围。只有提供满足多种地质条件的模拟算法,并在精细储层地质研究基础上智能地选择模拟方法,才可能得到正确的储层模型。

(6)丰富的可视化工具。储层建模涉及的数据来源之广、类型之繁、数量之大、用途之多,必须采用图形化的方式,在统一的空间坐标下表达储层建模所获取的数据,实现多源数据、不同研究成果的融合显示,直观地反映地下储层的各种属性。这些工具不仅要有有效的显示方法,更应该有方便的交互编辑工具。

二、设计目标

储层建模作为储层表征的最高形式,是油气勘探开发的一个永恒的主题,是一个综合性的研究过程。要提高储层建模的效率和精度,只有以精细储层地质研究工作为基础,地质统计学方法为手段,数据可视化为工具,减少数据中间流动环节,挖掘储层模型的信息,正确评价储层模型的不确定性,实现储层建模的一体化、动态化和知识化。为此需达到以下 7 个目标。

(1)数据管理的一体化。采用这种方式,可以保证储层建模各个研究阶段数据的一致性,解决多学科研究之间数据的流向问题,提高储层建模的效率。

(2)综合研究过程的集成化。为储层建模各个研究阶段提供一个综合有效的研究平台,提供多种分析方法、多维可视化手段,加强多学科研究成果的相互反馈、相互验证,解决研究成果的正确性问题。

(3)知识获取、管理的动态化。分析和整理储层地质知识、储层沉积知识等,为储层建模提供有效的地质知识约束,以提高储层模型的精度。这就需要解决知识的表达、获取及管理问题。

(4)数据挖掘方法的多样化。在油田开发的中后期,一个几平方千米的油田范围内,生产井的数量一般已有几百口之多,如果采用人工的方法再加以补充解释,就会影响储层模型的使用效率,完全可以利用已经建立好的储层地质知识库自动解释补充的资料。

(5)储层模型修改的自动化。虽然储层建模的目的是尽可能地精确预测未知位置的储层特性,事实上这和实际总有或多或少的差别。油田在开发过程中也会根据动态情况打调整井或加密井,这就需要实时更新储层模型。

(6)储层模型使用的多样化。一般建立的储层模型只是为油藏数值模拟提供输入数据,由于油藏数值模拟的周期长,难于满足油田开发决策的需要,何况储层模型本身含有大量的储层信息,没有有效的利用,如与某油井连通的砂体积、注水井等。设计和开发相关算法完全可以拓展储层模型的使用范围。

(7)数据和研究成果的可视化。储层本身是赋存于地下的三维空间地质实体,因而用三维可视化展现储层参数无疑是一个有效的办法,但有时在研究的过程中,如对整个油层组的评价、砂层组的评价、构造特征的描述等,还需要通过二维图形来辅助显示;虽然能通过图形方式来达到修改数据的目的,但有时以图表方式编辑也是必须具备的功能。因此,储层建模系统应采用三维可视化显示为主、二维图形和表格方式辅助的多维、多样式的可视化方式。

三、系统数据需求

数据是信息系统的重要组成部分,是系统运行应用的基础。根据数据来源、特征及作用,基于 GIS 的油藏动态分析系统涉及到六大类数据(图 8-1),分别是测井数据、钻录井数据、基础地质数据和油田生产数据等,该系统要求能完成的数据处理:①按照国家或石油行业标准统一建库;②根据原始记录、分析的结果等作出分析成果报告;③进行查询、统计分析,并绘制出相应的统计图件等。

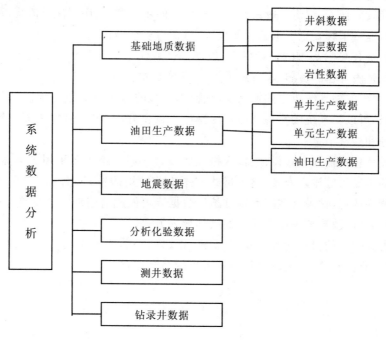

图 8-1 系统数据需求

四、系统体系结构分析

B/S 是 Browser/Server 的缩写,客户机上只要安装一个浏览器(Browser),如 Internet

Explorer 或 Netscape Navigator，服务器安装 Oracle、Sybase 或 SQL Server 等数据库。在这种结构下，用户界面完全通过 WWW 浏览器实现，浏览器通过 Web Server 同数据库进行数据交互。B/S 架构管理软件只安装在服务器上，网络管理人员只需要管理服务器，用户界面主要事务逻辑在服务器端实现，极少部分事务逻辑在客户端实现，所有的客户端只有浏览器，网络管理人员只需要做硬件维护。但是，B/S 结构下应用服务器运行数据负荷较重，软件的正常运行与服务器的性能和安全性有着非常紧密的联系。

C/S(Client/Server)即客户机和服务器结构。通过它可以充分利用两端硬件环境的优势，将任务合理分配到客户端和服务器端来实现，降低系统的通讯开销。在 C/S 模式下，服务器只集中管理数据，而计算任务则分散在客户机上，客户机和服务器之间通过网络协议来进行通讯。

随着几十年的发展，C/S 结构技术已日渐成熟，主要具有以下优点。

(1)应用服务器负荷轻：在 C/S 模型中，客户机向服务器发出数据请求，服务器将客户端请求的数据传送给客户机进行计算，客户机不再是单纯地录入和显示设备。因此，这种模式下能充分发挥客户端的处理能力，减轻了服务器的运行负荷，增强了服务器的反应速度。

(2)数据的储存管理功能较为透明。在数据库应用中，数据的储存管理功能，是由服务器程序和客户应用程序分别独立进行的，前台应用可以违反的规则，并且通常把那些不同的运行数据，在服务器程序中不集中实现，例如访问者的权限，编号可以重复，必须有客户才能建立订单这样的规则。所有这些，对于工作在前台程序上的最终用户，是"透明"的，它们无须过问（通常也无法干涉）背后的过程，就可以完成自己的一切工作。

(3)安全性较好：C/S 结构一般只面向相对特定的用户群，程序更注重流程，可以对权限进行多层次校验，提供了较安全数据的存取模式，对信息安全的控制能力很强。

综上所述，结合 C/S 模型的设计思想、地理信息系统工作原理及本系统数据量大、更新快的现状，为了减轻服务器的负担，本系统采用 C/S 的结构模式。

数据维护主要实现系统数据的输入输出管理，系统的输入输出是一个重要的环节，一个好的输入输出设计可以为系统的实现和用户的操作提供良好的工作环境，能够为管理者提供简洁、有效的管理和控制信息。

(1)输入设计包括输入方式设计、输入格式的设计。本系统主要采用了键盘输入、选择按钮输入、下拉菜单输入等输入方式，输入格式文本支持常用的格式（例如，LAS、ASCII、Excel）的数据导入，测井数据、钻录井数据和基础地质数据皆可做成这些格式进而导入成系统内部数据格式，为了输入方便，系统采用模块化的数据导入方式。

(2)输出方式常用的只有两种：一种是报表方式输出；另一种是图形方式输出。本系统的输出方式选择是查询浏览、报表输出和图形输出的结合方式。

第三节　系统功能模块划分

综合上述系统需求分析，并充分地考虑本系统的特点、数据格式与规范、管理内容等因素，本系统所需求的各种功能有：数据管理功能，图形编辑功能，查询、统计与分析功能。该系统须具有多种实用功能：①系统必须能尽量减轻操作人员劳动强度、提高工作效率；②系统可以灵活地完成查询功能，用户可以根据需要，查询任意记录，并可相应作出统计分析；③完成多种统计图形绘制,包括平面图、散点图、直方图、三维图等,并且图形类型、颜色及相关参数可以进行任意调整。

一、数据管理功能

油藏动态分析软件使用到的资料主要有测井资料、钻录井资料、基础地质资料和油田生产资料,可见数据管理应包括工区管理、井管理、层位管理、油田生产信息的管理(图 8-2)。

(1)工区管理:显示工区,设置工区参数,添加和编辑井位数据等。

(2)井管理:加载、编辑、标准化井斜数据、井分层数据、测井数据,显示和导出测井曲线。

(3)层位管理:加载、编辑、标准化分层数据;编辑、导出分层数据;网格化、编辑、导出分层数据;显示、导出分层平面图。

(4)油田生产信息管理:生产数据库的管理与维护,油田生产数据的查询、筛选、汇总、图形绘制及查询分析结果的导出。

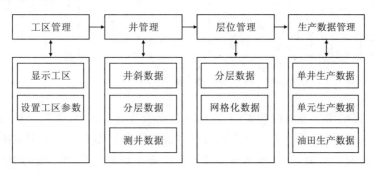

图 8-2 数据管理

数据作为油藏分析的基本素材,其流动方向决定着本软件组件的相互配合(图 8-3)。通过数据存取组件,导入所需的基础数据、测井数据、层位数据、钻录井数据和生产数据等,这些数据作为数据源统一归油藏动态分析平台管理。

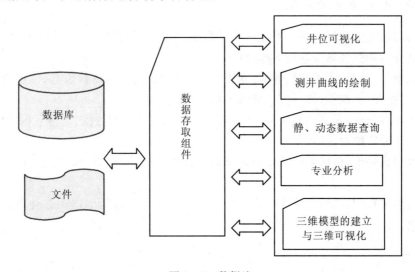

图 8-3 数据流

二、图形编辑功能

由于数据类型、数据来源繁多,数据之间的相互关系复杂,这就要求提供灵活多样的图件的制作与生成。可以总结为单井图、剖面图、平面图、三维图、常规图件五大类图件(图8-4)。

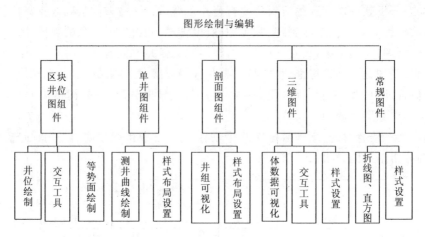

图8-4　图形绘制与编辑

平面图主要提供两个方面的功能,一方面为数据管理提供支持,也就是在可视化的基础上提供数据的导入、输出等;另一方面以等值线的方式提供各种参数在不同层位的平面分布。剖面图:任意过井线的剖面图,直观显示井组的生产动态。单井图作为基础的图形样式,提供常用曲线和层位的显示。三维图则主要提供直观的显示方式,为多种数据类型的综合分析与评价服务。常规图件(折线图、直方图等)用来显示数据的变化趋势与规律。在本软件中要能灵活地进行图形显示,可以灵活地进行排版设计,可将地图、图例、测井曲线等任意布局排放,既可手工进行排版,也可做到自动排版。

三、查询、统计与分析功能

该系统查询、统计分析功能分为油田开发数据、单元开发数据、单井开发数据、开发动态分析、开发现状分析和稠油热采管理6部分(图8-5)。

(1)完成单井、单元、油田开发数据(油田的生产数据、油田的新井数据、油田的稠油数据、油田的三采数据)的查询、筛选、汇总、分级汇总、图形绘制。

(2)开发动态分析:日常动态管理工作的计算机化,包括基础数据、综合数据、基础图件、日度阶段对比、月度阶段对比等。

(3)开发现状分析:包括主要开发指标、储量动用状况、采收率计算、含水与采出程度等分析。

(4)稠油热采管理:稠油热采注气生产的全程管理。主要包括生产动态分析、生产指标统计、转周预测。

第八章 数字油藏系统的开发技术

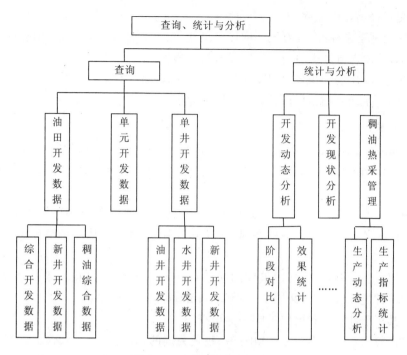

图 8-5 查询、统计分析功能

第四节 系统开发所需要的关键技术

任何项目的顺利开发都离不开相应技术的支撑，GIS 项目也不例外。本系统是一个庞大复杂的工程，其中包括大量数据的存储、管理、显示、编辑、分析和输出；涉及到决策辅助支持等要求。而上述所有功能的实现都离不开开发人员扎实的技术基础和制订优化的技术结构。因此，本节将详细介绍系统开发过程中所用到的各种关键技术。

一、面向对象方法及组件开发技术

组件技术是各种软件重用方法中最重要的一种方法，也是分布式计算和 Web 服务的基础。组件技术的应用现在已经十分广泛，从 Windows 编程中使用的各种控件和公用对话框，到 ActiveX 控件和 DirectX 的应用；从微软公司的 COM，到 Sun 公司的 JavaBean。在网络及其应用都很发达的今天，对组件服务的需求十分强烈，因此组件技术近年来得到了飞速的发展和广泛的应用。

每个组件会提供一些标准且简单的应用接口，允许使用者设置和调整参数及属性。用户可以将不同来源的多个组件有机地结合在一起，快速构成一个符合实际需要的复杂应用程序。组件区别于一般软件的主要特点是其重用性、可定制性、自包容性和互操作性。可以简单方便地利用可视化工具来实现组件的集成，也是组件技术的一个重要优点。

软件组件的核心技术是组件模型，它定义了组件的体系结构及如何操作此结构并与外部交互。组件模型的两个基本要素——组件和容器。模型的组件部分提供构造组件的模板，是各种组件创建和使用的基础；模型的容器部分定义了将多个组件结合成有用结构的方法，为组件的结合和交互提供环境支持。

组件应用的基础是标准,没有统一的接口描述、没有规范的组件通信、没有标准的对象请求和远程调用,就没有组件应用的可能。只有组件遵循了统一的标准,软件才能正常运行。目前的主要标准有 CORBA（国际通用）、EJB（Sun 的 Java）、COM 和 CLR（Microsoft 的 Windows 和.NET）。下面介绍组件所依赖的技术基础。

1. COM 技术

COM（Component Object Model 组件对象模型）的核心是一组组件对象间交互的规范,它定义了组件对象如何与其使用者通过二进制接口标准进行交互,COM 的接口是组件的球类型纽带。

除了规范之外,COM 还是一个称为 COM 库的实现,它包括若干 API 函数,用于 COM 程序的创建。COM 还提供定位服务的实现,可以根据系统注册表,从一个类标识（CLSID）来确定组件的位置。

COM 采用自己的 IDL 来描述组件的接口（interface）,支持多接口解决版本兼容问题。COM 为所有组件定义了一个共同的父接口 IUnknown。GUID 是一个 128 位整数（16 字节）,COM 将其用于计算机和网络的唯一标识符。

COM 组件技术存在许多问题,其中有一些是关键的,有的甚至是致命的。组件技术主要强调在独立开发和部署的程序之间的一套约定,COM 则是微软公司将这些约定规范化的首次尝试。COM 既能作为设计范例（它将组件的约定,表示为类型定义）,也可用作支持平台技术。作为前者,COM 编程模型相当成功;但是后者却存在诸多问题,正是由于缺乏稳固的平台技术,COM 时代面临着终结。

COM 用类型的形式表示组件约定,但是该约定存在如下两个关键问题,使得其对语义的表示并不是最优的。

（1）约定的描述：COM 缺乏对组件依赖性的描述。因此,没有办法来解析 COM 组件（或者其约定的定义）,也不能确定它所需要的其他组件,从而无法保证它的正确运行。由于缺少相关信息,使得部署基于 COM 的应用程序,很难确定它需要哪些 DLL,也不能静态确定所需要的是哪个版本的组件,这对版本问题的诊断变得极其复杂;COM 约定的描述格式缺乏扩展性。IDL 是基于文本的,极少随组件部署,通常只有 C++程序员才会使用。

（2）约定的工作方式：COM 组件的约定是基于类型描述的,所采用的类型系统是 C++的可移植子集。就底层技术而言,COM 组件的约定,最终只是在内存中形成堆栈结构的协议,根本没有（按组件所要求的那样来）描述语义内容。二进制的物理约定,过度关心细节,使 COM 难于使用和开发。尤其在针对 COM 组件的版本控制问题上,物理性约定所产生的问题就更大了。这使得 COM 组件,难以进行语义修改和版本升级。

2. NET/CLR

NET 的核心是 CLR,它可以视为是 COM 技术的继承和发展,它解决了 COM 组件模型中存在的主要问题。

与 COM 平台一样,CLR 也注意组件间的约定,而且这些约定也是基于类型的。但是与 COM 不同的是,CLR 有完全规范的格式来描述组件之间的约定——元数据。CLR 的元数据是机器可读的,其格式是公开的、国际标准化的、完全规范的。CLR 还提供了读写元数据的实用工具,使用者不需要了解元数据的底层文件格式。不像 COM 的元数据难以定制和扩展;而且其元数据中又缺少依赖和版本信息,使得对组件的部署和版本的控制都十分困难;另外,COM 元数据的存在是可选的,而且经常会被忽略掉,这对组件应用的构建会造成很多问题。CLR 通过定制(本身就是强类型的)特性,使其元数据可以达到清晰容易的可扩展性。CLR 元数据中还包括组件的依赖关系和版本信息,从而允许使用新技术来处理版本控制问题。另外,CLR 元数据的存在是强制性的,部署或加载组件都必须访问元数据。因此,构建基于 CLR 的基础架构和各种工具,显然要比 COM 容易得多。

在 CLR 中,约定被描述为类型的逻辑结构,而不是物理的二进制格式。因此,在 CLR 的约定中,并没有暗示访问字段和方法的精确代码顺序。所以,在考虑虚方法布局、堆栈规则、对齐方式及参数传递方式时,CLR 具有极大的灵活性。CLR 是通过名字和签名来引用字段与方法,而不是偏移量。这样,CLR 就避免了困扰 COM 的声明顺序问题,组件成员的实际地址/偏移量,需要等到运行时在类型被加载及初始化时,才能够确定。

从软件工程的角度来考虑,每个模块都保持一定的功能独立性,这些模块可以单独开发、单独编译,甚至单独调试和测试。当所有的模块开发完成后,把它们组合在一起就得到了完整的数字油藏系统。当系统工作时,模块通过相互之间的接口来完成实际的任务。模块之间的良好协同工作就构成了应用系统。把每一个这样的模块称之为组件。组件是模块化程序设计方法发展到一定阶段的产物。数字油藏系统可以划分成 9 个组件(图 8-6),数据抽取组件、数据编辑组件和数据查询组件组成为数据管理;基本图形显示和地质图编制组件为精细储层地质研究服务;数据挖掘组件主要包括多种数据挖掘算法,为储层知识获取和应用服务;储层知识管理组件提供储层知识的管理功能;地质统计学方法组件主要为储层建模提供功能。

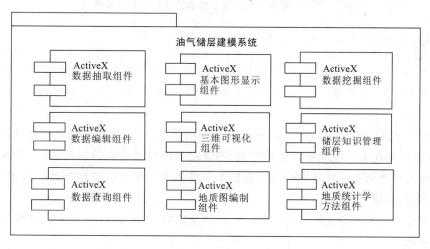

图 8-6 数字油藏系统的组件构成

把数字油藏系统按功能划分成许多组件以后,每个组件的设计采用面向对象的设计方法,因为面向对象技术采用封装机制把对象的特性和对象的功能合为一体,并通过派生、继承、重载和多态性等特性,使软件的设计和开发能更自然地反映事物的实际面貌,实现了软件的重用,使得数字油藏软件的构造和维护变得更加有效和容易,从而大大提高了软件开发的效率和质量。面向对象方法是把对象作为最基本的元素来分析问题、解决问题。其基本出发点是尽可能地按照人类认识世界的方法和思维方式来分析和解决问题。其精髓可概括为两点：①首先不是追求系统的功能，而是划分系统有哪些对象；②把软件看作是结构化的抽象数据类型的集合，抽象数据类型的实现即对象类是构成软件的基本模块。图8-7就是地质统计学方法组件的模拟方法类层次结构，从该图可以看出，所有的地质统计学的插值及模拟算法都从Geostat_algo类派生出来，这样既保证了各种算法的共性与个性，又便于以后开发新的插值及模拟算法。

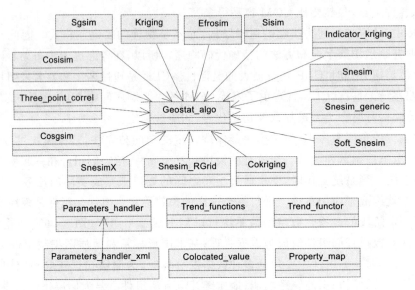

图8-7 地质统计学插值及模拟算法的对象层次结构

二、SQL Server 2008 开发技术

SQL Server 2008 是 Microsoft 公司推出的 SQL Server 数据库管理系统的一个版本。该版本具有使用方便、可伸缩性好与相关软件集成程度高等优点。SQL Server 2008 主要特点如下。

关系型数据库：SQL Server 2008 是一种关系型数据库，它管理数据并将其存储在关系表格中，每张表格都代表了系统所关注的对象，当应用程序发出数据请求时，该关系数据库引擎就会在上述表格之间建立联系。此关系数据库引擎的主要任务就是维护数据的安全性、提供容错、动态优化性能等。

灵活多样的应用程序支持：SQL Server 2008 的客户端允许开发人员以多种不同的方式来访问数据库。

多种数据源转换：SQL SERVER 2008 的数据转换服务（DTS）允许用户从多个数据源中获取数据，并对数据执行简单或复杂的转换，然后将其存储在另一个数据源中。

支持对称多处理器结构、存储过程、ODBC，并具有自主的 SQL 语言。SQL Server 以其内置的数据复制功能、强大的管理工具、与 Internet 的紧密集成和开放的系统结构为广大的用户、开发人员和系统集成商提供了一个出众的数据库平台。

综上所述，SQL SERVER 2008 完全能满足本知识库系统数据库关于存储、加工和数据组织的要求。

三、常用地质图件的编制方法

在储层地质理论指导下,通过制作各种专题图(如构造图、等厚图、各种地质剖面图、沉积相图等)来分析储层及其物性的空间分布是储层地质研究的重要手段之一。基于 GIS 的可视化可实现各种专题图的数字化,实现对地图数据分层成片存储,易于管理和查询,可灵活地分幅检索、添加图幅、删除图幅,图件的更新、多图幅的拼接,制图综合和综合分析方便快捷。因此,各种专题图的制作一直是储层建模地质研究的有机组成部分,然而传统的地质制图过程尚存在以下不足:①劳动强度大、效率低、重复劳动多;②图件管理繁杂,利用率低;③制图综合能力差;④多图幅的综合分析研究主要停留在"目视判读"阶段,受人为因素影响大;⑤难于实现各种专题图的三维可视化显示。以上诸多不足表明传统的地质制图方法在某种程度上影响了储层建模的效率,因此迫切要求尽可能提高制图过程的自动化。在储层地质研究过程中,主要有单井综合柱状图、地层划分与对比图、沉积微相平面图和等值线图,其中一般的 GIS 平台都提供等值线图,前三种图件是储层地质研究所特有的,需要加以研究。

1. 单井综合柱状图

单井分析,特别是取芯井分析,是储层地质研究工作的第一环节,因为研究的目的不同,单井综合柱状图的内容会有所变化,一般应包括以下主要内容(图 8-8):①地层系统;②井深,涉及测量深度、垂直深度;③电测曲线(至少有自然电位曲线),一般包括自然电位、自然伽马、声波、电阻率四种测井曲线;④泥岩颜色,只有取芯才有该项数据;⑤沉积构造特征,取芯井特有;⑥粒度概率图,取芯井特有;⑦陆源组分含量变化,取芯井特有;⑧填隙物含量变化,取芯井特有;⑨指相自生矿物,取芯井特有;⑩显微薄片素描,取芯井特有;⑪相类型;⑫相层序;⑬油层物性。

分析该图的样式可以看出,单井综合柱状图是一种表格式图件,从计算机程序设计的角度可将其视为表格,包括图头、图体两种类型。从柱状图描述的内容来看,图体绘制的内容包括文字、曲线、深度、图片和岩性符号等。其中曲线主要是指声波曲线等测井曲线,岩性符号主要指地层中的岩石类型,深度控制图幅的大小,图片一般是取样的薄片特征,文字主要用来辅助描述岩性的构造。所有这些内容均要按照国家、部门或行业的标准进行绘制和表达。图头文字部分可按规范规定的格式,将其框架作为一个整体进行单独处理,预先形成构件,在生成图形时作为图块插入,然后填入可变的数据部分。

根据图体样式可抽象出 8 种基本元素来描述和处理柱状图的基本内容,它们分别是:①与深度无关的文字描述;②与深度有关的文本;③岩性符号;④曲线;⑤二维图表;⑥图片;⑦深度;⑧沉积旋回。这些元素各用一个类来描述,类之间是相互独立的,并且它们和整个系统之间的耦合关系也是很弱的,这样非常易于系统的扩充。对于新的图体元素,只要抽象、设计出一种新的对象即可得到一种新的柱状图元素。

2. 地层划分与对比图

地层划分与对比的结果直接决定了储层的精度和可信度,错误的分层会歪曲单砂体的数目、形态、规模和空间位置等基本特征。在中国东部的陆相盆地中,对比工作需要反复进行,因而需采用自动生成地层划分与对比图后再辅助人工编辑的解决思路。计算机自动绘制地层划分与对比图的关键是地层间对比结果的显示,重点应该解决对比图的交互问题。

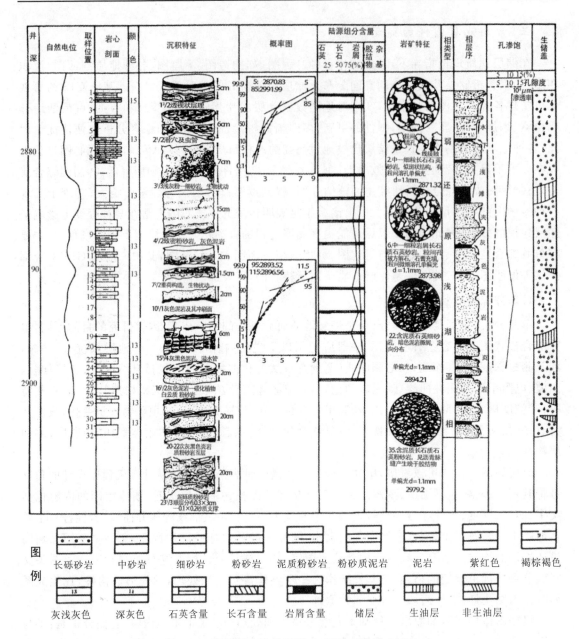

图 8-8 单井综合柱状图样式(据裴亦楠等,1997)

地层划分与对比图的绘制是以柱状图数据为基础的,但与柱状图不同的是对比图还需考虑分层信息和标志层信息部分,需要时还需增加断层位置,不过断层位置不需要精确,只需画出断面形态即可。通过抽取出柱状图的分层信息,按照对比图的特点及绘制要求来自动生成地层划分与对比图(图 8-9)。地层划分与对比图的计算机自动绘制过程如下。

(1)确定绘图的水平和深度比例尺、单井柱状图的间距。

(2)遍历每个单井柱状图数据,分别计算并得到每个单井柱状图的定位坐标,绘出每口井的柱状图。

(3)若地层划分与对比图通过断层,根据断层形态绘制断层线。
(4)根据给出的每口井的分层,按照顺序依次连线即可。
(5)根据井的沉积微相和岩性绘制井间的连通区域。

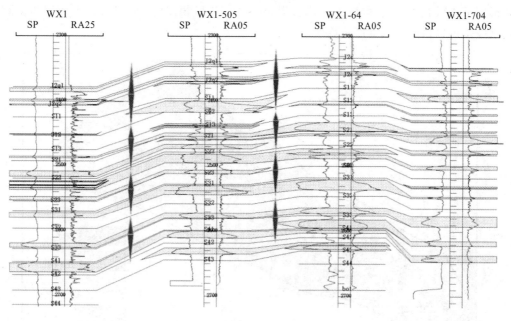

图 8-9 地层划分与对比图样式

根据地层划分与对比图的样式可以抽象出 4 种对象,即单井柱状图、分层线、断层线和岩性填充。单井柱状图是单井综合柱状图的简化,不必再进行设计和实现,其他按照面向对象方法设计成对应的类。

3. 沉积微相图

沉积微相图描绘了给定区域内特定地层单元中各种沉积微相的空间展布情况,受到了许多地质研究人员的大量应用。绘制沉积微相图的主要依据是给定区域内特定地层单元上各个井点的沉积微相类型和井点之间的沉积微相连通关系,画出沉积微相级别相同,而且彼此连通的诸多井点的包络线并充填以一定的颜色是绘制沉积微相图的主要工作。其难点在于如何生成沉积微相的包络线,或称之为沉积相带线。

长期以来,沉积微相图的编制依赖于手工绘制,虽然这样可以加入地质家的经验和判断,但费时且不能满足随时更新沉积微相图的需要。计算机辅助的沉积微相绘制方法主要有两种,一种是采用蠕虫插值法和空间插值法,以确定呈带状和片状分布的各种沉积微相,通过网格叠加把这些沉积微相分布结果叠加起来形成最终的沉积微相分布图;另一种是针对沉积微相图上各种错综复杂的微相叠合及接触关系,系统地归纳和设计了 200 多条规则,应用这些规则和算法,准确地求出沉积边缘线(相带线)的位置。但这两种算法实现起来都比较繁琐。

指示克里格是对离散指示变量的一种最优空间估计的克里格方法,既可以针对离散变量,也可以针对连续变量。其优点是:①可模拟复杂的非均质模型;②可直接使用硬数据、非精确或模糊信息作为限制条件;③输入参数可以由不规则的稀疏数据得到。由于沉积微相是离散变量,可以用其来建立沉积微相的分布,是因为每一个沉积微相就是一个指示变量,每个指示变量使用一个变差函数,虽然其插值结果的统计特性可能会有偏差,实现的变差函数与输入的变差函数不完全一致;当对多个指示变量进行模拟时,参数统计复杂、费时,但是值得。

根据上述原理,首先提取各井的优势微相,然后用指示克里格形成格网,采用等值线最终算法形成沉积微相边界线,最后人工修整得到平面沉积微相图(图 8-10)。平面沉积微相图的实现完全可以借鉴充填等值线算法来考虑。

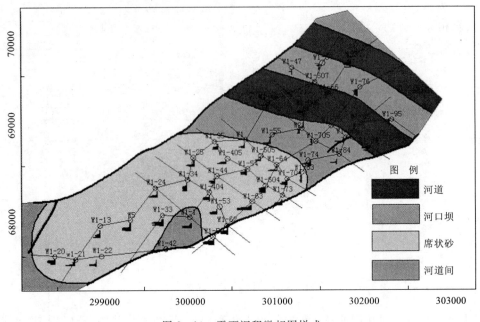

图 8-10　平面沉积微相图样式

四、模板思想

模板化思想的引入,为解决地质制图自动化问题提供了坚实的基础。在设计模板时,一方面可以在广泛调研的基础上,收集不同格式的地质图件,分析每一种图件的共性,区分图件的异性,在计算机上制成一个个模板,形成一个模板库。用户可根据实际需要,在库中选择相应的模板,然后在其基础上进行地质图件的绘制工作。另一方面,当系统中提供的模板不能满足需要时,用户可以利用模板制作工具对模板进行编辑修改或制作新的模板,补充模板库。根据储层建模流程中使用的图件分析,可以把模板分为四大类,即颜色模板、单井综合柱状图模板、地层划分与对比图模板和平面沉积相图模板(表 8-1)。

表 8-1　数字油藏系统的模板分类

颜色模板							单井综合柱状图模板	地层划分与对比图模板	平面沉积相图模板
离散属性	深度厚度	地震	油层物理	断层属性	体积	测井	其他			
分类个数、分类颜色、最大值、最小值、离散或连续、是否取对数							深度比例尺、各栏参数和颜色模板	单井综合柱状图模板、分层颜色、井间距	包含的对象颜色模板

五、储层模型的动态更新

储层建模得到的是一个静态的储层地质模型,一般只是作为油藏数值模拟的数据源,这往往导致油藏数值模拟结果落后于油藏生产实际动态。解决这个问题一方面依赖于快速的油藏数值模拟算法,这个方面不是储层建模考虑的问题;另一方面,在建立储层模型之后,根据油田开发生产动态数据更新储层模型。油田开发生产动态一般有两类数据:一类就是常说的油田采油、注水相关的数据,这类数据在建立储层渗透率模型时特别有用,但这需要有可行的算法作支撑,目前还处在研究阶段,这不是本书的研究主题;另一类是油田生产调整数据,如新增开发井等,这里所说的储层模型动态更新是指针对此类数据的更新。

在新增开发井后,常常采集的数据有常规测井系列数据,可以利用这些资料做常规的地质研究,通常的工作是分层、沉积微相研究,随后开展储层建模工作。这些工作实际上是储层建模的工作流程,完全有必要实现储层模型的自动更新(图8-11)。

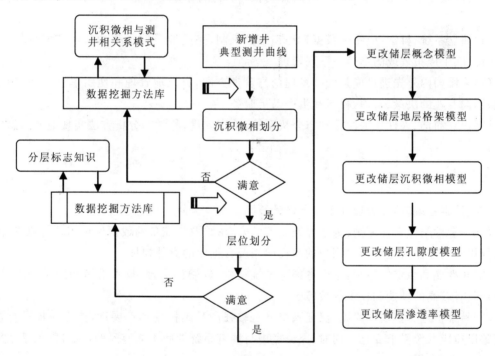

图8-11 储层模型动态更新流程

第五节 系统总体设计

系统总体设计包括系统设计思想、设计目标、设计原则和总体结构设计等几个部分。

一、系统设计思想

该系统是一个专业性很强的管理信息系统,系统涉及到的各个组件相互独立,但从软件设计的角度又有很大的相关性,因此,必须运用软件工程的理论与方法来指导该信息系统的开发,在开发的过程中,同时还需要运用概率论与数理统计、地质统计学、图形界面开发技术等多种学科的多种技术。

系统是选择关系型数据库 SQL 2008 作为后台数据库，Windows XP 作为操作系统，选择 C♯.NET 作为开发工具。在系统设计上，采用面向对象开发方法进行，对于程序设计中的数据库接口，采用数据库管道和程序直接读取的方法进行；对于图形处理，则依据处理的对象不同，选择不同的处理方法。

建立油藏动态分析系统，必须从信息系统的基本概念、原理、开发方式出发，按照信息系统开发原则和要求进行，本着高起点、低投入、高效率的原则来开发本系统。因此，本系统总的设计思路概括为：①以工作流为导向，清晰化系统操作；②以图形化为基础，提高多源数据的整合；③以扩展性为要求，增强系统的适用性。

二、系统设计目标

根据油藏分析工作需要，结合实际情况，在充分进行系统分析基础上确定了本系统的设计目标。

(1) 建立系统、科学、成熟的数据管理和维护机制，完成地质信息和油田生产信息从采集、录入、统计、生成报表或图形等一系列管理。

(2) 采用国内外先进且成熟的技术理论与管理方法，有效地管理和使用信息资源，为不同层次、不同专业的决策、管理、科研和生产人员服务。

(3) 建立简洁、人性化的油藏动态分析系统，采用先进、科学的分析方法实现地质信息的决策分析。

三、系统设计原则

在设计本系统时，充分遵守了以下设计原则。

(1) 安全性与保密性原则：为了保证数据的安全，采取了完备的数据保护和备份机制，防止非授权用户的非法入侵和授权用户的越权使用及数据库的意外损坏。

(2) 高性能和稳定性原则：综合考虑了系统结构、软硬件平台、技术措施和维护能力等，确保系统具有较高的性能和较少的故障。

(3) 易维护性和扩展性原则：保证系统具有较强的易维护性和扩展性，能方便地进行功能的调整以适应系统需求变化。同时，充分考虑与现有系统的版本兼容问题，尽可能保证系统具有更长久的生命周期。

(4) 方便性和实用性原则：系统建设充分考虑各项业务的实际需要，贴近用户的需求与习惯，系统具有良好的人机交互界面，力求做到功能强大、界面美观、操作简洁、方便使用。

四、系统总体结构设计

系统设计为清晰的三层架构（图 8-12）：功能表现层、逻辑应用层和数据服务层。表现层是通过图形用户界面来表现系统可提供的功能与信息，并实现与用户的动态交互。逻辑应用层是实现系统功能应用的核心层，包括底层的数据源管理组件、图形绘制组件和专业算法组件。数据服务层提供数据存储管理的服务，主要是用 SQL Server 数据库存储管理油田生产数据、钻录井数据和基础地质资料等。

第八章　数字油藏系统的开发技术

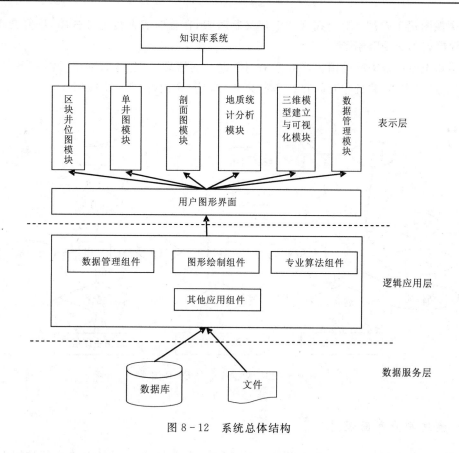

图 8-12　系统总体结构

五、系统数据库设计

数据库管理是 GIS 系统重要的组成部分，用来管理 GIS 系统中各种类型的数据。对需要及时处理的数据通过一系列手段进行处理（如集中处理、分布处理、将处理工作量大的计算采取后台集中处理，形成实体数据表等），能大大提高数据使用效率，并且数据与 GIS 整合可以加强系统总体结构的优化，从而实现基于 GIS 的数据浏览、生产分析、图件制作的协调统一。因此，数据库设计的好坏，直接影响数据的使用效率与系统运行的效率。

本系统数据库设计采用的基本原则如下。

(1)范式标准：基本表及其字段之间的关系，尽量满足第三范式，但是有时为了使用起来更灵活，有些表的冗余字段并没有去掉。

(2)E-R 图设计标准：结构清晰、关联简洁、实体个数适中、属性分配合理、没有低级冗余。

(3)主键与外键：主键与外键的设计，在全局数据库的设计中，占有重要地位，因为主键是实体的高度抽象，主键与外键的配对，表示实体之间的连接。本系统数据库尽量做到每个实体都存在主键或外键。

(4)视图设计标准：与基本表、代码表、中间表不同，视图是一种虚表，它依赖数据源的实表而存在。视图是供程序员使用数据库的一个窗口，是基表数据综合的一种形式。本系统数据库设计为了进行复杂处理、提高运算速度和节省存储空间，视图的定义深度一般不超过三层。

但若三层视图仍不够用,则会在视图上定义临时表,在临时表上再定义视图,反复交迭定义,视图的深度就不会受限制了。

储层知识库系统中的油田生产数据采用数据库的管理方式,含有油田、区块、单井基础信息、生产信息等实体,并且相互间存在一定关系,其 E-R 图(图 8-13)如下。

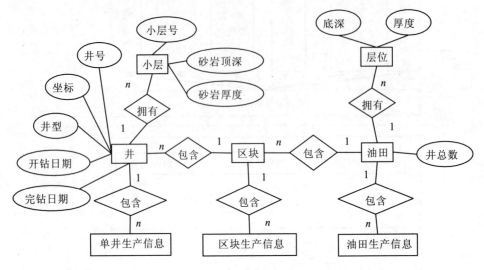

图 8-13 数据库部分 E-R 图

六、系统用户界面设计

界面是系统与用户实现交互的部分,它体现系统的整体感觉,是否拥有友好的用户界面是用户能否接受系统的前提。系统界面的设计原则如下。

(1)以用户为中心:界面简洁,尽量节约用户的操作时间。

(2)整体风格一致:界面美观。

根据上述原则,本系统界面总体布局采用菜单、工具栏、多文档地图显示窗口、数据与窗口管理栏、三维模型建立流程管理栏、状态栏等,界面简洁,用户操作明了。

本软件可以划分为 10 项主菜单(图 8-14)。"文件"主菜单主要是对文件进行管理,比如工程的管理等;"编辑"主菜单主要是对平面图中对象进行操作,如删除、拷贝等;"视图"主菜单主要是用来管理当前程序的界面,如数据源窗体、建模流程窗体等;"油层物理"用于平均相渗曲线、相渗计算、分流量计算等功能;"油藏工程"用于递减分析、水驱曲线、收采率计算、含水上升规律、平均地层压力等功能;"物质平衡"用于油藏物质平衡计算、纯气藏物质平衡计算等功能;"工程"用来管理井符号、曲线样式、层位等;"工具"主菜单为油藏分析提供辅助功能;"窗口"主菜单用来建立各种图形窗口,为油藏动态分析提供多窗口的管理功能;"帮助"主菜单主要是为用户使用本软件提供支持。

第八章　数字油藏系统的开发技术

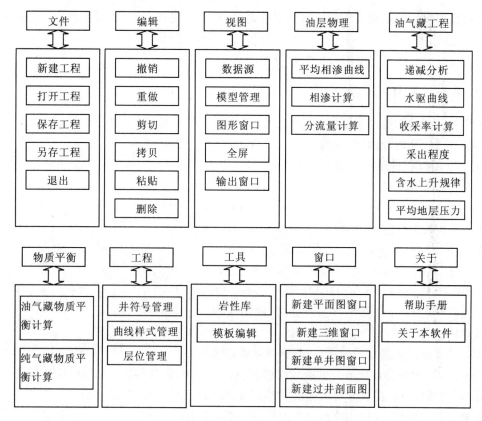

图 8-14　软件界面

第六节　系统功能组件设计与实现

储层建模知识库主要是为油田工作人员服务,在考虑此因素的基础上,软件的设计采用先进的目标管理模式,从工区的建立开始,所有的用户操作都可在工区底图上进行,增强了软件的可视性。软件开发平台采用先进的面向对象的程序开发工具 CSharp.NET 进行开发,具有界面友好,操作简单等优点。本软件采用组件开发模式,可划分为 6 个部分(图 8-15)。

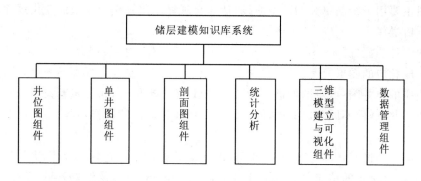

图 8-15　系统功能组件

数据管理组件主要完成软件所需数据的管理、输入与输出，组合其他组件，完成软件所需功能，区块井位图组件、单井图组件、剖面图组件、专业分析组件、三维模型建立与可视化组件一起协调完成图形的显示及对应的数据分析功能。

一、平面图组件

区块井位图功能主要包括选择、放大、缩小、漫游、井的绘制、等势面的绘制、过井线的绘制、边界的绘制、井的查询、样式的设置、生产信息查询等功能（图8-16）。

MapControl控件是井位图显示的核心，它封装了数据接口、可视化表现、交互接口等功能实现和事件响应，MapControl主要包括两个成员：Map、MapController。Map类主要包括绘制的层（Layer）和坐标转换计算等，MapController用于控件的交互，MapController类通过属性（Active Tool）在多态方式下执行一些操作，如放大（ZoomIn Tool）、缩小（ZoomOut Tool）等，整个控件结构设计为三个层次：数据层，框架层、可视化层。

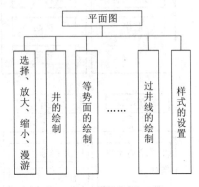

图 8-16　平面图组件功能

数据层是用户提供数据的接口，数据提供者（Feature Provider）、对象类（Feture）包括几何模型（Geometry）和属性模型（Attribute）、点线面实体类等，用户通过数据提供者将数据提供给可视化层，从而进行图形的绘制。

框架层主要用来将数据、绘制样式组织在一起，以及一些常用的工具，每个对象都拥有自己的样式，可供用户设置与修改，框架层以 Layer 和 Tool 类来实现，Layer 包含数据提供者（IFeature Provider）、样式（Style）等属性。框架层主要通过 Layer 表现，每个 Layer 中包含有自己的绘制样式、绘制的数据等。

可视化层主要是将 Layer 数据进行图形绘制，MapControl 控件中包含多个 Layer，可视化层通过 Layer 中的 DataSource 来得到数据，进而调用对应对象的绘制方法来进行可视化。MapControl 类关系图（图8-17）。

二、单井图组件

单井图主要用于绘制单井的基本曲线，从而直观显示单井相应参数的变化规律，供用户执行相应的分析操作。

单井图组件功能（图8-18）：对模板的操作（包括新建、打开、修改、保存等）；根据模板的设置动态生成相应的图形元素（如测井曲线等）；新建、打开、修改和保存模板后，选择了模板后就可生成相应的单井图；可对图件进行设置与编辑，将图形样式、布局重新设置，并将布局存为模板供其他井共享，使不同井以共同样式显示，节约操作时间和操作步骤；布局元素排版、打印输出。

单井图类关系图见图8-19。SingleWellControl 控件主要包括 CWell、Track 和 Tool 等类，CWell 主要包含井的信息如曲线（CPolyline）、层位（Strata）及绘制样式（Text Style）等。Track 主要包括深度道（Track Dept）、曲线道（Track Line）和层位道（Track Layer）等，Tool 用来对图形进行选择、删除、移动等操作。

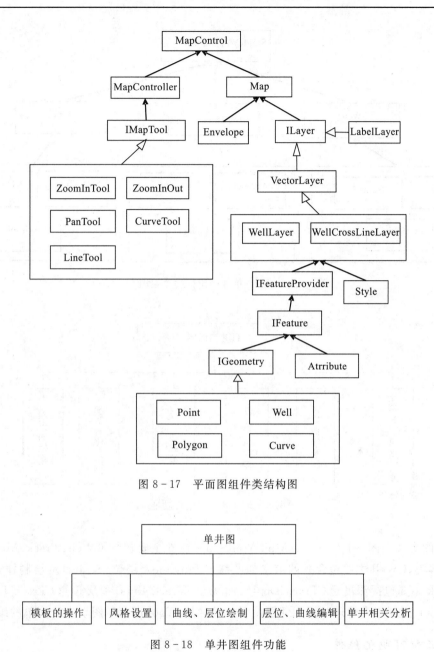

图 8-17 平面图组件类结构图

图 8-18 单井图组件功能

三、连井剖面图组件

剖面图组件实现将井组并排可视化；不同层位、曲线采用不同样式绘制，主要用于地层对比、直观分析油藏的连通性等。

剖面图组件可实现的功能（图 8-20）：对模板的操作（包括新建、打开、修改、保存等）；根据模板的设置动态生成相应的图形元素；新建、打开、修改和保存模板后，选择模板生成相应的剖面图；可对图件进行设置与修改；可以动态选择数据，在图件上新增绘制对象（如添加曲线、层位等）；布局元素排版、打印输出等。

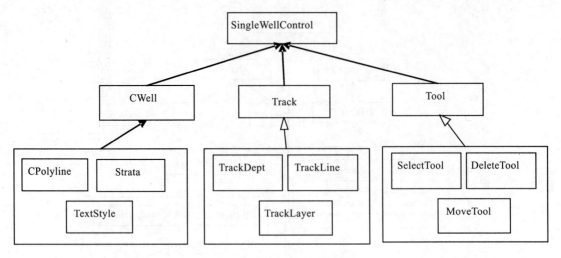

图 8-19 单井图组件类关系图

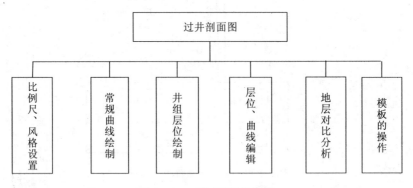

图 8-20 剖面图组件功能

剖面图类关系图（图 8-21）。MultiWellShow 控件主要包括 CWell、Track、MutilRegion 和 Tool 等类，CWell 主要包含井的信息如曲线（CPolyline）、层位（Strata）及绘制样式（Style）等。Track 主要包括深度道（Track Dept）、曲线道（Track Line）和层位道（Track Layer）等，MutilRegion 主要用来管理井间相邻层位形成的区域，Tool 用来对图形进行简单的编辑操作。

四、三维可视化组件

三维可视化组件主要功能是进行预测，直观的显示方式进而辅助研究人员进行科学决策。其功能主要包括三维模型的建立、三维数据可视化、图形交互和相关分析等功能。其中模型建立采用向导式的建模流程，插值过程采用克里格插值方法，建模流程简洁方便。三维可视化功能框架（图 8-22）。

VisualizingUserControl 控件是三维可视化的核心（图 8-23），它封装了模型数据读取类、可视化表现、交互接口等功能实现，VisualizingUserControl 主要包括 gcoProject 成员，gcoProject 类是三维控件的入口，它包含了绘制用到的数据（gcoSource 类）、三维显示属性的设置（gcoProjectSettings 类）。控件动态的读取模型数据，主要包括 gcoVoxetDataReader、gcoSur-

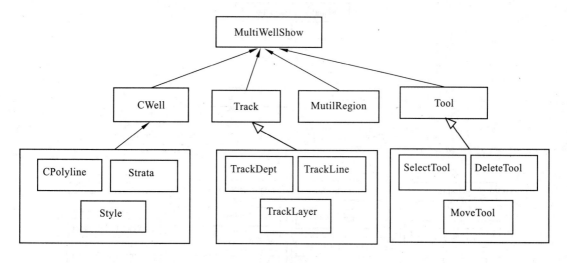

图 8-21 剖面图组件类关系图

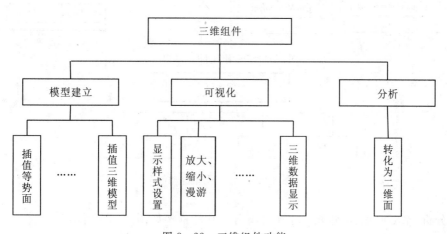

图 8-22 三维组件功能

faceDataReader、gcoWellReader、gcoCurveDataReader 等类。

五、常规图绘制组件

常规图绘制组件包含多种绘图方式（图 8-24），如直方图、散点图、折线图、饼状图等，组件支持图例、坐标轴的设置，绘制样式多样性，如点可绘制为圆点、方形等，图形可动态的放大与缩小等。常规图绘制组件主要为了在储层地质研究过程中提供分析工具，如可以用直方图来检查数据的分布，快速确定数据的有效区间，也可以用来判断数据的分布特征，是否为正态分布，在很多算法中都有这个假设条件。折线图主要用来检查双变量的相关性。这些工具是必备的分析工具。

六、专业算法组件

统计分析是使用相关算法（如回归分析法等）进行各种分析，包括平均相渗曲线、分流量计

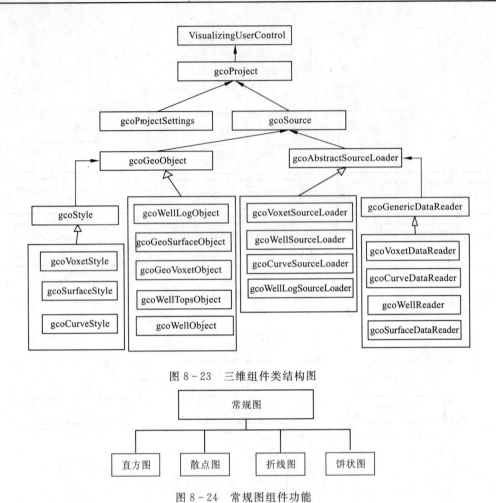

图 8-23 三维组件类结构图

图 8-24 常规图组件功能

算、递减分析、水驱曲线、油藏物质平衡计算等。功能框架如图 8-25 所示。

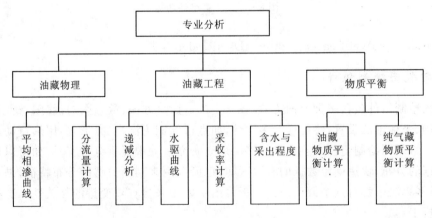

图 8-25 专业分析算法组件

第七节 软件成果展示

本系统以实际区块数据作为测试数据对系统功能进行了详细的测试,测试结果达到了储层地质知识库系统当初设计目的。软件总功能框架如图8-26所示。

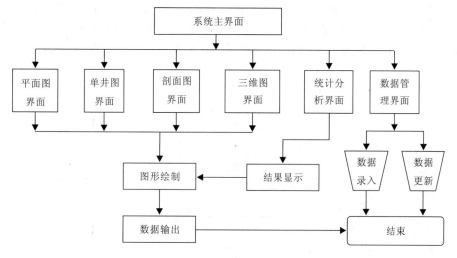

图8-26 软件功能框架

一、主界面

运行系统,打开工程即可得到系统主界面(图8-27)。系统主界面主要分为5个部分:交互功能区、数据与窗口管理、多窗口图形区、信息提示区和建模流程管理。交互功能区主要包

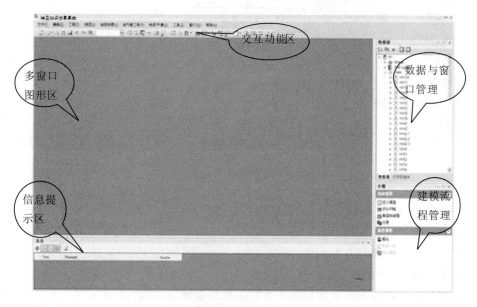

图8-27 系统主界面

括系统菜单栏与工具栏;数据与窗口管理主要用于对系统数据及打开窗体的管理;多窗口图形区用于系统的多窗体显示;信息提示区主要用于对系统异常或执行结果的信息反馈;建模流程管理主要是用于流程化的方式建立三维模型。

二、井位图

区块井位图主要用于实现地理空间数据的可视化显示,直观显示油井的空间分布;主要功能包括:图形的放大、缩小、漫游和全幅显示;点、线、面的绘制等交互操作;显示样式的设置;点、线、面的绘制颜色和风格、油井的绘制符号等。区块井位图操作流程如图8-28所示。

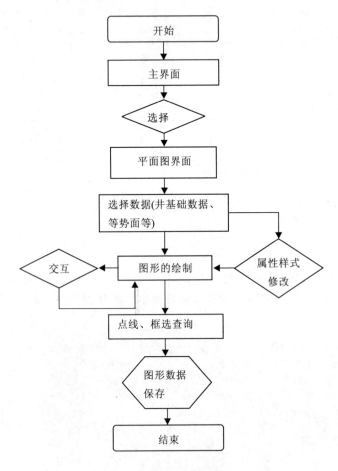

图8-28 井位图操作流程图

通过流程图可知打开井位图的具体操作步骤如下。
(1)启动软件进入主界面。
(2)窗口菜单中选择打开平面图。
(3)数据管理栏(数据源)选择显示的数据。
(4)在窗口中选择图形或在数据源选择对应数据设置显示属性。
(5)在窗口中点选或框选井进行生产数据的查询、并生成直方图、曲线。

(6)数据、图表输出。

通过上述操作步骤得到区块井位图显示结果(图8-29)。

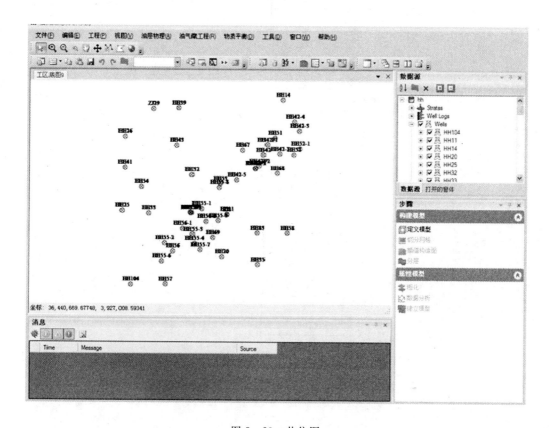

图8-29 井位图

三、单井图

单井图主要用于绘制单井的基本曲线,从而直观显示单井相应参数的变化规律,供用户执行相应的分析操作。主要功能有:曲线、层位的绘制,曲线、层位的编辑,比例尺的设置,布局与样式的修改。单井图操作流程如图8-30所示。

通过操作流程图可知打开单井图的具体步骤如下。

(1)在主界面数据管理栏(数据源)选择目标井。

(2)窗口菜单中选择打开单井图。

(3)在数据源中勾选目标井所包含的数据(曲线、层等)进行显示。

(4)在窗口中选择(曲线、层等)设置显示样式(颜色、线型等)。

(5)数据、图表输出。

通过上述操作步骤得到单井图显示结果(图8-31)。

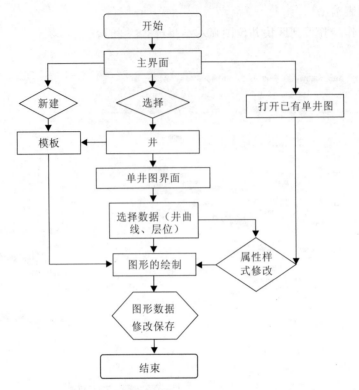

图 8-30　单井图操作流程图

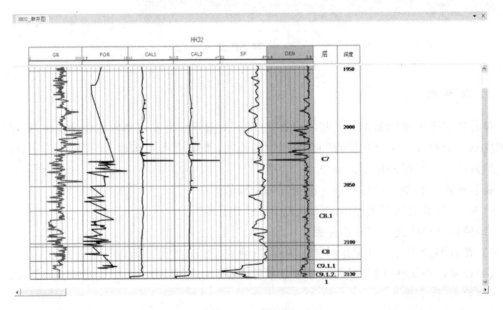

图 8-31　单井图

四、连井剖面图

剖面图实现将井组并排可视化,主要用于地层对比、直观分析油藏的连通性等。主要功能:井组数据的可视化、比例尺的设置、曲线布局与样式的设置。剖面图操作流程如图 8-32 所示。

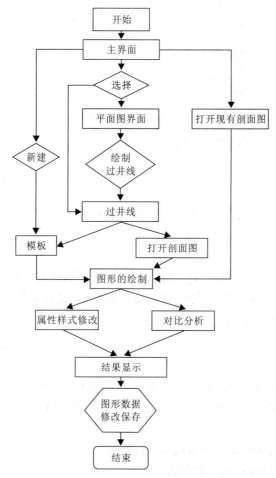

图 8-32 连井剖面图操作流程图

通过流程图可知具体操作步骤如下。
(1)启动软件进入主界面。
(2)在平面图上绘制过井线。
(3)数据管理栏(数据源)选择过井线。
(4)主窗口菜单中选择打开剖面图。
(5)在数据源中勾选目标井所包含的数据(曲线、层等)进行显示。
(6)在窗口中选择(曲线、层等)设置显示样式(颜色、线型等)。
(7)图形的交互(删除曲线、层等)。
(8)数据、图表输出。
通过上述操作步骤得到连井剖面图显示结果(图 8-33)。

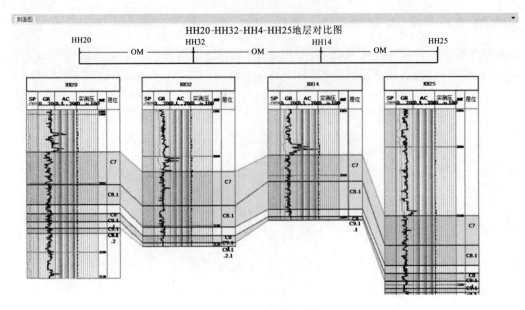

图 8-33 过井剖面图

五、三维图

三维图主要功能是进行预测,直观地显示油藏在平面和纵向上的变化特征进而辅助研究人员进行科学决策。主要功能包括:动态读取模型数据;用鼠标或键盘进行旋转、移动和缩放三维体、升降图形位置和旋转视点等交互操作;将三维体转化为面等。三维图操作流程如图 8-34 所示。

具体操作步骤如下。

(1)在主界面的建模流程中新建一个三维模型,输入模型名称。

(2)在平面图上绘制模型编辑或在数据管理栏(数据源)选择一个边界数据,将边界划分为网格(划分横向网格)。

(3)在模型建立窗口选择插值构造面,生成等势面。

(4)在模型建立窗口选择分层,划分纵向网格。

(5)在模型建立窗口选择粗化,将数据插值到网格点。

(6)在模型建立窗口选择数据分析,计算变程与拱高。

(7)在模型建立窗口选择建立模型,利用克里格插值算法值建立三维模型。

(8)主窗口菜单中选择打开三维图,在数据源中选择一个三维数据进行图形绘制。

(9)图形的交互(放大、缩小,不同视角视图,添加、删除对象等)。

(10)数据、图表输出。

通过上述步骤得到地层压力系数三维显示结果(图 8-35)。

六、统计分析

统计分析模块主要功能:根据油井生产能力和生产水平等因素对油田动态信息进行计算分析,实现产量递减,相对渗透率的计算等。统计分析操作流程如图 8-36 所示。

第八章　数字油藏系统的开发技术

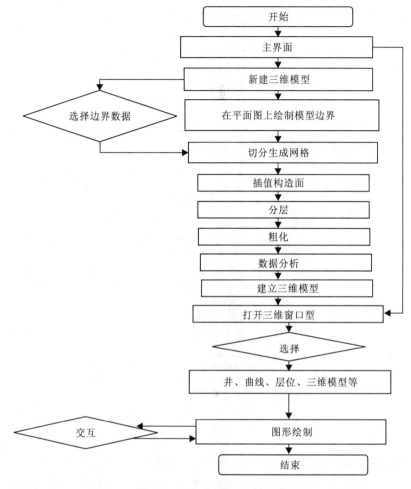

图 8-34　三维图操作流程图

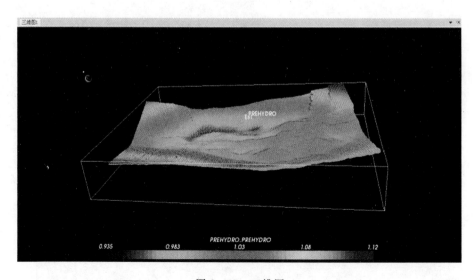

图 8-35　三维图

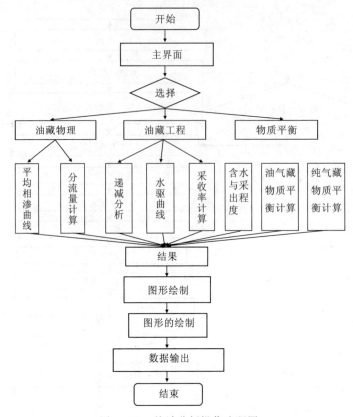

图 8-36 统计分析操作流程图

通过在平面图上选择要进行查询、统计的井,右键选择"查询统计"菜单项,在弹出的对话框中选择查询统计的字段(产油)及绘图方式(直方图),可得单井月产油量统计直方图显示结果(图 8-37)。

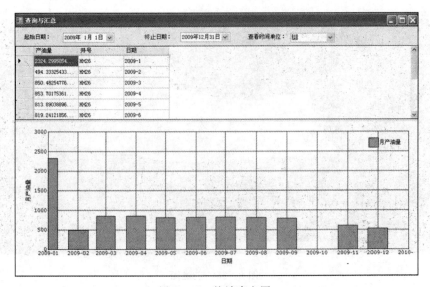

图 8-37 统计直方图

通过在平面图上选择要进行查询、统计的井,在右键选择"查询统计"菜单项,在弹出的对话框中选择查询统计的字段(产油)及绘图方式(折线图),可得单井查询显示结果(按月显示)(图 8-38)。

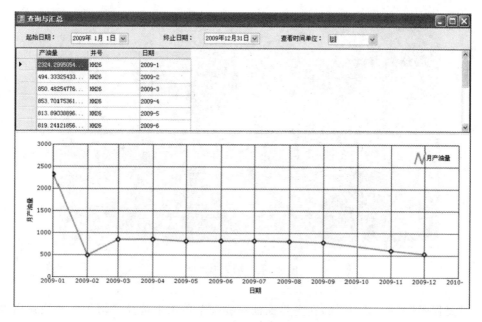

图 8-38 单井产油量变化折线图

通过在平面图上选择要进行查询、统计的井,在右键选择"查询统计"菜单项,在弹出的对话框中选择查询统计的字段(产油量与产液量)及绘图方式(折线图),可得单井查询显示结果(按月显示)(图 8-39)。

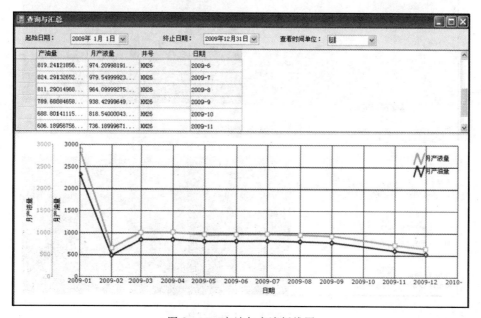

图 8-39 产油与产液折线图

在主界面工具栏中选择插值等势面,在弹出的对话框中选择数据(砂岩厚度),点击确定后即可在数据源中出现等势面数据,打开平面图,在数据源中选择等势面数据,可得砂岩厚度等值图显示结果(图8-40)。

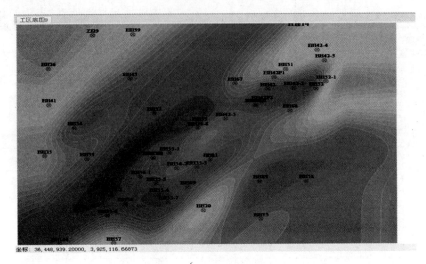

图8-40　砂岩厚度图

通过流程图(图8-36)可知,在主界面油藏物理菜单项中选择平均相渗曲线弹出设置对话框,在对话框中选择数据的时间范围确定能用来计算的井,点击确定即可得到相渗曲线计算界面,在界面中填写计算参数,点击"显示相对渗透率对比曲线",可得到相渗曲线计算折线图显示结果(图8-41)。

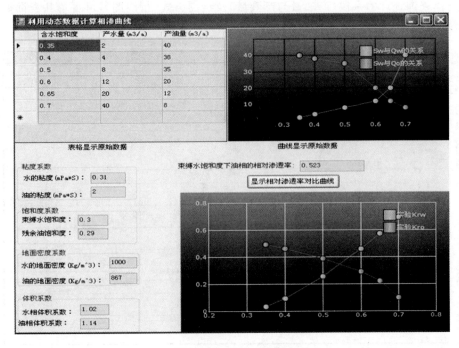

图8-41　相渗曲线图

七、空间数据挖掘

空间数据挖掘整个过程可以分为六步,图 8-42 和图 8-43 是其中的第一步和第五步。第一步主要用来抽取需要分析的数据,第二步到第四步提供了数据预处理方法,如数据野值的剔除、数据的标准化和主成分分析等算法,在数据预处理完成后,就可以开始建立预测模型,也就是第五步,这时需要选取数据挖掘算法和设置相关参数,挑选用来建模的数据;在建立好预测模型后,就可以使用该模型对剩余数据进行预测,这主要在第六步进行。

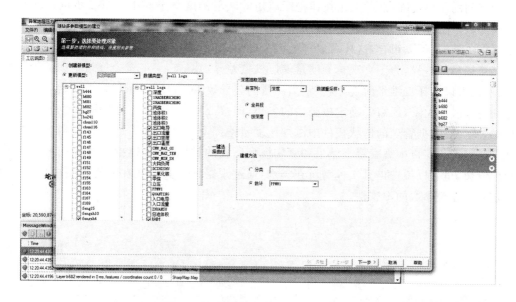

图 8-42 数据挖掘中的数据抽取阶段

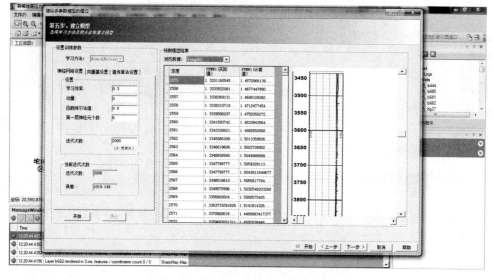

图 8-43 数据挖掘中的模型建立阶段

八、储层模型优选

储层模型优选的整个操作过程执行可分为两步,图 8-44 和图 8-45 是该过程的第一步和第二步。第一步主要在多个实现中选取需要分析的现实案例,由于在优选方案中考虑了建模参数的变化情况,一般采用全选的方式,然后选择模型差别的距离度量参数。如果既关心产油量又关心产水量,可以同时选择;也可以只选择某一个参数,如产油量,这样做的好处是避免单个距离参数可能难于度量模型之间的差异。当这两个参数选择完成以后就可以点击按钮计算模型之间的距离矩阵,然后点击按钮把距离矩阵映射到度量空间中。第二步进行聚类分析和建模参数敏感性分析。首先选择已经用 MDS 方法映射过的度量空间,由于在距离度量参数既可以单选,也可以组合,这样可以产生多个度量空间,便于我们查看某个度量参数能否区分开储层模型的差异,为了直观查看度量储层模型差异的距离,一般选择度量空间的维数为三维,当然也可以选择二维平面,依赖于距离度量的分异效果。由于度量空间下的代表储层模型点之间呈非线性关系,还需要确定核函数的参数,即核带宽,然后就可以点击按钮进行核 K 均质聚类,就会在数据管理的树状控件中添加该度量空间下的转换过后的点集及聚类结果。通过在三维可视化窗口中观察聚类结果和真实模型所在的类别,就可以挑选出代表每一类模型的建模参数,也可以挑选出真实模型所在类别,通过观察统计其参数在所有模型中的百分比,来确定储层建模参数的敏感性。

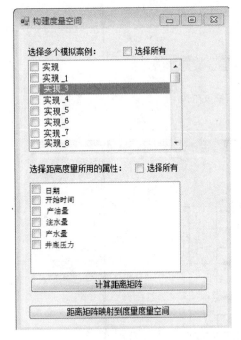

图 8-44 距离矩阵计算及 MDS 映射

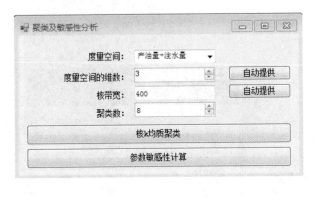

图 8-45 核聚类及参数敏感性分析

第八节 小 结

本章从信息系统的角度讨论了数字油藏系统的开发方法。按照软件工程原理,进行了可行性分析、总体设计、详细设计、实现、测试等阶段的工作,初步实现了多学科研究的整合、研究过程和成果的一体化、储层知识挖掘及管理、油藏实体重构、各类数据的可视化等功能。主要有以下关键技术。

(1)面向对象的组件式开发方法。数字油藏系统可以划分成九个组件,即数据抽取组件、数据编辑组件、数据查询组件、基本图形显示和地质图编制组件、数据挖掘组件、储层知识管理组件、地质统计学方法组件等。

(2)空间数据及储层知识的管理技术。借鉴 GIS 中的空间数据库原理,实现了油藏相关的各类数据的存储及管理。

(3)研究图件的标准化技术。把数字油藏研究过程中的常用图件进行归纳整理,采用 XML 技术实现了各类图件的模板订制,实现了数据、图件的分类存储及管理。

(4)数据可视化技术。在图件分类的基础上,采用可视化技术实现了单井图、平面图、剖面图、三维图形的可视化,不同图件可以综合显示各类数据。

(5)多种算法库。算法库不仅包含了油藏实体的重构算法,而且包含了许多空间数据挖掘算法、人工智能算法和空间分析算法等。

第九章 应用实例

本章根据数字油藏的建立过程,对吐哈油田温西一区块进行了研究。从储层地质研究入手,开展了储层知识获取、储层数据挖掘、储层地质建模及模型优选的研究。

第一节 温西一区块油藏概况

一、构造特征

三叠纪—侏罗纪中期,吐哈盆地进入区域性挤压阶段,三间房组(J_2s)时期开始平稳下沉,形成一系列近东西走向的Ⅰ、Ⅱ级褶皱和高角度的逆断层。温西一区块位于台北凹陷Ⅰ级构造带内的温吉桑Ⅱ级构造带中(图9-1),是一个走向北东的短轴断背斜,其构造要素如表9-1所示。

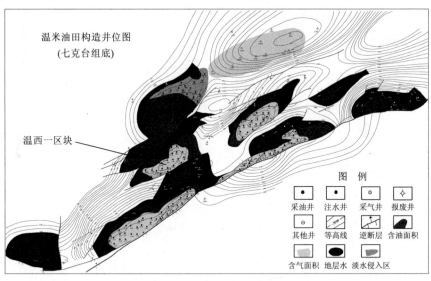

图 9-1 温西一区块构造位置示意图

表 9-1 温西一区块构造要素表

层位	圈闭类型	走向	圈闭面积 (km²)	闭合高度 (km)	高点海拔 (m)	轴长(km)		倾角(°)	
						长轴	短轴	南翼	北翼
七克台组	断背斜	NE	5.1	138.0	−1822.0	4.8	1.3	13~17	12~15
三间房组		NE	4.7	138.0	−1962.0	4.6	1.2	8~15	8~14

二、油层划分

本区三间房组油藏是由褶皱作用和温西南逆断层遮挡而形成的断背斜圈闭,闭合高度 140m,闭合面积 $5.8km^2$,高点海拔 $-1824m$,溢出点海拔 $-1964m$。由于 J_2s_3 砂组上部的泥岩层厚度较大(10~60m),分布稳定,构成了有效的全区性隔层,因此,本区三间房组油藏具有上、下两套油气水系统,J_2s_1、J_2s_2 砂组为上油气水系统,J_2s_3、J_2s_4 则构成了下油水系统。

温西一区块三间房组上、下油气水系统均具有统一的油气和油水界面。上油气水系统的凝析气藏形成于 J_2s_1 砂组,油气界面海拔 -1920~$-1930m$,油水界面海拔 $-1975m$;下油水系统未形成气藏,油水界面海拔 $-2120m$。

工区内开发层系包括侏罗系中统三间房组(J_2s)和七克台组(J_2q),三间房组为主力含油层段。其中,三间房组划分为 4 个砂层组,由上至下分别为 J_2s_1、J_2s_2、J_2s_3、J_2s_4,J_2s_1、J_2s_2、J_2s_3 砂组进一步各划分为 3 个小层,J_2s_4 砂组划分为 4 个小层,七克台组下段由于厚度较小,划分为 1 个砂组(表 9-2)。

表 9-2 温西一区块油组划分表

组	砂组	小层
七克台组	J_2q^2	
三间房组	J_2s_1	$J_2s_1^1$,$J_2s_1^2$,$J_2s_1^3$
	J_2s_2	$J_2s_2^1$,$J_2s_2^2$,$J_2s_2^3$
	J_2s_3	$J_2s_3^1$,$J_2s_3^2$,$J_2s_3^3$
	J_2s_4	$J_2s_4^{\ 1}$,$J_2s_4^{\ 2}$,$J_2s_4^{\ 3}$,$J_2s_4^{\ 4}$

三、勘探开发简况

温西一区块于 1993 年 5 月开始投产,上报探明含油面积 $4.5km^2$,地质储量 $461×10^4t$。1994 年 1 月编制了实施方案,动用含油面积 $4.17\ km^2$,动用地质储量 $418×10^4t$,采油井 17 口,注水井 15 口,单井日产 25t,年产能力 $14×10^4t$,采油速度 3.3%。按照实施方案,温西一区块顶部采取抽稀正方形井网、500m 井距、上下两套油组分采分注,边部井采用 350m 正方形井网合采合注。

从 1995 年开始滚动扩边,温西一区块在 WX1-13 南发现了新的含油面积,探明地质储量 $19×10^4t$,建成产能 $1.5×10^4t$。经过投产后地质储量变化较大,经核实为 $528×10^4t$。1999 年 12 月,采油井 18 口,日产油 347t,含水率 53.4%,采油速度 2.4%,采出程度 59%。经过论证,于 2000 年进行了井网的加密调整,设计加密井 13 口,侧钻井 1 口,加密后水驱控制程度 76.8%。初期 8 口新加密井新增日产油 61.7t,折年产能力 $1.85×10^4t$。截至 2000 年 12 月,采油速度为 1.38%,区块含水率 73.6%,可见即将进入高含水期。

到 2003 年 8 月止,注水井 25 口,其中关停 7 口,采油井含水率在 45% 以下的有 10 口井,剩下的采油井含水都很高。累计产油 $120×10^4t$,综合含水率 70.1%。从采油井生产曲线来看,低含水期生产稳定,油井一旦含水,含水率上升很快。

温西一区块经过将近11年的开发,已进入高含水期,在这期间,具有明显的开采特征。

(1)开采速度高,产量变化快。开发方案确定温西一区块的采油速度为3%,实施方案为3.3%,而油藏的渗透率明显偏低,这就必然会导致产量有大的波动。温西一区块1994年6月采油井16口,日产油696t,采油速度高达4.81%,比实施方案高出1.5%。1995年3月至1995年8月,日产油463t降低到289t,月递减7.5%,气油比由370m^3/t上升到565m^3/t;在1996年3月至9月的半年时间里,由日产油575t降低到378t,减产197t,月递减5.7%,含水率由1.9%上升至9.2%,含水率上升5.2%,气油比由326m^3/t上升到474m^3/t。这说明地层能量存在不足。由上述可见,对于低渗高饱和油藏,高采油速度将深刻影响到油藏的全部开发过程。

(2)初期动用程度较高,平面、层间差异大,含水后动用程度降低。

统计资料表明,温西一区块初期动用程度在80%以上,但随着油井见水,尤其是在含水不断上升,各小层差异加大,层间矛盾加剧,导致垂向上动用程度降低。

第二节 储集砂体划分与对比

油藏描述与建模的关键是建立储层的骨架模型,因为骨架是控制物性变化的宏观的整体性因素。孔隙度、渗透率和含油饱和度等物性参数无不是在一定的砂体内,即一定的单层、小层和油组内发生变化。因此,要真正了解储层的非均质性,必须首先弄清楚作为储层的砂体的空间分布规律,储层对比因而成为储层建模与描述的核心。

储层对比是在沉积相研究结论的指导下进行的,没有沉积相研究的指导就无法了解砂体的形态,就无法弄清砂体的接触关系,平面和空间的演化关系,因为砂体是在某一种特定的沉积环境下形成的砂质沉积物,而由砂质、泥质和其他岩性沉积产物所构成的某种特定环境下形成的沉积相总是按照Walther相律在平面和垂向上进行有规律的叠置和组合,所以沉积相分析与相模式的建立是在储层对比和研究时空演化之前必须进行的基础性工作。本次研究采用美国科罗拉多矿业学院Cross(1994)提出的成因地层学原理和方法进行地层的划分与对比。

一、基准面旋回的确定

地层记录中不同级次的地层旋回记录了相应级次的基准面旋回。根据岩芯、测井资料可以在工区内识别出两种规模的地层旋回,即短期旋回和中期旋回,其分别响应相应级次的基准面旋回。

(一)岩芯剖面上短期旋回的确定及其特征

取芯剖面对短期旋回的识别是行之有效的,对于工区辫状三角洲相储层而言,岩芯剖面基准面识别的标志如下。

(1)较明显的水下分流河道冲刷面及河床滞留沉积。

(2)沉积相组合在垂向上的变化,如辫状三角洲沉积中代表水体向上"变浅"的相组合与代表水体逐渐"变深"的相组合的转换界面。这类旋回界面往往不是突变的,而是渐变的。

(3)砂泥岩厚度的旋回变化,如层序界面之下砂岩粒度向上变粗,砂泥比向上变大;层序界面之上则反之。层序界面上下旋回的这种转换特征常以地层堆积样式的变化表现出来。

根据岩芯资料和钻井剖面对工区七克台组(J_2q)底部油层和三间房组(J_2s)Ⅰ、Ⅱ、Ⅲ、Ⅳ四个油层组进行了细分沉积相研究,识别出水下分流河道、河口坝、前缘席状砂和分流间湾 4 种微相类型,其中水下分流河道沉积最为发育,为本区主要的储集层类型,其次则是河口坝和前缘席状砂体。根据基准面旋回的识别标志,从本区辫状三角洲相微相类型及其组合特征可以识别出以下两类短期旋回(图 9-2)。

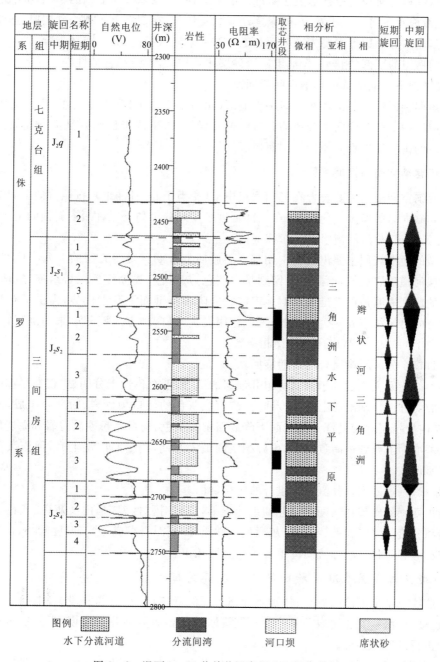

图 9-2 温西 1-23 井单井层序划分和微相分析

1. 低可容纳空间的短期旋回

(1)基准面上升期的低可容纳空间旋回。

该类短期旋回以低的 A/S 比值为特征，自下而上为冲刷面(局部可见)→(含砾)中细砂岩→粉砂岩，总体上向上变细的特征不明显，其上为薄层的分流间湾泥岩，该种类型的旋回以水下分流河道沉积为典型。尽管形成于基准面的上升期，但在基准面上升的早期，沉积的可容纳空间有限，造成水下河道沉积发育，频繁摆动并相互切割，在剖面上表现为砂层厚、连续性好且砂/泥比高，流体分隔边界主要为冲刷面和上升旋回末期沉积的薄层分流间湾泥岩。本区主要发育于三间房组的下部(相当于Ⅳ油组)，单砂层比较均质，物性和含油性好。

(2)基准面下降期的低可容纳空间旋回。

此种短期旋回的类型出现在三间房组上部(相当于Ⅰ油组)和七克台组底部，为不对称旋回。短期旋回的上升半旋回由较薄的分流河道砂岩组成，下降半旋回则是由分流间湾泥岩或三角洲平原的碳质泥岩垂向加积作用而形成。

2. 高可容纳空间的短期旋回

高可容纳空间旋回主要发育在三间房组中部(相当于Ⅱ、Ⅲ油组)，按照垂向上的沉积微相组合方式和砂泥岩的厚度变化幅度，在工区可进一步划分出如下三种短期旋回的类型。

(1)分流河道-分流间湾组合的短期旋回。

该类型的短期旋回主要出现在中期基准面旋回上升期。短期旋回的上升半旋回由灰色、灰绿色薄层河道砂岩组成，下降半旋回则是由灰色、灰绿色、浅棕红色泥岩组成，层理不发育。这种类型的旋回表明地层基准面相对地表波状升降中基准面上升占优势，提供了有利于沉积物堆积的有效可容纳空间，从而有利于沉积作用发生，以此种方式沉积下来的沉积物，其相序组合在垂向上同时也和 Whether 相律相一致。

(2)河口坝-分流间湾组合的短期旋回。

该类型的旋回主要发育于三间房组Ⅱ油组的下部，不对称性十分明显，仅在局部范围内表现出较好的对称性。基准面上升半旋回为浅灰色、灰色的河口坝砂岩、粉砂岩组成，砂层厚度较小，砂层内交错层理较发育。基准面下降旋回由浅灰色、灰绿色粉砂质泥岩和泥岩构成。该类旋回为基准面上升到最高点附近，可容纳空间最大时期，湖平面广泛上升，河流沉积后退而湖相进积所形成。

(3)席状砂(远砂坝)-分流间湾组合的短期旋回。

此类短期旋回出现在三间房组Ⅱ油组的下部，旋回对称性差，是由浅灰色、灰色的席状砂粉细砂岩和分流间湾沉积的浅灰色、灰绿色粉砂质泥岩、泥岩组成，砂岩厚度较小，常呈薄互层状，其形成原因与河口坝-分流间湾组合短期旋回相识。

(二)测井曲线上基准面旋回的识别及其特征

测井曲线上基准面旋回确定，特别是旋回界面的确定，是在取芯井段岩-电标定的基础上进行的，也就是说，首先要用取芯井建立短期旋回及其界面的测井响应模型，然后再运用到非取芯井中进行旋回的划分。

建立短期旋回是以测井相识别为基础的，根据岩芯相-测井相响应模式和短期旋回的叠加样式来识别中期旋回，原因在于中期旋回的确定是由短期旋回的特定叠加样式所决定的，反映了在大致相似的背景下形成的一套成因上有联系的岩石组合。这些叠加样式常具有鲜明的测井响应。当可容纳空间增大时,A/S比值大于1,形成向盆地边缘推进的退积叠加样式;当可容纳空间减小时,A/S比值小于1,形成向盆地中心推进的进积叠加样式;当A/S比值等于1时,则形成加积的叠加样式。

根据研究层段的岩性岩相特点,以取芯较全的温23井的岩芯资料和综合录井资料为基础,选择以自然电位、电阻率测井曲线来划分地层基准面旋回,根据前述的五种类型的短期旋回的叠加方式,可划分出三种中期基准面旋回的岩-电响应模型。

1. 进积非对称型中期旋回

此类中期旋回由一组进积叠加样式的短期旋回所构成,岩性上表现为以泥质沉积为主变为砂质沉积,测井曲线上反映为 SP 值由微锯齿状平滑型变为高值,基准面下降旋回以砂岩顶部的非沉积作用为代表,表明基准面上升旋回短而下降旋回长,可容纳空间减小的过程(A/S→0),具有明显的非对称旋回特征。该种类型的沉积发育于三间房组上部(Ⅰ油组)和七克台组底部,其成因可能是由于构造沉降速率小于沉积充填速率,河流进积沉积而形成。

2. 退积非对称型中期旋回

此类中期旋回由一组退积叠加样式的短期旋回所构成,岩性上从以砂质沉积为主变为泥质沉积,测井曲线反映为 SP 值由高值变为微锯齿状平滑型,其成因可能是由于湖盆沉降速率加快导致基准面上升,提供了较大的沉积物可容纳空间,河流相沉积后退所形成,因而具有基准面上升旋回长而下降旋回短的非对称旋回特征。该种类型的沉积发育于三间房组下部(Ⅲ、Ⅳ油组)。

3. 垂向加积型中期旋回

垂向加积类型的沉积主要形成于基准面上升的末期和基准面下降的初期,在研究工区内主要发育在三间房组中部(Ⅱ油组),岩性上表现为砂泥岩在垂向上的相互叠加,以河口坝和远砂坝的细粒砂岩沉积为主,泥岩沉积发育,砂/泥比值小。此类旋回形成于退积旋回和进积旋回的转换时期,表现出对称的旋回特征。

二、地层等时对比及地层格架

在单井各级次基准面旋回划分的基础上,运用本章第一节所述的对比原理和方法建立了工区高分辨率层序对比格架,沿构造倾向和走向建立了9条纵剖面、4条横剖面共13条高分辨率层序地层对比与砂体对比剖面图,剖面位置见图9-3。在整个格架内,七克台组和三间房组可划分为5个中期旋回,其中三间房组分为4个完整的中期旋回,七克台组底部为一个基准面上升半旋回,由下至上分别命名为 MSC1、MSC2、MSC3、MSC4 和 MSC5,旋回的划分与油田原有的油组和小层划分的对比关系见表9-3。各旋回厚度在50~100m之间。

各旋回的基本特征简述如下(图9-4、图9-5)。

MSC1 旋回:与三间房组的 J_2s_4 砂组相对应,可划分为 $J_2s_4^1$—$J_2s_4^4$ 四个小层。该旋回主要由横向频繁摆动的水下分流河道砂体垂向叠加而成。砂层厚度大,中间夹薄层泥岩,顶底突变明显,砂体横向连通性和物性相对较好。该旋回是一套反映基准面上升的退积沉积体系,表现出砂层向上变薄、砂泥比降低的总趋势,反映了可容纳空间的逐渐增大。

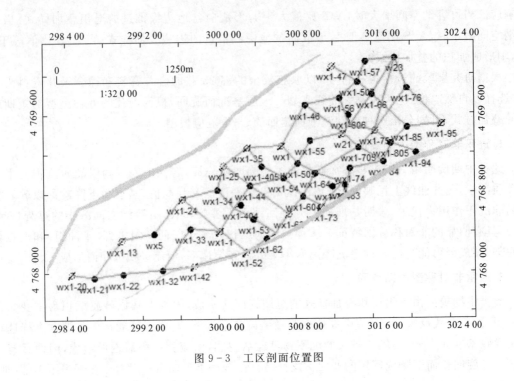

图 9-3 工区剖面位置图

表 9-3 旋回与油田原有砂组和小层划分的对比关系表

地层	七克台组(J_2q)	三间房组(J_2s)												
砂组	J_2q^2	J_2s_1			J_2s_2			J_2s_3			J_2s_4			
小层		$J_2s_1^1$	$J_2s_1^2$	$J_2s_1^3$	$J_2s_2^1$	$J_2s_2^2$	$J_2s_2^3$	$J_2s_3^1$	$J_2s_3^2$	$J_2s_3^3$	$J_2s_4^1$	$J_2s_4^2$	$J_2s_4^3$	$J_2s_4^4$
旋回	MSC5	MSC4			MSC3			MSC2			MSC1			

MSC2 旋回:对应三间房组的 J_2s_3 砂组,可分为 $J_2s_3^1$—$J_2s_3^3$ 三个小层。该旋回为基准面进一步上升、湖平面扩大的退积沉积,表现砂体向上变薄、变细的总趋势。同 MSC1 相比,水下分流河道沉积分布范围减小,而分流间湾的细粒泥质沉积分布范围进一步扩大,反映了可容纳空间的进一步增大。

MSC3 旋回:对应三间房组的 J_2s_2 砂组,可分为 $J_2s_2^1$—$J_2s_2^3$ 三个小层。该旋回早期($J_2s_2^2$—$J_2s_2^3$)为基准面上升至最高点、可容空间最大条件下的沉积产物,表现为湖相泥岩沉积发育,内部夹有河口坝、前缘席状砂等薄层、细粒的砂岩沉积;后期随着基准面下降、可容纳空间的减小,$J_2s_2^1$ 小层以三角洲相的河流进积沉积为主。

MSC4 旋回:对应三间房组的 J_2s_1 砂组,可分为 $J_2s_1^1$—$J_2s_1^3$ 三个小层。该旋回为基准面下降、可容纳空间减小的三角洲河流进积沉积。岩性以细粒泥质沉积为主夹河道砂体,顶部可见碳质泥岩和煤层,表明该旋回虽然以基准面下降、可容空间减小的进积沉积为特征,但砂质物源供应不足,因而砂体的发育程度不如 MSC1 旋回,剖面上表现为砂层厚度薄,砂泥比较小。

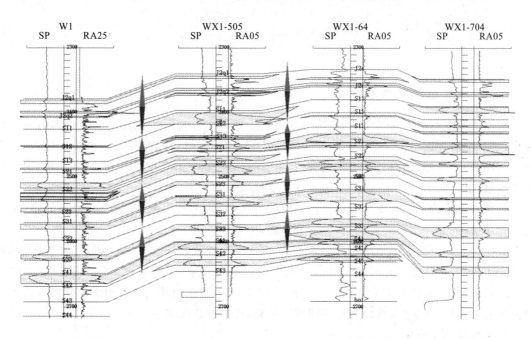

图 9-4　W1～WX1-505～WX1-64～WX1-704 井小层对比剖面图

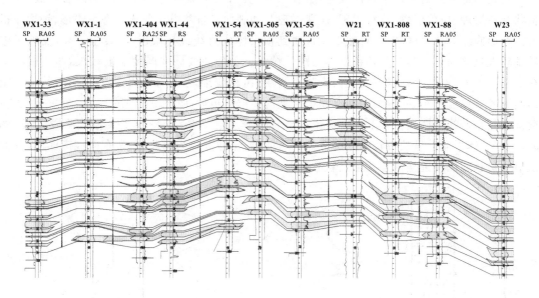

图 9-5　WX1-33～WX1-1～WX1-44～WX1-54～WX1-55～W21～WX1-66～W23 井对比剖面图

MSC5 旋回：对应于七克台组下段。该旋回为基准面进一步下降、可容纳空间减小的进积沉积，以三角洲平原沉积为特征。该旋回沉积特征与 MSC4 相似，以三角洲泛滥平原的泥质沉积为主，含碳质泥岩和煤层，中夹孤立的薄层河道砂体。

第三节 沉积微相分析

一、三间房组沉积微相特征

根据区域沉积学研究结果,工区的三间房组发育辫状三角洲沉积体系的三角洲前缘亚相沉积,物源来自于工区南部凸起。岩性为灰色、深灰色、灰绿色泥岩与灰褐色、浅灰色砂岩、粉砂岩、含砾砂岩互层,顶部局部可见碳质泥岩和煤层,发育斜层理、交错层理、波状层理、递变层理及水平层理,河道冲刷构造常见,层间以突变接触关系为主。

七克台组下段是一套曲流河三角洲平原的沉积,岩性为灰黑色、深灰色泥岩与灰色、深灰色砂岩互层,间夹碳质泥岩与煤层,砂岩分布稳定。

沉积微相的研究必须从岩芯分析入手,本次研究选择资料较齐全、测井曲线质量较好的温23井进行单井沉积微相的研究。根据区域岩相古地理环境、岩矿特征、沉积构造、岩石相类型、碎屑粒度特征及测井响应特征综合分析,将本区三间房组辫状三角洲前缘亚相划分为水下分流河道、河口坝、前缘席状砂及分流间湾等微相,各微相特征如下。

1. 水下分流河道

辫状河道入湖后的水下延伸部分,由灰绿色、灰白色含砾砂岩、中砂岩、细砂岩组成,发育板状交错层理、块状层理、波状层理、递变层理及冲刷面。自然电位曲线形态呈箱形、钟形或指形。箱形曲线砂体厚度较大,自然电位自底到顶大体成直线或有微齿,幅度中—高,反映了渗透率较大且均匀,分选较好,颗粒基本为同一粒级。钟形曲线砂体厚度一般较大,曲线极大值在底部向上渐变,渗透性自下而上由大变小,粒径由粗变细,反映了沉积物的正韵律特征。指形曲线砂体厚度较小,一般为泥质沉积中所夹的薄层河道砂体(图9-6、图9-7、图9-8)。粒度概率累积曲线为两段式,以跳跃总体和悬浮总体为主,$C-M$图由PQ和QR段组成(图9-9)。砂体平面上呈条带状或分叉合并带状展布,延伸方向为南北向、南东向或南西向,剖面上呈透镜状或因河道摆动合并呈层状分布。

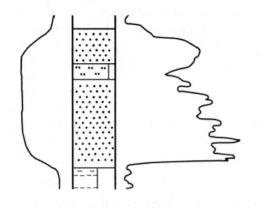

图9-6 河道箱形曲线特征

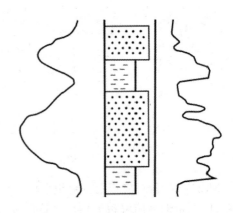

图9-7 河道钟形曲线特征

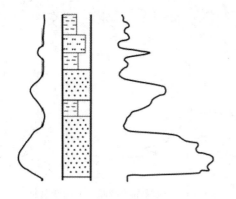
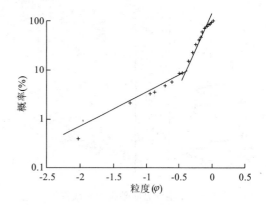

图9-8 河道指状曲线特征　　　　图9-9 水下分流河道粒度概率累积曲线

2. 河口坝

水下分流河道因能量减弱,所携带砂质沉积物在河道末端堆积形成河口坝,岩性以含砾砂岩、砂岩、粉砂岩为主,发育板状交错层理、块状层理及波状层理。自然电位曲线形态呈箱形,自底至顶大体成直线或有微齿,砂体厚度较大,幅度中—高,沉积物常具有反韵律特征(图9-10)。粒度概率累积曲线为三段式,发育有跳跃、悬浮、滚动三个粒度总体,以跳跃总体为主要成分,$C-M$图发育PR段(图9-11)。砂体平面上呈椭圆形面状展布,长轴延伸方向与河道砂近于垂直,剖面上呈厚层或块状透镜形砂体。

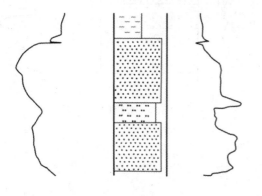
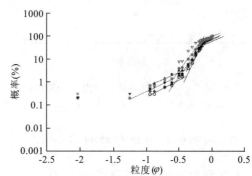

图9-10 河口坝箱形曲线特征　　　　图9-11 河口坝粒度概率累积曲线

3. 前缘席状砂

前缘席状砂为三角洲前缘受波浪作用影响的连片分布的砂体,岩性以细砂岩和粉砂岩为主,发育波状、板状及块状层理。自然电位曲线形态呈指形或漏斗形,砂体厚度较小,指形曲线一般为泥质沉积中所夹的薄层砂体,漏斗形曲线反映了沉积物的反韵律特征,自下而上渗透性由小变大,粒径由细变粗,曲线幅度向上变大(图9-12、图9-13)。粒度概率累积曲线为三段式,发育有跳跃、悬浮、滚动三个粒度总体,粒度分布的总体区间小于河口坝沉积,$C-M$图发育QR段(图9-14)。砂体平面上呈大面积连片状分布,长轴延伸方向与河道砂近于垂直,剖面上呈厚层或块状透镜砂体。

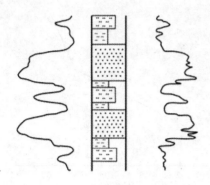 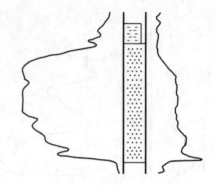

图 9-12 前缘席状砂指形曲线特征　　　　图 9-13 前缘席状砂漏斗形曲线特征

4. 分流间湾

分流间湾为三角洲前缘水下分流河道之间弱水动力条件下的细粒泥质沉积,岩性以灰色、灰绿色、棕红色泥岩为主,自然电位曲线呈基线或微齿化基线(图 9-15)。

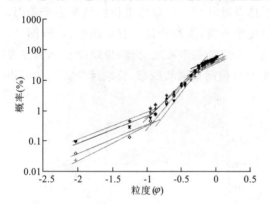 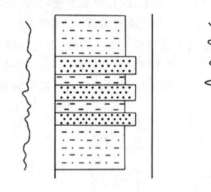

图 9-14 前缘席状砂粒度概率累积曲线　　　　图 9-15 分流间湾曲线特征

二、沉积微相的分布特征

1. 沉积微相的剖面特征

从剖面上可以看出,砂体的发育程度、砂体的横向连续性、砂体的规模和砂体的剖面几何形态等方面具有以下特征。

(1)由下至上,从三间房组 J_2s_4 砂组到七克台组下段,总体上含砂量逐渐减少。具体而言,三间房组 J_2s_4、J_2s_3 砂组水下分流河道沉积的砂岩非常发育,砂泥比值高,仅发育泥质薄夹层,且砂体的横向连续性较好,剖面上呈砂包泥的分布特征;而三间房组 J_2s_2、J_2s_1 砂组及七克台组下段沉积的砂岩含量逐渐降低,砂层厚度减小,砂泥比值降低,剖面上呈泥包砂的分布特征。

(2)本区开发层段的储层类型以分流河道砂为主,其次是河口坝砂、前缘席状砂和水上分流河道砂。水下分流河道砂体的剖面形态主要为顶平底凸的透镜状,且砂体的厚度与横向延伸宽度成正比关系。河口坝砂体在剖面上呈椭圆透镜状,砂层厚度较大,厚度横向变化较快。前缘席状砂沉积以薄层砂体的形式分布于泥岩沉积之中,其分布比较稳定,砂体连续性好,但剖面上砂岩含量低,砂泥比值小。七克台组下段三角洲平原分流河道微相的砂体厚度较薄,由于河道的摆动在局部地区分布比较稳定,砂体连续性好。

(3)剖面上反映出来的砂体横向连续性还与剖面方向与河道走向之间的关系有关,本区河道走向主体为南北向、南东-北西向和南西-北东向,垂直河道走向剖面中的砂体横向连续性差,而顺河道延伸方向剖面的砂体横向连续性好。

2. 沉积微相平面展布特征

依据沉积旋回、砂组划分、单井相分析和工区内测井曲线特征,首先对工区内所有钻井进行了微相划分,其次以小层为单位进行剖面的沉积微相研究,然后以小层为单元进行微相的平面展布研究,共完成沉积微相平面图 14 幅。本节主要针对形成工区储层砂体的沉积微相类型分析其平面展布特征和变化规律。

(1)水下分流河道微相:该微相为三间房组三角洲前缘沉积中分布最广泛的微相类型,也是砂体厚度最大、物性最好、油层最富集的相带。从相带展布中可以看出,本区水下分流河道走向以南东-北西向为主,其次为南北向,纵向上具有较好的继承性。在每个旋回内部,由下至上河道的分布位置、发育程度、河道宽度、砂层厚度等发生有规律的变化,旋回下部水下分流河道沉积较为发育,表现为河道宽度大,分支河道多,砂层厚度大,分布范围遍及整个工区。旋回上部河道分布范围缩小,河道窄且分支少。

(2)前缘席状砂微相:相对于水下分流河道而言,前缘席状砂发育在水体更深的位置。本区前缘席状砂微相纵向上分布于基准面上升、可容纳空间增大的 MSC4、MSC3 旋回中 $J_2s_2^3$ 和 $J_2s_2^2$ 小层,该微相分布于工区的南西部,平面上呈面状连片砂体,分布范围较广,长轴延伸方向与河道垂直。

(3)河口坝微相:本区河口坝微相发育于 MSC3 旋回中 $J_2s_2^2$ 和 $J_2s_2^3$ 小层,分布于工区的中部至北东部、水下分流河道的末端,平面形状为椭圆形面状砂体或团块状砂体,长轴延伸方向与河道垂直。

(4)分流河道微相:该微相为曲流河三角洲平原亚相中的分支流河道沉积。以七克台组下段较发育,为泛滥平原的泥岩沉积当中夹薄层砂体,平面上呈分叉、合并条带状展布,分布范围遍及整个工区,砂层厚度较小。由于河道的摆动,砂层局部地区分布稳定。

三、沉积演化特征

从本区各小层形成的时间先后顺序与沉积相特征分析,三间房组沉积时期经历了一个完整的基准面上升、下降的长期旋回,本区各中期旋回及小层的沉积形成和演变受长期旋回的控制和影响,表现出明显的规律性。

MSC1 旋回:对应于三间房组 J_2s_4 砂组,属长期旋回中基准面上升半旋回的早期,可容纳空间较小。旋回早期,主河道发育于工区的北东部 1-94、1-505、1-507 井区,河道延伸方向南西-北东向,次河道分布于工区的 1-62、1-1 井区,延伸方向同主河道,且在工区中部终止形成废弃河道。此外,工区西南部 1-21 井区发育一条南北向分布的小型河道。旋回中期,工区西南部的小型河道与主河道在 1-24、1-35 井区汇合,形成了完整的分叉合并水下分流河道体系。旋回晚期,随着基准面的升高和可容纳空间的增大,广泛发育的河道被分流间湾沉积所取代,仅剩下 1-73、1-44 井区和 1-507、1-705、1-95 井区两条主河道,宽度窄,分布范围小(图 9-16)。

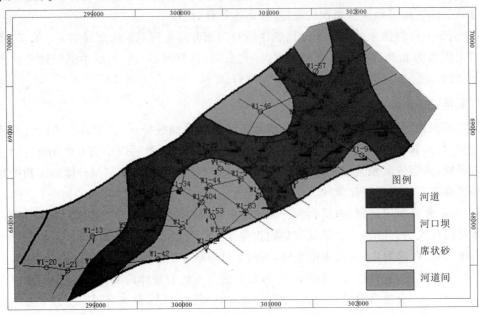

图 9-16　$J_2s_4^2$ 小层沉积微相平面展布图

MSC2 旋回:对应于三间房组 J_2s_3 砂组,属长期旋回中基准面上升半旋回的晚期,可容纳空间较大。MSC2 旋回早期只在工区的北东部发育了两条小型的河道,中西部 1-21、1-24、1-54 井区的广大地区则发育了大面积的前缘席状砂沉积。旋回中、晚期工区大部分地区为分流间湾沉积,只有 2~3 条很窄的小型河道呈南东-北西向或东西向展布,砂体连续性差(图 9-17)。

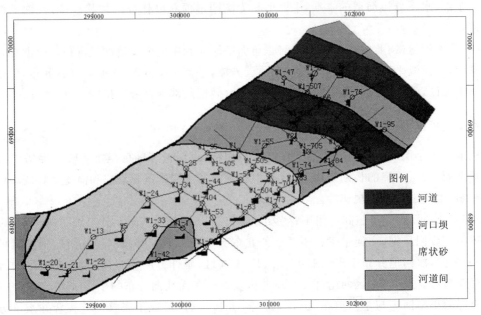

图 9-17　$J_2s_3^3$ 小层沉积微相平面展布图

MSC3 旋回:对应于三间房组 J_2s_2 砂组,属长期旋回中基准面下降半旋回的早期,可容纳空间较大。该旋回早期河口坝沉积极为发育,$J_2s_3^3$ 小层在 1-46、1-47、W23 井区和 1-20、1-24、1-62 井区发育了 2 个面状分布的河口坝砂体,沉积位置处于分流河道的末端或向湖一侧。此外,分流河道也较为发育,主河道分布于 W1、1-74、W21 井区,次河道分布于 1-95 井区。旋回中期,随着工区西南部河流沉积的向湖推进,原 1-20、1-24、1-62 井区的河口坝微相被南东向延伸的河道砂所取代,而北西部的河口坝则继续发育。旋回晚期,工区西南部河道消失,仅余中到东北部发育的分支状主河道(图 9-18)。

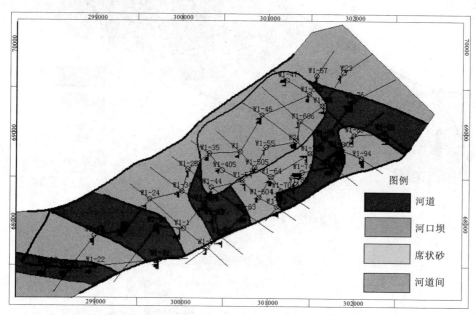

图 9-18 $J_2s_2^2$ 小层沉积微相平面展布图

MSC4 旋回:对应于三间房组 J_2s_1 砂组,属长期旋回中基准面下降半旋回的晚期,可容纳空间减小。旋回早、中期,与 MSC3 旋回相比较,其河道砂体的发育明显增强,早期发育有东、中、西三个主河道,至旋回中期合并为两个,河道分布范围广,分支多。旋回晚期虽属中期旋回基准面下降半旋回的晚期,但工区以三角洲泛滥平原的细粒沉积为主,河道则主要分布于工区的西南部 1-13、W5 和 1-25、1-63 井区(图 9-19)。

MSC5 旋回:对应于七克台组下段,属长期旋回中基准面下降半旋回末期,可容纳空间最小时期。河道又一次大规模的发育,工区内形成两个主河道,分布于 1-46、1-84、1-95 和 1-13、1-42、1-1、1-25、1-63 井区,河道宽且分支多,砂体大面积连续,分布稳定但厚度较小(图 9-20)。

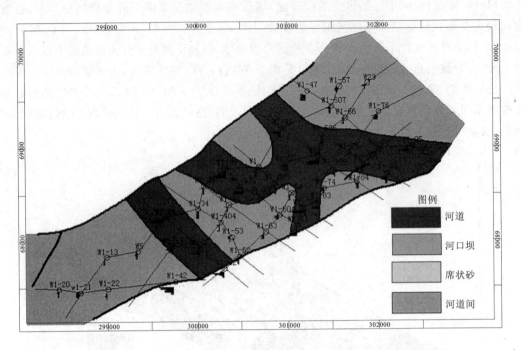

图 9-19 $J_2s_1^2$ 小层沉积微相平面展布图

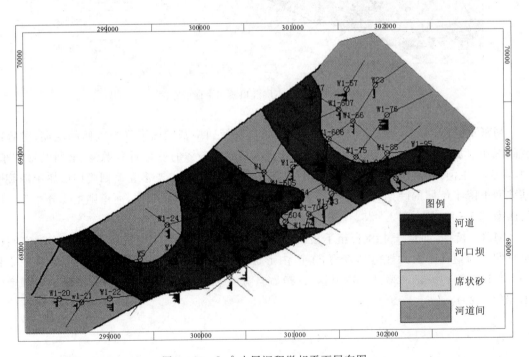

图 9-20 J_2q^2 小层沉积微相平面展布图

第四节 储层分布特征

如前所述,本区储层的成因类型主要为水下分流河道、河口坝和前缘席状砂微相沉积的砂体。由于沉积微相的分布受基准面变化的影响和控制,相应地,储层砂体也表现出在纵向和横向上有规律的分布特征。

一、砂体纵向分布特征

纵向上,受基准面升降变化的控制,由底至顶,砂岩成因类型的演化序列为水下分流河道→前缘席状砂和河口坝→水下分流河道→三角洲平原分流河道,砂岩厚度、砂岩含量表现为由大至小两个正旋回。

三间房组 J_2s_4 砂组沉积时期处于长期基准面上升半旋回早期,可容纳空间较小,发育水下分流河道砂体,平均砂岩厚度 23.1m,平均砂岩含量 33.9%。

三间房组 J_2s_3 砂组沉积时期处于长期基准面上升半旋回晚期,可容纳空间较大,主要发育前缘席状砂微相,次为小型的水下分流河道。砂岩厚度及含量均降低,平均砂岩厚度 18.2m,平均砂岩含量 23.4%。

三间房组 J_2s_2 砂组沉积时期处于长期基准面下降半旋回中晚期,可容纳空间减小,发育水下分流河道和河口坝砂体,砂岩厚度及含量再次增大,平均砂岩厚度 26.5m,平均砂岩含量 32.9%。

三间房组 J_2s_1 砂组沉积时期处于长期基准面下降半旋回晚期,可容纳空间减小,以水下分流河道沉积为主。由于旋回末期河流进积,本区发育三角洲平原的分流河道沉积,三角洲泛滥平原的细粒泥质沉积极为发育,与 J_2s_1 砂组相比,砂岩变薄,平均厚度 21.2m,平均砂岩含量 33%。

七克台组下段 J_2q^2 砂组沉积时期为可容纳空间最小时期,本区发育三角洲平原亚相的沉积,分流河道以薄层砂体间夹于泛滥平原的细粒泥质沉积当中,砂层厚度较小,平均厚度 8.98m,平均砂岩含量 31.8%。

二、砂体横向分布特征

平面上,砂体的分布受沉积微相相带的影响和控制,水下分流河道微相发育的地区储层砂体厚、砂泥比高,顺河道走向砂体连续性好,垂直河道走向连续性差;河口坝发育地区砂层厚、砂泥比高,连续性好;前缘席状砂微相发育地区砂层薄,连续性好;分流间湾微相分布地区则以泥质沉积为主,间或夹薄层的河道漫溢砂体。本次研究根据上述原理,以小层为单位对工区三间房组和七克台组下段储层砂岩的平面展布特征进行了研究。

$J_2s_1^1$ 小层:砂体以三角洲平原分流河道砂为主,分布于工区的西南部和中部。其中,1-13、W5 井区砂层最大厚度可达 8m 以上;1-25、1-44、1-604 井区砂层最大厚度可达 6m。此外,1-46 井区河道漫溢砂最大厚度 5m(图 9-21)。

$J_2s_1^2$ 小层:该小层发育两条河道,一为 1-24、1-52 井区的单河道,二为 1-35、1-505、1-55、1-46、1-704、1-95 井区分叉合并的复合河道。相应地,砂层发育有两个厚度中心,1-24、1-33 井一线砂体最大厚度 10m;1-35、1-405、1-505、W21、1-75、1-94 井一线砂体最大厚度可达 12m,也表明了该复合河道的主河道位置与延伸方向(图 9-22)。

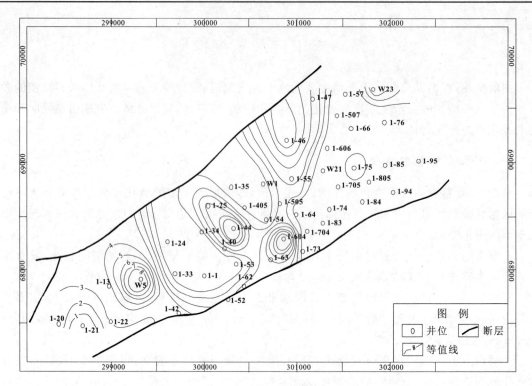

图 9-21　$J_2s_1^1$ 小层砂岩厚度平面等值线图

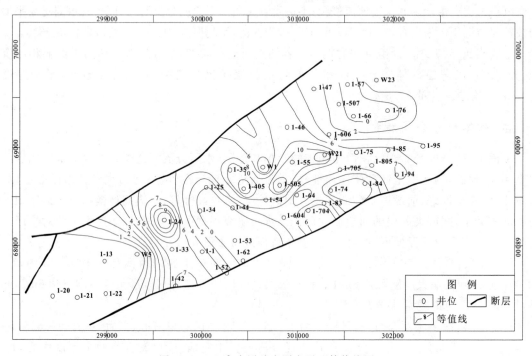

图 9-22　$J_2s_1^2$ 小层砂岩厚度平面等值线图

$J_2s_1^3$小层：该小层河道砂体极为发育，工区由南西到北东共分布有三条主河道，南部河道砂体最大厚度20m，分布于W5井附近；工区中部砂岩厚度8～12m，分布于1-25、1-44、1-73井一线；工区北东部砂岩最大厚度10m，分布于W23、1-56井区和1-85、1-95井区（图9-23）。

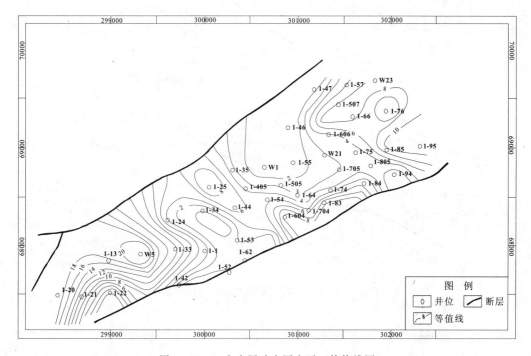

图9-23 $J_2s_1^3$小层砂岩厚度平面等值线图

$J_2s_2^1$小层：该小层仅有一条复合河道发育于工区的中到北东部，砂体的厚度中心一条分布于1-405、1-64、1-52井一线，另一条分布于1-84、1-75、1-76井一线，表明了两条主河道的位置，二者在W21井附近连接为一个河道（图9-24）。

$J_2s_2^2$小层：工区北西部的1-405、1-46、1-507井区发育椭圆状河口坝沉积，由此形成了以1-46井为中心的砂岩分布区，厚度可达20m，其南东部为三条终止于河口坝的水下分流河道，砂体主要分布于1-76、1-95井区，厚度22m；1-84、1-94井区，厚度28m和1-63、1-44井区，厚度12m。工区南东部W5、1-42井一线发育的河道砂体厚度为20～22m（图9-25）。

$J_2s_2^3$小层：该小层为河口坝最为发育的时期，工区南西部的大面积河口坝砂体以W5、1-42、1-62井区最为发育，厚度20～38m；工区北东部1-47、W23井区的河口坝砂体厚度也达到了24m。此外，工区北东部还发育了三条水下分流河道，其中，W1、1-505井区河道砂体厚16m，其W21、1-84井区的分支河道终止于河口坝，砂体厚10m，而1-76、1-95井一线的河道也终止于同一个河口坝，砂体厚8m（图9-26）。

$J_2s_3^1$小层：该小层的主要河道分布于W5、1-52井一线，呈近东西向延伸，砂层最大厚度12～14m。此外，工区北西部W21、1-85井区的小型河道也形成了薄层砂体的分布，砂层最大厚度仅4m（图9-27）。

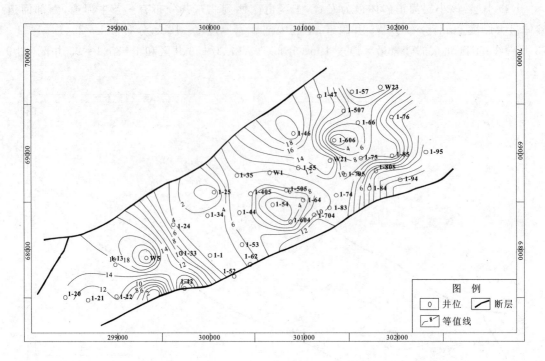

图 9-24 $J_2s_2^1$ 小层砂岩厚度平面等值线图

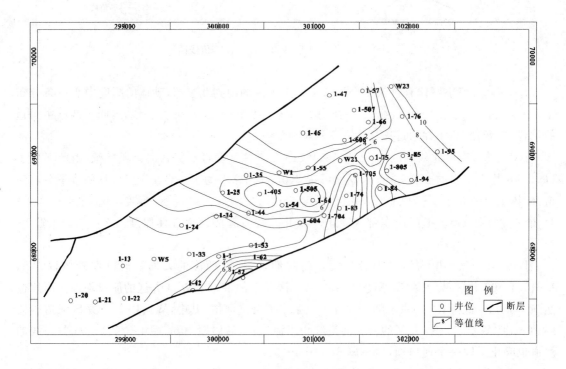

图 9-25 $J_2s_2^2$ 小层砂岩厚度平面等值线图

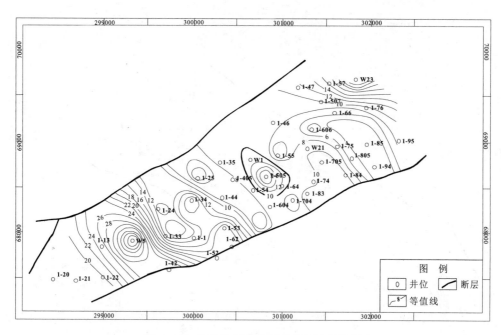

图 9-26 $J_2s_2^3$ 小层砂岩厚度平面等值线图

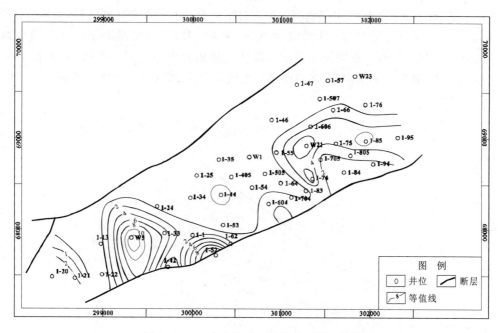

图 9-27 $J_2s_3^1$ 小层砂岩厚度平面等值线图

$J_2s_3^2$ 小层：工区内由西至东共发育了三条主干河道，其中，分布于 1-21、1-22 井区的河道宽度较小，呈北东-南西向延伸，砂层厚度 16m；工区中部的河道则分布于 1-35、1-505、1-54、1-83 井一线，砂层厚度 12m；工区北部沿 W23、1-66、1-85 井一线发育一弯曲河道，砂岩最大厚度出现在 W23 井区，可达 16m（图 9-28）。

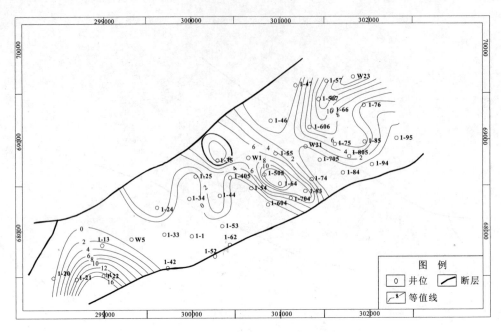

图 9-28 $J_2s_3^2$ 小层砂岩厚度平面等值线图

$J_2s_3^3$ 小层：该小层在工区的中部到南西部发育了大面积的前缘席状砂沉积，但其砂体的发育并不均一，出现了几个砂层厚度较大的区域，一为 W5 井区，砂层厚 26m，其次为 1-34 和 1-604 井区，砂层厚 22m，三者均分布于前缘席状砂微相的中心地带。此外，工区北部沿 1-46、1-606、1-85 井分布有呈南东-北西向延伸的河道砂体，砂岩最大厚度出现在 1-85 井区，可达 16m（图 9-29）。

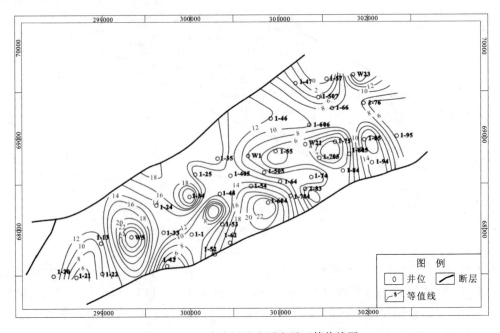

图 9-29 $J_2s_3^3$ 小层砂岩厚度平面等值线图

$J_2s_4^1$ 小层:该小层以分流间湾的泥质沉积为主,只发育了两条主河道,其中,1-24、1-44、1-63 井区的河道砂体厚 12~16m,呈近东西向延伸;1-57、1-66、W21、1-705 井区的砂体近南北向分布,厚度 12m(图 9-30)。

$J_2S_4^2$ 小层:工区内广泛发育辫状水下分流河道沉积,由于分叉、合并构成了复杂的网状河道。分支河道合并所形成的主河道为砂体最为发育的区域,其一为 W1、1-55、1-705、1-805 井区,砂岩厚度 14m,次为 1-33、1-24 井区和 1-22 井区,砂岩厚度 8m(图 9-31)。

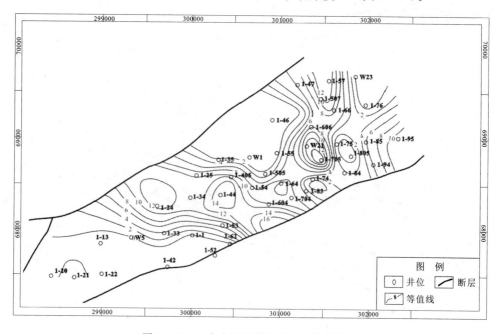

图 9-30　$J_2s_4^1$ 小层砂岩厚度平面等值线图

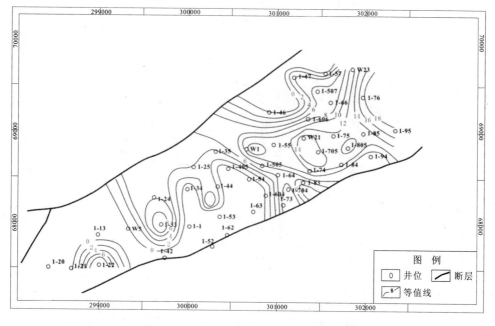

图 9-31　$J_2s_4^2$ 小层砂岩厚度平面等值线图

$J_2s_4^3$ 小层:该小层由西至东发育了三条分流河道,以东部 1-35、1-505、1-705、1-94、1-85、1-507 井区的分叉复合河道最为发育,砂层厚度以 1-84、1-95 井一线最大,达 14m,其次为 1-62 井区,砂岩厚 10m。此外,1-21 井区所发育的小型河道砂岩厚度亦可达 8m(图 9-32)。

$J_2s_4^4$ 小层:由于工区内有多口井未钻达该小层,根据现有资料仅识别出一发育于工区中西部的小型分支复合河道,河道中心分布于 1-22、W5 井区和 1-62、1-44、1-25 井区,砂体最大厚度分别为 12m 和 16m(图 9-33)。

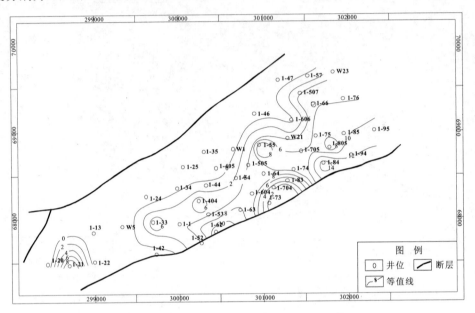

图 9-32 $J_2s_4^3$ 小层砂岩厚度平面等值线图

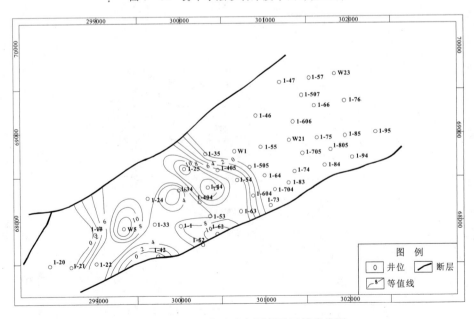

图 9-33 $J_2s_4^4$ 小层砂岩厚度平面等值线图

第五节 储层非均质性研究

在研究储层非均质性过程中,反映非均质程度的定量指标通常用渗透率变异系数,共划分了三个级别:即<0.5 为均质型、0.5~1 为相对均质型、>1 为严重非均质型。同时考虑渗透率突进系数和渗透率级差的变化情况。

一、层内非均质性

层内非均质性是指单一砂层内垂向渗透率的变化。根据本区岩芯物性分析资料统计,几乎所有层的渗透率变异系数大于1,渗透率突进系数大于3,属严重非均质型(表9-4)。

表9-4 温西一区块非均质参数统计表

井号	井段(m)	变异系数	突进系数	级差
温西4	2601.0~2603.8	1.4	3.4	1.5
	2635.0~2640.4	1.13	2.5	8.5
	2725.0~2731.0	1.10	4.0	165
温西1	2619.6~2626.0	1.64	7.5	280
	2650.0~2663.8	1.14	5.7	94

根据岩芯、测井资料的综合分析,造成本区砂体层内非均质性严重的主要因素主要有两个。一是本区储层砂体主要为水下分流河道砂体,次为河口坝砂体,偶见前缘席状砂砂体。河道砂体由于沉积水动力减弱,由下往上具有明显的颗粒粒度减小、泥质含量增加、孔喉直径减小等储层特征的变化,导致严重的层内非均质性,表现为砂体孔隙度、渗透率等物性特征由下往上逐渐变差(图9-34)。

与河道砂相反,河口坝砂体则具有明显的反旋回特征,储层物性由下往上逐渐变好(图9-35)。

前缘席状砂由于砂层厚度较薄,形成时的水动力条件均一,因而砂体内部的岩性构成、孔隙结构、储层物性等特征较为均一,层内非均质性不明显(图9-36)。

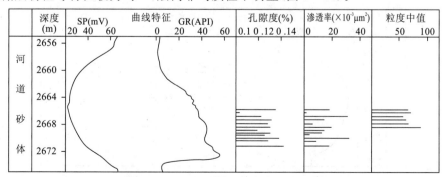

图9-34 河道砂体层内非均质性

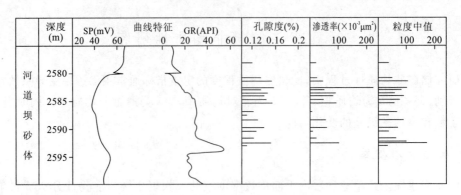

图 9-35 河口坝砂体层内非均质性

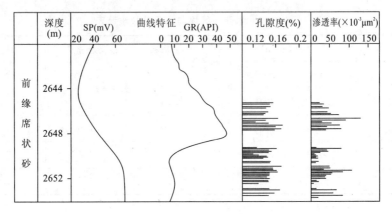

图 9-36 前缘席状砂层内非均质性

二是砂体内广泛发育的低渗透性隔层的影响。本区储层砂体中主要发育有泥质夹层、泥岩夹层和钙质夹层。泥质夹层为砂体中泥质含量较高、物性较差的薄层状泥质粉、细砂岩，孔隙度小于 11.0%，渗透率平均小于 $1.0 \times 10^{-3} \mu m^2$，属低电阻低渗透夹层。泥岩夹层为砂体中所发育的泥岩条带或薄泥岩层，属低电阻非渗透夹层。钙质夹层为砂体中钙质含量较高、物性较差的薄层状钙质砂岩夹层，孔隙度小于 11.0%，渗透率平均小于 $0.47 \times 10^{-3} \mu m^2$，属高电阻较低渗透夹层。由于夹层的存在，使纵向上同一砂体的不同位置孔、渗等物性具有明显的差异，并对砂体中流体的垂向流动起阻挡作用，导致了严重的层内非均质性（图 9-37）。

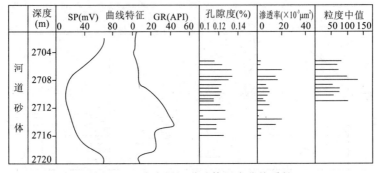

图 9-37 有夹层河道砂体层内非均质性

二、层间非均质性

层间非均质性是指纵向上砂体间渗透性的差异。通过测井解释资料统计分析,工区内层间渗透率变异系数为 0.9,突进系数为 3,级差为 30,表明层间非均质性较小,属相对均质型。生产井产液剖面也说明层间非均质差异小,多层同时生产时,层间干扰现象不明显。

第六节 储层地质知识的提取

一、储层分布知识

如前所述,本区储层的成因类型主要为水下分流河道、河口坝和前缘席状砂微相沉积的砂体。由于沉积微相的分布受基准面变化的影响和控制,相应地,储层砂体也表现出在纵向和横向上有规律的分布特征。

1. 砂体纵向分布知识

纵向上,受基准面升降变化的控制,由下至上,砂岩成因类型的演化序列为水下分流河道→前缘席状砂和河口坝→水下分流河道→三角洲平原分流河道,砂岩厚度、砂岩含量表现为由大至小两个正旋回(表 9-5)。

表 9-5 各旋回砂体厚度、砂泥比、孔隙度、渗透率统计表

地层	七克台组 J_2q^2			三间房组(J_2s)											
				J_2s_1			J_2s_2			J_2s_3			J_2s_4		
砂组	最大值	最小值	平均值	最大值	最小值	平均值	最大值	最小值	平均值	最大值	最小值	平均值	最大值	最小值	平均值
砂岩厚度(m)	16.4	2.4	8.98	51.4	6	21.2	67.6	5.5	26.5	44.4	2.7	18.2	41	3	23.1
砂岩含量(%)	56.9	5.3	31.8	79.1	12.9	33.0	93.9	12.8	32.9	51.9	3.1	23.4	85	6.1	33.9
孔隙度(%)	21	4.3	13.7	21.9	6.2	15.9	21.1	15.6	19.3	4.7	14.6	18.1	9	14.6
渗透率($\times 10^{-3} \mu m^2$)	254	0.05	15.1	406	0.1	52.0	591	0.1	37.7	220	0.25	26.8	158	0.47	22.1

2. 砂体横向分布知识

$J_2s_1^1$ 小层:沉积微相以三角洲平原分流河道砂为主,主要有两支分流河道发育,砂体主要展布方向大约 150°,砂体长宽比约为 3∶1。

$J_2s_1^2$ 小层:沉积微相以分流河道为主,发育两条河道,发育规模差别较大,一支为分叉合并的复合河道,另外一支为单河道,河道的长宽比大约为 2∶1,砂体展布方向大约为 160°。

$J_2s_1^3$ 小层:发育有三条主河道,长宽比大约为 1.5∶1,其延伸方向大约为 160°。

$J_2s_2^1$ 小层:发育三条河道,砂体延伸方向大约 150°,砂体长宽比为 2.5∶1。

$J_2s_2^2$ 小层:沉积微相为河口坝沉积,形状为椭圆状,砂体主要延伸方向约为 45°,长宽比为 2∶1。

$J_2s_2^3$ 小层:主要发育两条河道,砂体延伸方向大约 150°,其宽厚比大约为 3∶1。

$J_2s_3^1$ 小层:主要发育一支河道,延伸方向为 160°,长宽比大约为 4∶1。

$J_2s_3^2$ 小层:共发育了三条主干河道,但延伸长度有限,砂体主要延伸方向为 140°,长宽比大约为 5∶1。

$J_2s_3^3$ 小层:发育了大面积的前缘席状砂沉积和分流河道沉积,砂体变化复杂,砂体延伸方向约为 130°,砂体长宽比约为 5∶1。

$J_2s_4^1$ 小层:沉积以分流河道为主,砂体展布方向约为 120°,长宽比约为 5∶1。

$J_2s_4^2$ 小层:沉积以水下分流河道为主,砂体展布方向约为 120°,长宽比约为 3∶1。

$J_2s_4^3$ 小层:发育三条分流河道,砂体展布方向约为 130°,长宽比为 2∶1。

$J_2s_4^4$ 小层:多数井未钻达该小层,仅发育小型分支河道,延伸方向约为 140°,长宽比约为 3∶1。

二、数据挖掘在储层地质研究中的应用

1. 数据挖掘方法应用——沉积微相自动识别

在不同地区的地质条件限制下,各种测井曲线反映沉积信息的灵敏程度不同,需要在岩芯观察及地区经验基础上,优选指示灵敏性较好的曲线组合。经过分析,本研究区 SP、GR、RT、AC 这 4 条测井曲线反映沉积微相的效果最好。首先以取芯井 W23 为模型井,建立沉积微相与测井相的映射关系,然后应用该模型对剩下井做了预测(图 9-38),符合率为 80.3%。可见,采用这种方法可以大大地减轻储层地质研究人员的工作量,提高了研究效率。

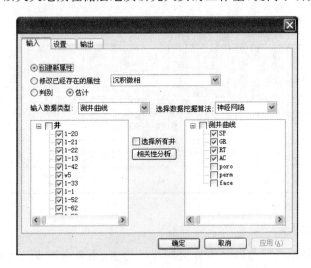

图 9-38 利用神经网络识别沉积微相界面

2. 地质统计学知识

不同成因类型的砂体在平面上和垂向上的演化必然会形成层内的非均质性和层间非均质性。层间的非均质性通过垂向上分旋回解决,层内的非均质性通过统计变差函数来解决。通过在平面上每隔 30°计算变差函数,发现方位角 30°(或 150°)的时候,非均质性最严重。垂向上变差函数变程的大小就说明了非均质性程度。变差函数也有可能是几个函数的套合,通过对变差函数的分析,便可以得到某个旋回的各岩相非均质性程度。

地质统计学参数的确定往往带有艺术性,在本次研究过程中,由于井距在400m左右,采取了精细的储层地质研究,首先由程序自动计算变差函数,然后根据储层地质逐一检查,最终得到的变差函数参数如表9-6～表9-11所示。

表9-6 各旋回平面沉积微相指示变差函数参数表

层位	岩相	百分比	变程(m) 长轴	变程(m) 短轴	块金常数	基台值	拱高	方位角(°)
J_2q^2	水下分流河道	0.29	1300	1000	0	0.08	0.08	150
	支流间湾	0.71	1400	1200	0	0.24	0.24	150
J_2s_1	水下分流河道	0.18	1300	1100	0	0.035	0.035	150
	支流间湾	0.82	1400	1200	0	0.225	0.225	150
J_2s_2	水下分流河道	0.18	1300	1100	0	0.035	0.035	150
	河口坝	0.13	1400	1200	0	0.12	0.12	150
	支流间湾	0.69	1400	1200	0	0.225	0.225	150
J_2s_3	水下分流河道	0.12	1500	1200	0	0.22	0.22	150
	远砂坝	0.07	1200	900	0	0.07	0.07	150
	支流间湾	0.71	1400	1200	0	0.18	0.18	150
J_2s_4	水下分流河道	0.13	1500	1200	0	0.22	0.22	150
	支流间湾	0.87	1400	1200	0	0.18	0.18	150

表9-7 各旋回垂直沉积微相指示变差函数参数表

层位	岩相	变程(m)	块金常数	基台值	拱高
J_2q^2	水下分流河道	8	0	0.08	0.08
	支流间湾	18	0	0.175	0.175
J_2s_1	水下分流河道	6	0	0.025	0.025
	支流间湾	20	0	0.16	0.16
J_2s_2	水下分流河道	8	0	0.025	0.025
	河口坝	10	0	0.09	0.09
	支流间湾	20	0	0.16	0.16
J_2s_3	水下分流河道	8	0	0.15	0.15
	远砂坝	5	0	0.05	0.05
	支流间湾	20	0	0.16	0.16
J_2s_4	水下分流河道	8	0	0.15	0.15
	支流间湾	20	0	0.16	0.16

表 9-8　各旋回孔隙度水平变差函数参数表

层位	岩相	变程(m) 长轴	变程(m) 短轴	块金常数	基台值	拱高	方位角(°)
J_2q^2	水下分流河道	800	600	0	1.0	1.0	30
J_2s_1	水下分流河道	660	500	0	1.0	1.0	30
J_2s_2	水下分流河道	660	500	0	1.0	1.0	30
J_2s_2	河口坝	600	400	0	1.0	1.0	30
J_2s_3	水下分流河道	850	640	0	1.0	1.0	30
J_2s_3	远砂坝	750	580	0	1.0	1.0	30
J_2s_4	水下分流河道	850	640	0	1.0	1.0	30

表 9-9　各旋回孔隙度垂直变差函数参数表

层位	岩相	变程(m)	块金常数	基台值	拱高
J_2q^2	水下分流河道	4	0	1.0	1.0
J_2s_1	水下分流河道	3	0	1.0	1.0
J_2s_2	水下分流河道	3	0	1.0	1.0
J_2s_2	河口坝	4	0	1.0	1.0
J_2s_3	水下分流河道	4	0	1.0	1.0
J_2s_3	远砂坝	2	0	1.0	1.0
J_2s_4	水下分流河道	4	0	1.0	1.0

表 9-10　各旋回渗透率水平变差函数参数表

层位	岩相	变程(m) 长轴	变程(m) 短轴	块金常数	基台值	拱高	方位角(°)
J_2q^2	水下分流河道	670	520	0	1.0	1.0	30
J_2s_1	水下分流河道	640	490	0	1.0	1.0	30
J_2s_2	水下分流河道	640	490	0	1.0	1.0	30
J_2s_2	河口坝	600	470	0	1.0	1.0	30
J_2s_3	水下分流河道	700	550	0	1.0	1.0	30
J_2s_3	河口坝	650	500	0	1.0	1.0	30
J_2s_4	水下分流河道	700	550	0	1.0	1.0	30

表 9-11　各旋回渗透率垂直变差函数参数表

层位	岩相	变程(m)	块金常数	基台值	拱高
J_2q^2	水下分流河道	3	0	1.0	1.0
J_2s_1	水下分流河道	3	0	1.0	1.0
J_2s_2	水下分流河道	3	0	1.0	1.0
	河口坝	2	0	1.0	1.0
J_2s_3	水下分流河道	3	0	1.0	1.0
	远砂坝	1.5	0	1.0	1.0
J_2s_4	水下分流河道	2	0	1.0	1.0

3. 储层模型连通性参数的计算

根据开发的针对储层模型的连通性参数的统计程序,就可以得到表 9-12 这样的报表。该报表主要从四个方面来统计,一是基本信息,说明了该模型的基本特征,如其百分含量,连通体数目及各连通组分的输出所对应的文件;二是统计了所有连通组分的平均值,如其大小等;三是最大连通组分的信息,其对应的编号、连通体积沿 X、Y、Z 轴方向的延伸长度等;四是最小连通组分的基本信息。本次研究用 J_2s_1 油组的储层沉积微相模型进行了试算,针对分流河道沉积微相而言,连通性算法统计了该微相的百分含量及其连通数目,岩相比例略大于井的统计比例,共有连通分量 58 个,这也说明了砂体在空间中的连通性不是很好。

表 9-12　连通参数提取输出报表

基本信息	平均数	最大值	最小值
岩相比例:1:0.2145	平均大小(以像素为单位):288.1865	最大的组分编号:37	最小组分的像素尺寸:1
连通组分数目:58	平均大小(实际单位):288.1865	最大尺寸像素:245 543	沿 X 轴的最小长度(以像素为单位):1
连通组分的输出文件,其中:PHASE1.CCO	平均尺寸相对于总面积相 1:0.0012	相对于沉积相的总面积比:1:0.1993	沿 Y 轴的最小长度(像素):1
连通性能的输出文件,PHASE1.COF	沿 X 轴的平均长度(以像素为单位):1.9662	沿 X 轴的最大长度(以像素为单位):100	沿 Z 轴的最小长度(以像素为单位):1
	平均长度沿 Y 轴(像素):1.1655	最大长度沿 Y 轴(像素):100	
	平均长度沿 Z 轴(像素):1.1049	沿 Z 轴的最大长度(以像素为单位):50	

第七节 地质知识约束的地层格架模型的建立

根据构造精细解释结果可以得到 5 个砂层组的构造图。但为了后续储层建模的需要，应建立各小层的构造模型。各小层的编图方法是以油组构造图为依据（图 9-39、图 9-41、图 9-43），由全区 47 口井的小层分层数据得到各井的小层厚度，根据油组的构造变化趋势采用协克里格算法插值获得各小层的构造图。这使得构造模型的不确定性主要来源于油组构造模型的不确定性。

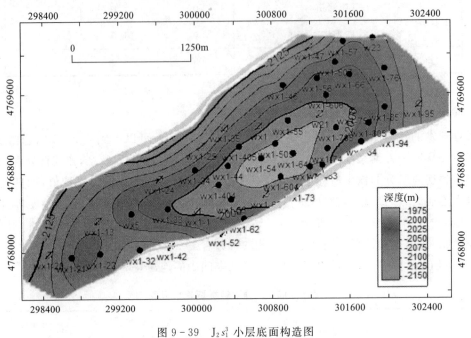

图 9-39 $J_2s_1^3$ 小层底面构造图

本次研究中共编制小层底界面构造图共 15 幅。15 个小层的构造平面图与油组构造图特征吻合，可以清楚地看出，除了上述断层的内部复杂化外，本区的构造是一个高点靠近南部边界断层的断背斜构造，基本稳定在 1-42→1-1→1-53→1-54→1-64→W21→1-66 井一线；在 1-22 井、1-13 井和 1-21 井之间，存在一个幅度较低的一个构造高点，产生的主要原因可能是受到北边小断层的影响；从 $J_2s_1^3$、$J_2s_2^3$、$J_2s_3^3$ 的构造分布来看，层位继承性较好，高点位置没有产生明显变化，构造的主要延伸方向与断层的延伸方向一致，在构造高部位层位变化平缓，靠近断层区域曲率变大。仅从构造控油的角度出发，围绕南部边界断层的构造高点，应为剩余油分布的主要地区。

为了评价油组构造的不确定性，采用高斯模拟方法，设置层面深度偏差不超过 5m，变差函数值以背斜主要延伸方向为主方向，长变程为工区延伸长度的一半，变程方向与沿构造展布的主方向一致，方位角大约 60°。经过模拟，得到了图 9-40、图 9-42、图 9-44 所示的高程误差变化区间，从总的分布来看效果较好。$J_2s_1^3$ 小层海拔变化主要分布在 −2.0m 和 1.5m 之间，且主要分布在工区的西南角，该部位的井控制程度差，所以误差较大。$J_2s_2^3$ 小层的不确定性评价采用与 $J_2s_1^3$ 小层同样的评价方法，其误差范围在 −0.6m 和 0.3m 之间，主要以正向偏差为

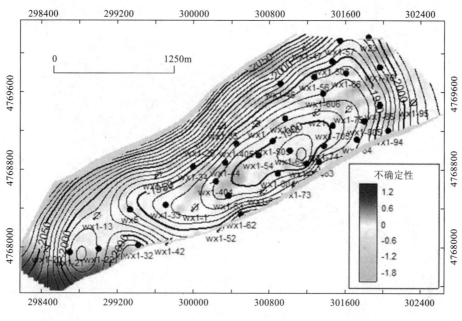

图 9-40 $J_2s_1^3$ 小层底面构造不确定性分析

主,大部分在 -0.4m 和 0.3m 之间,其精度已经非常高了。$J_2s_3^3$ 小层的构造差异也变化较小,误差较大部位主要在离井较远区域或者断层附近的位置。

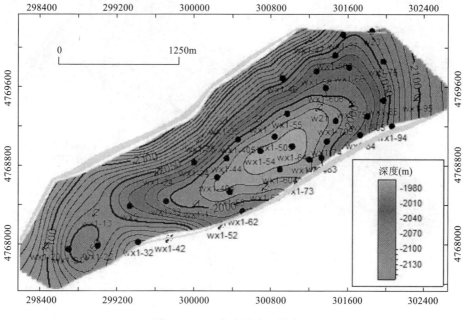

图 9-41 $J_2s_2^3$ 小层底面构造图

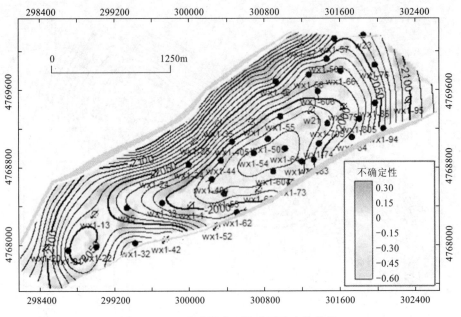

图 9-42 $J_2s_3^3$ 小层底面构造不确定性分析

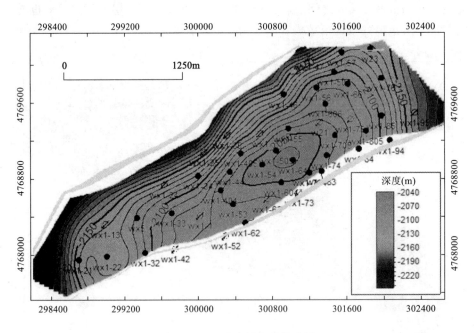

图 9-43 $J_2s_3^3$ 小层底面构造图

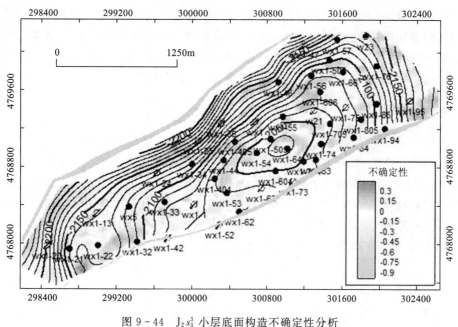

图 9-44 $J_2s_3^3$ 小层底面构造不确定性分析

第八节 储层属性模型的建立

一、模拟网格的定义

根据模拟的要求,模拟是在三维等间距网格数中进行的,由于空间上地层厚度分布的不等,因此,不同的位置,各网格代表的地层厚度是不等的。

为了获得能够充分反映储层非均质性的精细的储层地质模型,网格的定义必须具有足够的密度,定义的依据主要考虑横向上的井网密度和纵向上砂层的厚度。为此,平面上以地震资料的 50m×50m 网格足以满足精度。纵向上则可从砂岩厚度分布来确定。根据地质工作的研究,最小的砂体厚度 0.4~1.0m,而小于 1.0m 的砂层所占比例很小,该类储层基本上为无效储层;因此,综合考虑模型分辨率和网格数量所占的计算机资源,纵向上最大的网格定义为 0.5m,即以模拟层的最大地层厚度为基础,按 0.7m 厚度定义网格,由于模拟是以等网格进行的,这样就保证了在地层厚度最大的部位纵向网格间隔为 0.5m,而其他部位的网格间隔则小于 0.5m,地层厚度越薄,网格间隔厚度越小。

二、纵向分旋回

由于地质统计学是以区域化变量理论为依据的,其最优估计的区域应是空间结构基本一致的域。因此在模型的建立中,可通过地质研究或变差函数的分析来确定平面上的估计区域和纵向上的分旋回。

根据前述沉积微相和高分辨率层序地层学的研究,本区三间房组的储层在纵向上虽然没有明显的差异性,主要为水下分流河道和河口坝砂体,但其空间展布相差很大,产油层主要在 J_2s_2 和 J_2s_3,其他层储层发育较差。同时,按照高分辨率层序地层学的观点,一套中期旋回代表了一个等时沉积单元，从储层的非均质性看，不同时间单元沉积储层之间的非均值性总是要比岩性单元的非均值性要强。因此，本次的建模分中期旋回建立模拟单元，建模参数也是分旋回来确定的，这样做的另一个好处，就是可以比较准确地控制平面上、垂向上砂岩含量的变化规律。从平面上看，工区中不存在着较大的差异，不必分区建模。

三、储层属性模型的建立

将5个模拟层分层依次建立了沉积微相模型、孔隙度模型、渗透率模型，建模方法采用现在流行的相控建模方法，孔隙度模型受沉积微相模型控制，渗透率模型受微相和孔隙度双重约束。从表6-3中的岩相百分比中可以看出，J_2s_1和J_2s_2的砂岩含量高于其他各层，为18%和31%。各小层岩相模型所需的指示变差函数参数见表9-7、表9-8，孔隙度模型的变差函数参数见表9-9、表9-10，渗透率模型的变差函数参数见表9-11、表9-12。图9-45～图9-59为研究区储层众多骨架模型、孔隙度模型、渗透率分布的众多三维模型的实现之一。从该

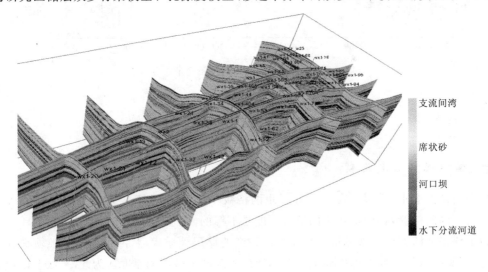

图9-45 温西一区块沉积微相三维模型

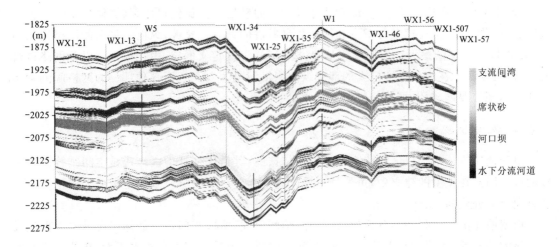

图9-46 过WX1-21～W5～WX1-34～W1～WX1-46～WX1-57井沉积微相剖面图

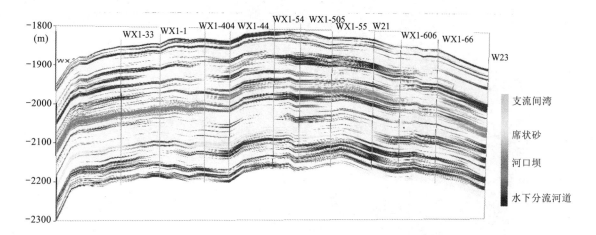

图 9-47 过 WX1-33～WX1-44～WX1-55～W21～WX1-66～W23 井沉积微相剖面图

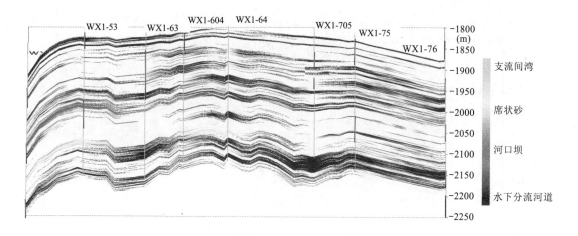

图 9-48 过 WX1-53～WX1-63～WX1-64～WX1-75～WX1-76 沉积微相剖面图

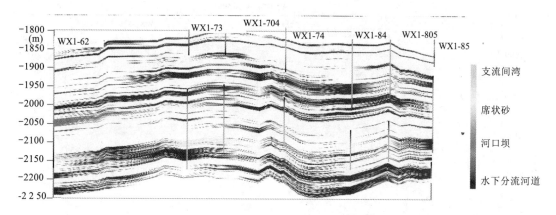

图 9-49 过 WX1-62～WX1-83～WX1-74～WX1-84～WX1-85 井沉积微相剖面图

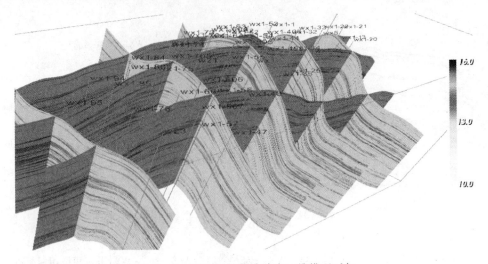

图 9-50 温西一区块孔隙度三维模型(%)

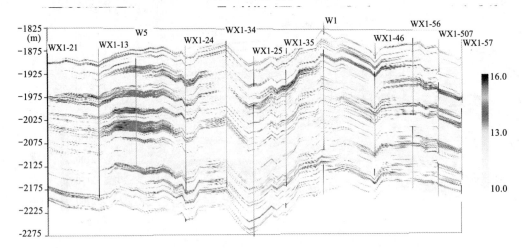

图 9-51 过 WX1-21～W5～WX1-24～WX1-25～W1～WX1-46～WX1-57 井孔隙度剖面图(%)

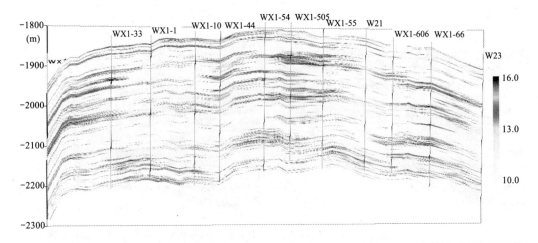

图 9-52 WX1-33～WX1-1～WX1-44～WX1-55～W21～WX1-66～W23 井孔隙度剖面图(%)

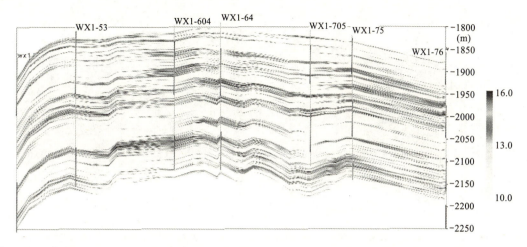

图 9-53 过 WX1-53~WX1-604~WX1-64~WX1-705~WX1-75~WX1-76 井孔隙度剖面图(%)

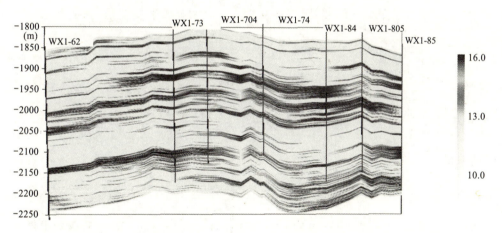

图 9-54 WX1-62~WX1-73~WX1-83~WX1-74~WX1-805~WX1-85 井孔隙度剖面图(%)

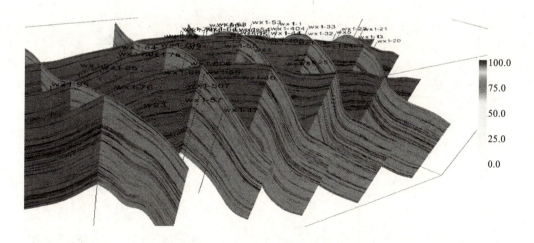

图 9-55 温西一区块渗透率三维模型($\times 10^{-3} \mu m^2$)

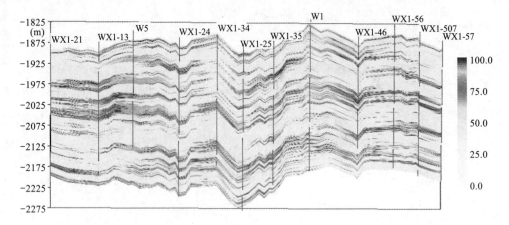

图9-56 WX1-21～W5～WX1-24～WX1-25～W1～WX1-46～WX1-57井渗透率剖面图（$\times 10^{-3} \mu m^2$）

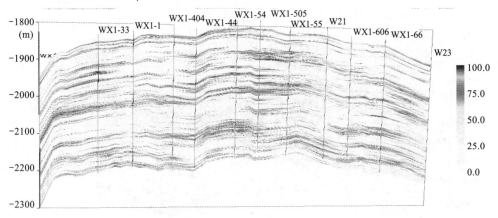

图9-57 WX1-33～WX1-1～WX1-44～WX1-54～WX1-55～WX1-66～W23井渗透率剖面图（$\times 10^{-3} \mu m^2$）

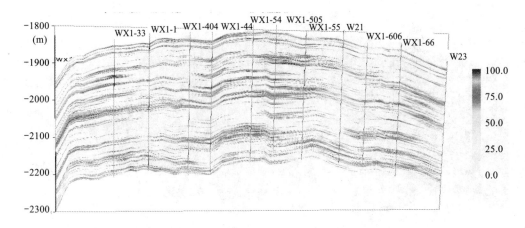

图9-58 WX1-52～WX1-63～WX1-64～WX1-705～WX1-75～WX1-76井渗透率剖面图（$\times 10^{-3} \mu m^2$）

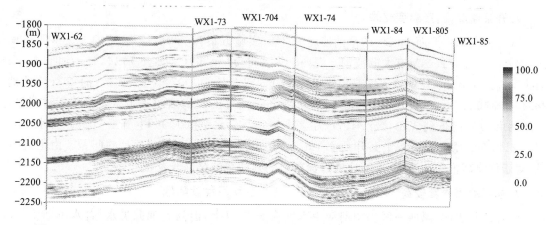

图9-59 WX1-62～WX1-73～WX1-83～WX1-74～WX1-84～WX1-85井渗透率剖面图（$\times 10^{-3} \mu m^2$）

模型可见，其沉积微相模型符合层序地层学的分析结果，与手工编制的各中期旋回沉积微相图进行对比，沉积微相在空间变化分布，符合相序规律，砂体在空间中的变化比较复杂，变化比较迅速。孔隙度的变化范围在10%～15%之间，与沉积微相模型进行对比，反映了各沉积微相下的物性分布规律，但平面及垂向变化要高于沉积微相的变化。渗透率的非均质性比较严重，构造低部位物性变差，这都与储层地质精细研究的结果相吻合。可见该实现忠实于现有的地质知识。

第九节 模型优选

随机建模的一个最大特点是在同一模拟条件下可以得到多个实现，所以我们必须选择部分模型作为数模的输入模型，一般至少提供三个结果：乐观的、悲观的和最可能的估计。一般选取模型的基本原则如下。

（1）合乎地质知识，也就是符合该地区的地质规律，参数的统计规律。

（2）动态历史拟合符合率。在建立好地质模型后，再和实际的生产过程进行数值模拟，动态历史拟合符合率最好的就是最合理的地质模型。

（3）抽稀检验，根据模拟实现是否忠实于未输入模型真实的数据和特征进行判断。

不同的评价阶段，着重点有可能不一样，在开发前评价阶段，使开发指标预测有一个合理的可能范围，减少开发决策的风险性；对于开发中后期调整阶段，虽然第二条原则是选取模型比较客观的办法，如果模型实现个数非常多，导致模拟工作量巨大，在实际工作中几乎无法进行。第三条原则的检验方法依赖于井的抽稀程度，由于井资料的减少，可能会引起储层模型较大的变化。第一条原则采用统计方法来获取储层的平均特征。这些方法在实践中都难于操作。

一、温西一区块开采特征

温西一区块经过将近11年的开发，已进入中高含水期，主要具有以下开采特征。

1. 开采速度高，产量变化快

开发方案确定温西一区块的采油速度为 3%，实施方案为 3.3%，而油藏的渗透率明显偏低，这就必然会导致产量有大的波动。温西一区块 2002 年 6 月采油井 16 口，日产油 696t，采油速度高达 4.81%，比实施方案高出 1.5%。2003 年 3 月至 1995 年 8 月，日产油 463t 降低到 289t，月递减 7.5%，气油比由 370m³/t 上升到 565m³/t；在 2004 年 3 月至 9 月的半年时间里，日产油由 575t 降低到 378t，减产 197t，月递减 5.7%，含水率由 1.9% 上升至 9.2%，含水上升率 5.2%，气油比由 326m³/t 上升到 474m³/t。这说明地层能量存在不足的问题。由上述可见，对于低渗高饱和油藏，高采油速度将深刻影响到油藏的全部开发过程。

2. 初期动用程度较高，平面、层间差异大，含水后动用程度降低

统计资料表明，温西一区块初期动用程度在 80% 以上，但随着油井见水，含水不断上升，各小层差异加大，层间矛盾加剧，导致垂向上动用程度降低。例如，WX1-75 井注水后 $J_2s_2^1$ 以下层不吸水，1998 年实施分注，分注后吸水层由分注前的 3 层 17.8m 增加到 7 层 53.6m，使得 WX1-75 井和 WX1-85 井明显见效。

这也可从图 9-60 和图 9-61 中看出，在 2010 年 12 月以前，含水率在 60% 以下时，累积产油曲线呈直线上升，往后，累积产油上升缓慢，含水率迅速上升，从 2009 到 2010 年，进行了大规模的注采井网调整以后，含水率回落，但在一年时间内，含水率又开始加剧上升。

3. 开发指标完成情况

(1) 采油速度。温西一区块年产 $15×10^4$ t 生产了 5 年，采油速度在 3% 以上生产了 3 年，年产油量完成了实施方案的指标(表 9-13)。

(2) 含水上升率。温西一区块在低含水期含水上升率为 2.12%，从表 9-14 可以看出，在进入中含水期后含水上升率快，在 2006 年，含水率由 31% 上升到 73%，含水上升率由 6% 上升到 12%，总的来看，在中含水期，含水率上升过快，导致后期调剖任务艰巨。

(3) 水驱效率。温西一区块低含水期结束时地质储量采出程度为 15%，可采储量采出程度为 48.4%，可见中含水前期采出程度较高。

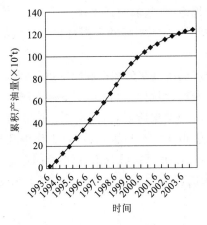

图 9-60 累积产油量变化曲线图

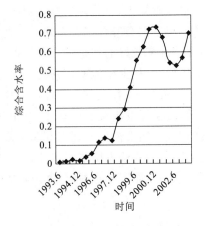

图 9-61 综合含水率变化曲线图

表 9-13　温西一区块历年开发指标

时间(年)	1995	1996	1997	1998	1999	2000	2001	2002	2003
年产油量($\times 10^4$ t)	15.56	16.62	16.86	16.38	15.68	8.74	6.7	6.21	2.12
采油速度(%)	2.95	3.15	3.19	3.1	2.97	1.66	1.27	1.17	0.4
综合含水率(%)	3.25	10.5	11.84	30.89	53.36	73.53	67.9	52.6	70.1
累积产油量($\times 10^4$ t)	34.5	51.2	68.0	84.4	100.1	108.8	114.3	120.6	122.7
地质储量采出程度(%)	6.54	9.69	12.88	15.98	18.95	20.61	21.9	22.8	23.2
可采储量采出程度(%)	21.1	31.25	41.55	51.56	61.14	66.48	69.9	73.8	75
年含水上升率(%)	0.75	2.3	0.42	6.15	7.57	12.15	-6.37	4.7	17.5
累积注采比	0.86	0.97	0.99	1.01	1.05	1.09	1.1	1.09	1.12

二、模型优选方案

根据储层建模原理和温西一区块的实际资料情况分析,本工区井距大约 400m,且较均匀地覆盖了本区的研究范围,收集到的第一手资料仅仅只有井资料,所以本次建模中主要用到的参数是变差函数参数,如变差函数的方位角、沉积微相百分比、各变程的大小。虽然这些参数可以通过求取实验变差函数来获得,但事实上前期的储层地质研究中编制的沉积微相图和砂体平面展布图,可以得到河道的主要延伸方向、河道的宽厚比、长宽比等参数,这两者可以相互验证。根据相控建模原理,沉积微相模型的可信度直接影响到后续的物性模型建模,因为都需要以沉积微相模型作为约束条件。故本次研究着重研究沉积微相模型的差异性变化,主要考虑 4 个参数:砂体展布的主方向、砂岩百分含量、各沉积微相的长宽比、宽厚比,河道弯曲度没有考虑,因为既没法用最大值和最小值来解释,本工区的研究面积又小,河道摆动幅度不大。本次的储层模型优选方案见表 9-14,砂体展布主方向有 3 个指标,计算的砂体主方向±30°,主要是考虑砂体的展布方向在空间中的变化。统计的砂岩百分含量±10%,主要是考虑井位往往偏向在有利的储层位置进行设计,导致砂岩百分含量估算不准。砂体长宽比和宽厚比设计两个指标,主要是考虑砂体在三维空间中的形态。孔隙度模型的建立主要依赖于沉积微相模型,由于没有其他资料约束,故针对每个沉积微相模型建立一个孔隙度模型。渗透率模型的建立往往可以用孔隙度参数和沉积微相来约束,本次考虑可以用根据研究得到的孔渗关系式来约束,还可以只用孔隙度模型来约束,总计 72 个模型。

三、模型优选分析

在模型 i 和模型 j 之间的典型的距离度量是区块的年产量,为了确定每两个模型之间的距离值,这就需要对 72 个模型做流动模拟,如果采有 Eclipse 做常规的油藏数值模拟,将无法进行下去。因此,本次采用流线模拟方法来进行模拟,尽管精度与 Eclipse 的模拟结果精度有差异,但差别不大,可以满足本次的研究精度。当然,也可以采用某口井的产油量的差值作为距离的度量参数,也可以用年产油量差值的距离作为度量参数。

表 9-14　温西一区块模型优选方案

储层模型	建模参数	砂体展布方向(°)			砂岩百分含量			长宽比		宽厚比	
		120	150	180	+10%	统计值	-10%	0.4	0.2	小	大
沉积微相模型		用序贯指示模拟产生36个沉积微相模型									
孔隙度模型		用序贯高斯模拟产生36个孔隙度模型									
渗透率模型	孔隙度模型约束	用序贯高斯模拟产生36个渗透率模型									
	孔渗回归关系约束	用序贯高斯模拟产生36个渗透率模型									

在距离矩阵的计算过程中，也可以把实际的生产数据直接和模拟结果对比。这就需要计算每个模型的模拟结果与实际生产数据之间计算其距离，相当于在距离矩阵中增加一行和一列，代表了不知道的实际的油藏。

如果只是查看距离的非相似性矩阵的值，将无法分析数量之多的储层模型，这就需要 MDS 方法把储层模型从度量空间转换到欧氏空间，这样就可以用平面图或三维图来可视化储层模型之间的差别(图 9-62)。由于 MDS 方法很好地保持了度量空间下的距离关系，MDS 空间中只关系集合中元素之间的距离，其元素的绝对位置显得不重要了，因此 MDS 空间中没有单位，也没有内在的意义，只需要分析储层模型之间的相对距离。

从本质上讲，MDS 方法属于降维的一种方法，把 72 维的储层模型降低到低维空间，每个模型之间的距离代表了其产油量的差别。在图 9-62 中也显示了实际生产数据在 MDS 空间中的位置，只是没有实际的储层模型与之对应。

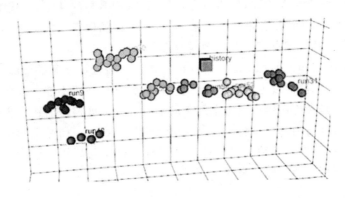

图 9-62　用核 K 均质聚类法把 72 个储层模型聚成 7 类（区块产油量之差作为距离度量）

为了了解 72 个储层模型的相似性，可以采用聚类的方法把度量储层模型之间差别的距离进行归类。如前所述，由于 MDS 空间中的这些点可能是非线性的，首先通过核方法把这些点转换到线性空间中，然后用核 K 均值法进行聚类。分成多少类没有一个自动的方法，这需要事先给定，分类数目越多，并不意味着效果越好，因为将导致储层建模参数缺乏规律性；但分类数目太小，又不能很好地捕捉到储层模型之间的差异，分类数一般在 5 到 8 个之间比较合适。本次研究把 72 个储层模型分为 7 类（图 9-62），看起来模型之间的差别不能通过采油量的差值很好地反映出来。然而，可以采用每口井在每个时间步长上的响应差别之和作为距离度量。同样对 72 个模型计算其距离矩阵（图 9-63），模型分散开，但有相对集中，反应了更多的流动变化。同理对这 72 个储层模型聚类分析，分为 8 类比较合适。当建模中井很多时，这比单独地分析每一口井的产量要容易得多。

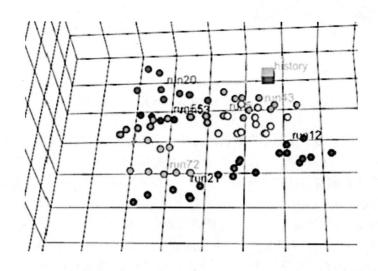

图 9-63 用核 K 均质聚类法把 72 个储层模型聚成 8 类（井产油量之差作为距离度量）

如果在该方法中研究实际生产数据与储层模型之间的关系，可以发现储层建模参数是否足够反映地下储层的特性。当实际生产数据点的位置偏离了储层模型的点云之外，则说明建模过程中用到的参数没有抓住储层的特性，需要重新分析地质知识，重新建模，这样避免了油藏工程师在历史拟合中耗费时间。本次研究中的实际地下储层模型位于 72 个储层模型的覆盖范围内，可见，本次设置的建模参数基本合理。

四、参数敏感性分析

敏感性分析研究储层模型动态响应的变化本质上是研究建模输入的变量参数。虽然敏感性分析的标准方法非常有效，但也存在一些不足，如参数是离散值，不同研究得到的沉积微相的概率体，不同的构造解释成果等，且其模拟结果存在随机成分。度量空间方法则提供了互补的方法，因为它可以避免上述限制。

流线模拟常用来确定储层的连通性，本次研究采用连通距离来分析生成 72 个储层模型输入的 5 个参数的敏感性，其优势是不需要进行额外的流动模拟，因为在模型优选过程中已经完成了流线模拟，而只需要对 72 个模型重新计算基于连通的距离矩阵。采用 MDS 方法进行计算，并投影到三维空间中（图 9-64）。图中把采用同样的参数值用同样的颜色标示，这样就可以定性地估计导致模型差异的各种参数的影响。由图 9-64 可见，给定的变差函数的方位角对储层连通性有较大的影响，而渗透率比值对储层模型的变化影响不大。当把多个储层模型聚类之后，可以进行更多的定量分析。

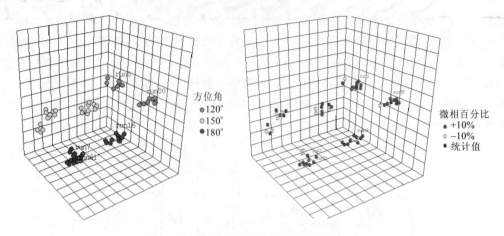

图 9-64 不同建模参数对储层模型的影响

如果距离矩阵中包括了实际生产数据与各模型之差的距离,聚类就可以帮助我们识别出最接近地下实际储层特性的储层模型。通过分析依据真实模型挑选出来的这些实现,可以很好地理解哪些参数对储层特性的变化比较敏感。从图中可以看出,地下实际储层特性位于聚类 5 中,对于该类中的所有实现进行分析,可以得出该类所采取的建模参数对储层模型的影响。为了便于分析,分别统计了 72 个储层模型的建模参数的百分比和与实际生成数据吻合的储层模型的建模参数百分比(图 9-65),变差函数方位角 150°和储层实际模型有很高的相关性,储层类沉积微相的百分含量与砂体长宽比的影响差不多,总的趋势是砂岩百分含量高一些与实际吻合的占到 63%,高的长宽比与实际相比占到 61%,而宽厚比高的储层模型与实际吻合率达到 82%。可见,砂体展布方位角与砂体宽厚比占着主要因素,而微相百分含量和砂体长宽比影响次之。

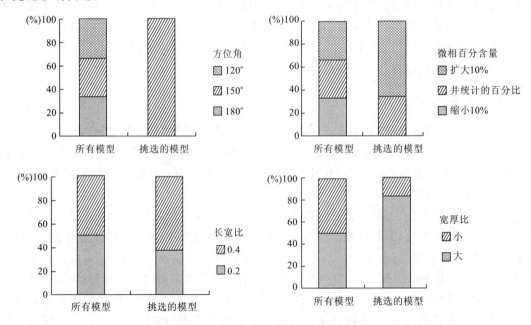

图 9-65 不同建模参数的敏感性分析

第十节 小 结

根据本书提出的三步储层建模思路,采用已开发的储层知识建模系统原型为工具,建立了吐哈油田温西一区块的储层模型。取得了如下认识。

(1)利用多源多类数据管理模块实现了温西一区块的数据一体化,使用数据抽取工具加检验数据的加载功能,使用数据查询工具加深了数据的综合了解,利用数据可视化方法提高了数据质量控制水平。

(2)利用取芯井研究工具分析了取芯井 W23 井,认为工区内主要发育分流河道,河口坝、席状砂和分流间湾 4 种沉积微相,鉴别出两类短期沉积旋回特征,利用人工神经方法建立了沉积微相和测井相的映射模式,并对工区内 47 口井进行了沉积微相识别,符合率为 80.3%。采用地层划分与对比工具,识别出三间房组共 4 个中期旋回、13 个短期旋回。使用平面沉积微相工具编制了小层的平面沉积微相图。

(3)根据上述研究,建立了储层知识库。纵向上,受基准面升降变化的控制,由下至上,砂岩成因类型的演化序列为水下分流河道→前缘席状砂和河口坝→水下分流河道→三角洲平原分流河道,砂岩厚度、砂岩含量表现为由大至小两个正旋回。砂体的分布受沉积微相相带的影响和控制,水下分流河道微相发育的地区储层砂体厚、砂泥比高,顺河道走向砂体连续性好,垂直河道走向连续性差;河口坝发育地区砂层厚、砂泥比高,连续性好;前缘席状砂微相发育地区砂层薄,连续性好;分流间湾微相分布地区则以泥质沉积为主,间或夹薄层的河道漫溢砂体。层内非均质性主要有两个影响因素:一是沉积微相的韵律性,二是层间夹层。

第十章 结论与展望

系统地总结了全书的主要成果,对当前研究工作中存在的问题进行了分析和探讨,指出了下一步的工作方向。

一、取得的主要成果

数字油藏的核心问题是提高油藏实体管理的精度与效率,本次就此开展了深入系统地研究。由于油藏是多因素综合地质作用的结果,对油藏的研究是一个不断深化的螺旋式上升的过程。油藏研究中的多种综合研究方法有其地质条件的适用性,数字油藏的精度提高仅仅通过提高研究方法的精度是不够的,更应该着重于储层本身所隐含的地质规律。在多年的研究过程中,始终强调整合多源数据的储层地质综合研究,把储层建模与构造落实、地层对比、储层特性研究等基础地质研究有机融合,把储层地质研究所需的技术方法、储层建模采用的技术方法、油藏管理的技术方法归纳为数字油藏的研究方法。数字油藏的最终目的是能满足多种用户高效地利用油藏的各种数字化的信息,来获取更大的效益。

基于这一思想,通过对数字油藏的研究现状的广泛调研,结合储层表征的实际研究成果,探讨了数字油藏的可行性。提出了基于数字油藏平台的解决方案;在分析储层数据特点的基础上,提出了将空间数据仓库技术应用于数字油藏研究的数据和研究成果一体化的管理;针对储层建模中地质知识约束的必要性,分析了储层地质知识的研究方法、储层地质知识库包括的内容、储层知识类型、储层知识在计算机中的存储方式以及表征过程中的应用机制;根据储层地质研究特点,分析了空间数据挖掘在数字油藏中的应用条件、数据挖掘对象以及常用的空间数据挖掘方法;在分析储层表征中各种地质图件编制方法的基础上,探讨了数字油藏的可视化方法;通过各种地质专业软件和储层建模软件的剖析,讨论了数字油藏系统的开发原则、开发方法,并实现了数字油藏所需的一系列配套功能组件,最终形成了数字油藏系统原型。

本书主要取得了以下主要研究成果。

(1)通过对数字油藏研究现状的广泛调研和重点储层建模软件的解剖,针对数字油藏的特点,分析了提高数字油藏效率和精度的可行性,提出了储层建模应与储层地质研究有机融合。其工作流程包含四个阶段,即精细储层地质研究、地层格架模型建立、储层属性模型的建立和储层地质模型的优选及应用。精细储层地质研究主要从取芯井入手,确定研究区的沉积微相特征,建立测井相-沉积微相之间的响应模型;采用高分辨率层序地层学原理,划分单井沉积微相,开展全区等时地层划分与对比,形成平面沉积微相模型;统计各沉积微相的特征参数,讨论储层的空间演化过程,最终形成储层地质知识库。

(2)根据油藏实体管理需求,从 GIS 的功能分析入手,分析了数字油藏平台的可行性,在此基础上讨论了数字油藏平台的数据和功能需求,提出了数字油藏平台的设计目标、设计思路,建立了数字油藏平台的整体框架。其设计目标是把储层地质研究和储层建模有机统一起

第十章 结论与展望

来,加强储层基础数据的管理及质量控制,以储层地质知识库作为基础,数据挖掘为辅助手段,可视化技术作为分析和显示工具,形成一体化的数字油藏平台。由数据管理、储层知识库、可视化和方法库四大部分构成。数据管理采用空间数据仓库技术,实现多学科储层地质建模研究的共享平台;储层知识库主要负责有关储层建模所需知识的获取以及管理;可视化由常见储层地质研究成果的可视化和储层模型的可视化两个模块构成,方法库主要由常见的统计方法、地质统计学方法、空间分析方法和非线性方法构成。

(3)针对油藏的数据特点,提出采用空间数据仓库来管理多源、多尺度、多学科的数据和成果,详细论述了其实现方法。数据组织按照时间和空间的组合实现,以研究阶段为时间维,研究区和目的层作为空间度量参数,把空间数据仓库分为早期细节级、当前细节级、轻度综合级和高度综合级四个级次,讨论了每个级次对应的研究阶段数据特征及空间范围;根据 GIS 特点,可采用关系数据库系统统一存储和管理空间数据、非空间数据以及属性数据,按照 C/S 结构和 B/S 结构相结合的数据存取策略,实现多学科的综合研究;空间数据仓库的结构由数据库、元数据、数据管理工具和数据转换工具构成。采用外部文件导入、内部编辑、由低层抽取数据和从已有的勘探开发数据库以及主体数据库中抽取数据四种方式获取数据;提出应包含数据统计查询以及空间查询等功能;提出空间数据仓库应提供预留字段以解决数据的不确定性问题,让用户可以根据实际情况动态地实现数据的管理。

(4)根据油藏研究流程提出储层地质知识库包含的基本内容和建立步骤,全面剖析了储层知识的研究方法,讨论了储层知识的类型、存储方式及其推理机制。获得储层地质知识主要有露头或现代沉积调查、沉积过程模拟和油田成熟区的精细研究和解剖三种方法,分析了每种方法的优缺点,最终认为油田成熟区的精细研究和解剖是获得储层知识的比较有效的方法。储层地质知识库应根据储层地质研究的精细程度划分为孔隙结构、样品、单砂体、砂层组和油层组五个层次,研究了每一层次包含的地质知识。储层知识的表示采用关系数据库的表示方式,根据数据库的 E-R 模型把储层知识表示为条件库、结论库、知识库及数据字典。

(5)对数字油藏中数据挖掘的目的、任务进行了分析,阐述了数字油藏中数据挖掘的研究内容和应用时机,研究了数字油藏中数据挖掘对象的特点,探讨了常用数据挖掘方法的使用效果,指出了数字油藏中数据挖掘应遵循的步骤及应注意的问题。数据挖掘主要作用于数字油藏中的前后阶段,即精细储层地质研究阶段和储层模型优选及使用阶段。数字油藏中数据挖掘对象的类型可分为观测数据、综合数据和经验数据三大类型,观测数据又可分为定义型数据、有序型数据、间隔型数据、连续型数据四种。数字油藏中应主要采用空间分析方法、统计方法、可视化方法和非线性方法。其数据挖掘过程可分为五个阶段,即数据抽取阶段、数据预处理阶段、数据挖掘阶段、评估和解释知识阶段以及知识入库阶段。在数字油藏数据挖掘方法的应用中,应注意要有明确的目标、足够数量和相对准确的数据以及储层地质专家的指导。

(6)从应用系统的开发方法分析入手,分析了操作系统平台的变化、目前应用系统具备的功能以及发展趋势,从开发成本和效率的角度论述了数字油藏平台的开发思想,分析了数字油藏平台开发中采用的关键技术。提出以成熟的组件式开发方法为基本的开发方法,以 VTK 为三维可视化平台,采用面向对象的方法,设计了各组件及其组合方式,开发了数据管理、储层知识库、数据挖掘、可视化和地质统计学算法等一系列功能组件,初步实现了数字油藏平台原型。

(7)以吐哈油田温西一区块储层建模为例,详细论述了数字油藏平台的应用过程和实际效果。如多源数据的集成管理、储层知识库的建立、多尺度数据的综合分析和评价、多学科研究成果的综合显示及验证、储层地质研究中综合柱状图和过井剖面的自动生成、储层地质模型的展现及交互等功能。

二、本书的特色

数字油藏平台是把 GIS、储层知识管理和储层表征的有机结合，是新技术在油藏研究中的一次尝试，其解决方案可以为 GIS 在油气勘探开发应用中提供一个成功的范例，GIS 中强大的空间数据管理能力、空间分析能力为数字油藏研究提供有力的工具，丰富了数字油藏的技术方法和手段。本书主要有以下特色。

(1)系统地研究了与 GIS 结合的数字油藏平台的理论基础，将 GIS 应用模型的第二、第三两个层次可应用到数字油藏中。扩展了储层表征的工作流程，其工作流程应包含四个阶段，即精细储层地质研究、地层格架模型建立、储层属性模型的建立和储层地质模型的优选及应用。构建了 GIS 融合的数字油藏的实现途径，通过借用和扩展 GIS 的数据管理、空间分析和可视化功能，综合储层地质知识，达到提高数字油藏的效率和精度的目的。

(2)针对数字油藏的特点，提出采用空间数据仓库来管理储层建模中多源、多类、多态的数据和多学科的研究成果。通过对油藏各项研究工作的全面解剖，设计了该空间数据仓库的概念模型和逻辑模型，根据石油行业勘探开发数据库规范和国际流行的数据库标准，建立了空间数据仓库的物理模型。

(3)全面研究了储层知识的获取方法、储层知识库的内容、储层知识类型和储层知识的存储方式。认为储层地质知识库应包括孔隙结构、样品、单砂体、砂层组和油层组五个层次，细分了每个层次的储层地质知识。把储层知识归纳为九种类型。提出应采用数据库系统来存储储层知识。

(4)把空间数据挖掘技术引入到数字油藏中。分析了油藏数据挖掘的目的、任务，研究了数字油藏中数据挖掘的内容及应用时机，认为其主要应用于储层地质研究和储层模型优选及后续使用这两个阶段。在对空间数据挖掘方法分类的基础上，提出数字油藏中应以统计分析方法、空间分析方法、可视化方法和非线性方法为主，并在数字油藏中进行了应用。

三、进一步的工作展望

数字油藏平台实际上是 3D GIS 的应用系统，由于 3D GIS 本身还处在发展之中，许多问题还没有解决，其中的一些理论和方法还有待于在今后的实践中不断补充和完善。相信随着 GIS 理论与技术的不断完善，储层研究工作的不断深入，把 GIS 方法和技术融入数字油藏的研究中，解决数字油藏中的各种问题，把数字油藏建设为智能油藏。就本书所涉及的领域而言，尚有以下问题和难点需要进一步探索和解决。

(1)油藏知识为油气田勘探开发决策提供了强大的武器，最终成为油气勘探开发决策的支持系统，提高数字油藏的知识管理水平是有待继续努力的方向。本书中虽然涉及到模型库和知识库的建立、知识库管理系统的构建等，但一个完善的智能油藏知识库的建立还有许多工作要做。

(2)需进一步加强与开发生产动态数据的结合。开发生产动态数据是储层质量的综合反映，是检验数字油藏可靠性的最直接、最有效的依据。结合开发生产动态数据，优化数字油藏过程中参数、方法的选取,从而极大地提高储层模型的可靠性和实用性,进一步的拓宽储层模型的实际应用。

(3)油藏研究方法库中虽然包含了许多统计算法、核心地质统计学算法和一些非线性算法,但这远远不够。还应加强定量储层地质模式的研究,多源、多尺度的综合地质解释方法,多学科的油藏实体重构方法;在数字油藏模型的后续使用中,只提供了一些基本功能,剩余油分布的预测等方法还需研究。

主要参考文献

曹代勇,李青元,等.地质构造三维可视化模型探讨[J].地质与勘探,2001,37(4):60-62.
曹瑜,胡光道,等.基于GIS有利成矿信息的综合[J].武汉大学学报(信息科学版),2003,28(2):167-176.
陈恭洋.碎屑岩油气储层随机建模[M].北京:地质出版社,2000.
陈述彭.地理信息系统导论[M].北京:科学出版社,1999.
郭仁忠.空间分析[M].武汉:武汉测绘科技大学出版社,2000.
何生厚,毛锋.数字油田的理论、设计与实践[M].北京:科学出版社,2001.
贾爱林,陈亮,穆龙新,等.扇三角洲露头区沉积模拟研究[J].石油学报,2000,21(6):107-110.
贾爱林.储层地质模型建立步骤[J].地学前缘,1995,2(4):221-225.
焦养泉,李思田,等.湖泊三角洲前缘砂体内部构成及不均一性露头研究[J].地球科学,1993,18(4):441-451.
赖志云,张金亮.中生代断陷湖盆沉积学研究与沉积模拟实验[M].西安:西北大学出版社,1994.
李功权,刘建.整合地质知识的储层构造模型的建立及评价[J].海洋地质动态,2010,(11):31-35.
李功权,张春生.三维储层模型可视化的实现方法研究[J].物探化计算技术,2002,24(1):37-41.
李兴国.油层微型构造影响油井生产的控制作用[J].石油勘探与开发,1987,14(2):53-59.
李艳春,王东坡,等.应用GIS技术进行油气资源评价的探讨[J].世界地质,1998,17(3):49-104.
林克湘,张昌民,等.地面-地下对比建立储层精细地质模型[M].北京:石油工业出版社,1995.
刘江梅,方旭,等.基于GIS技术的油气勘探数据库应用与管理系统-EDUMIS的设计与实现[J].石油地球物理勘探,1999,34(增刊):142-150.
潘继平,王华,等.基于GIS的石油勘探图形库系统分析和设计[J].地球科学,2002,27(01):59-62.
裘亦楠,等.油气储层评价技术[M].北京:石油工业出版社,1997.
裘亦楠.储层地质模型[J].石油学报,1991,12(4):55-62.
汤军,张昌民,林克湘,等.储层建模地质知识库的参数选取和计算方法研究[M]//费琪.成油体系与成藏动力学论文集.北京:地震出版社,1999.
王德发,等.内蒙古岱海湖现代沉积及储层特征研究[M].北京:石油工业出版社,1993.
王红梅,等.面向海洋油气资源综合预测的海洋地理信息系统研究(A版)[J].中国图像图形学报,2000,5(10):868-872.
王仁波,汤彬.基于三维GIS图形的盆地综合测井专家系统的建立[J].物探化计算技术,2000,22(4):302-305.
吴胜和,金振奎,等.储层建模[M].北京:石油工业出版社,1999.
裘亦楠.储层沉积学研究工作流程[J]石油勘探与开发,1990,17(1):85-909.

徐永安,谭建荣,杨钦,等.石油地质数据场的可视化[J].计算机工程与应用,1999:18-20.

叶德燎.地理信息系统技术在石油勘探与开发过程中的应用[J].石油实验地质,1997,19(2):179-182.

尹太举,张昌民,等.双河油田井下地质知识库的建立[J].石油勘探与开发,1997,24(6):95-98.

于兴河,陈建阳,等.油气储层相控随机建模技术的约束方法[J].地学前缘,2005,12(3):237-244.

于兴河,李剑峰.油气储层研究所面临的挑战与新动向[J].地学前缘,1995,2(4):213-220.

张春生,刘忠保.现代河湖沉积与模拟实验[M].北京:地质出版社,2000.

张一伟,熊琦华,等.陆相油藏描述[M].北京:石油工业出版社,1997.

朱大培,牛文杰,等.油藏储集体模型可视化的研究与实现[J].中国图象图形学报,2002,7(3):267-271.

Alabert F G, et al. Heterogeneity in a complex turbidity reservoir: stochastic modeling of facies and petrophysicalvariability[J]. SPE 20604, 1990.

Amro Elfeki, Michel Dekking. Amarkov chain model for subsurface characterization: theory and application[J]. Mathematical Geology, 2001, 33:569-589.

Barren K A. GIS: the exploration and exploitation tool. geographic information systems in petroleum exploration and development[J]. AAPG Computer Applications in Geology, 2000, 4:237-248.

C E Romero, et al. A modified genetic algorithm for reservoir characterization[J]. SPE 64765, 2000.

Corbeanu M R, et al. Detailed internal architecture of a fluvial channel sandstone determined from outcrop, cores and 3D ground penetrating radar: example from the middle Cretaceous Ferron-Sandstone, east central Utah[J]. AAPG Bulletin, 2001, 85(9):1565-1582.

D Seifert, J L Jensen. Object and pixel based reservoir model in fabraided fluvial reservoir[J]. Mathematical Geology, 2000, 32:581-603.

Damsleth E, et al. A two-stage stochastic model applied to North Sea reservoir[J]. Journal of Petroleum Geology, 1992, 4(44):402-408.

Deustch C V, Journel A G. The application of simulated annealing to stochastic reservoir modeling[J]. Spe Advanced Technology, 1994:222-228.

Deutsch C V, Journel A. GSLIB: geostatistical software library and user guide[M]. New York: Oxford University Press, 1992.

Doyen P Metal. Reconciling data at seismic and well log scale in 3-D earth modeling[J]. SPE, 1997:465-474.

Feineman D R. GIS and petroleum geology in petrospect: international association for mathematical geology annual conference[J]. Papers and Extended Abstracts for Technical Programs, 1994:122-127.

Flint S S, Bryant D. The geological modeling of hydrocarbon reservoirs and outcrop analogs[M]. Oxford: International Association of Sedimentologists Special Publication, 1993.

Gongquan Li. A new method for detecting real-time geopressure from drilling-logging parameters[C]//Mechatronic Science, Electric Engineering and Computer, 2011.

Gongquan Li. Multi-parameters predicting method of geo-pressure in carbonate formation[J]. Applied Mechanics and Materials, 2013:76-81.

Gongquan Li. Research on the identification method of lithology drilling with PDC bit[C]//Computational Intelligence and Design,International Symposium on IEEE,2010:152-155.

Gongquan Li. Spatial data-mining technology assisting in petroleum reservoir modeling[J]. Procedia Environmental Sciences,2011,11:1334-1338.

Grace J D. How can 3-D and 4-D GIS technology be applied to field development[J]. World Oil,2001,222(11):45-49.

Haldorson H,Lake L. A new approach to shale management in field-scale simulation models[J]. Society of Petroleum Engineers Journal,1984,24(4):447-457.

Haldosen H,Damsleth E. Stochastic modeling[J]. JPT,1990,42(4):404-412.

HarunAtes ,et al. Ranking and upscaling of geostatistical reservoir models using streamline simulation:a field case study[J]. SPE 81497,2003.

Hwang L,McCorkingdale D. Troll field depth conversion using geostatistically derived average velocities[J]. The Leading Edge,1994,13(4):561-569.

J L Landa,et al. Reservoir characterization constrained to well-test data:a field example[J]. SPE 65429,2000.

Jackson S R,et al. Application of outcrop data for Characterization reservoir and deriving grid-block scale values for numerical Simulation[C]//Third International Reservoir Characterization Technical Conference,1991.

Leonardo Vega,et al. Scalability of the deterministic and bayesian approaches to production data integration into field-scale reservoir models[J]. SPE 79666,2003.

Li Deren,Wang Shuling,Shi Wenzhong,et al. On spatial data mining and knowledge discovery[J]. Geomatics and Information Science of Wuhan University,2001,26(6):491-499.

M Y Tanakov ,et al. Integrated reservoir description for boonsville,Texas field using 3D seismic well and production data[J]. SPE 59693,2000.

Matherong. Conditional simulation of the geometry of fluvio-deltaicreservoirs[J]. SPE 16753,1987.

Maulin D Patel. Building 2-D stratigraphic and structure models from well log data and control horizons[J]. Computers & Geosciences,2003,29(5):557-567.

Michael H,Li H,Boucher A,et al. Combining geologic-process models and geostatistics for conditional simulation of 3-D subsurface heterogeneity[J]. Water Resources Research,2010,46(5):1532-1535.

Mrinal K Sen,et al. Stochastic reservoir modeling using simulated annealing and genetic algorithms [M]. Society of Petroleum Engineers,1995.

Nævdal G,Johnsen L,Aanonsen S,et al. Reservoir monitoring and continuous model updating using ensemble Kalman filter[J]. SPE Journal,2005,10(1):66-74.

Nævdal G,Johnsen L,Aanonsen S,et al. Reservoir monitoring and continuous model updating using ensemble Kalmanfilter[J]. SPE Journal,2005,10(1):66-74.

Nordlund U. Formalizing geological knowledge with an example of modeling stratigraphy using fuzzy logic[J]. Journal Sedimentary Research,66(4),689-698.

Olivier Dubrule. A review of stochastic models for petroleum reservoirs[M]//Geostatistics. Springer

Netherlands,1989:493-506.

Park K,Caers J. Mathematical reformulation of highly nonlinear large - scale inverse problems in metric space[C] //12th European Conference on the Mathematics of Oil Recovery. Oxford, 2010.

Park K,Caers J. Sampling multiple non - Gaussian model realizations constrained to static and highly nonlinear dynamic data using distance - based techniques[C]//Annual meeting of the International Association for Mathematical Geosciences. Budapest,2010.

Park K,Choe J,Ki S. Real - time aquifer characterization using ensemble Kalman filter[C]//2005 Annual Conference of the IAMG. Toronto,2005.

Park K,Choe J. Use of ensemble Kalman filter with 3 - dimensional reservoir characterization during waterflooding[C]//SPE Europec EAGE Annual Conference and Exhibition. Vienna,2006.

Park K,Scheidt C,Caers J. Ensemble Kalman filtering in distancebased kernel space[C]//Proceedings of EnKF Workshop. Voss,2008.

Park K,Scheidt C,Caers J. Simultaneous conditioning of multiple non - Gaussian geostatisticalmodels to highly nonlinear data using distances in kernel space[C]//Proceedings of 8th International Geostatistical Congress. Santiago,2008.

Ravenne,et al. Heterogeneity and geometry of sedimentary bodies in a fluvial deltaic reservoir[J]. SPEFE,1989,4(2):239-246.

Sang Heron Lee, Adel Malallach, et al. Multi - scaled data integrating markov random fields[J]. SPE63066,2000:1-15.

Scheidt C,Caers J. Bootstrap confidence intervals for reservoir model selection techniques[J]. Computational Geosciences,2010,14(2):369-382.

Scheidt C,Caers J. Representing spatial uncertainty using distances and kernels[J]. Mathemathcal Geosciences,2009,41(4):397-419.

Skjervheim J A,Evensen G,Aanonsen S,et al. Incorporating 4D seismic data in reservoir simulation models using ensemble Kalman filter[C]//SPE Annual Technical Conference and Exhibition. Dallas,2005.

StrebelleS. Conditional simulation of complex geological structures using multiple - point statistics [J]. Mathematical Geology,2001,34(1):1-22.

SuroPerez. An algorithm for the stochastic simulation of sand bodies[J]. SPE27024,1994:1171-1178.

Suzuki S,Caers J. A distance - based prior model parameterization for constraining solutions of spatial inverse problems[J]. Mathemathcal Geosciences,2008,40(4):445-469.

Suzuki S, Caumon G, Caers J. Dynamic data integration into structural modeling: model screening approach using a distance - based model parameterization[J]. Computational Geosciences ,2008, 12(1):105-119.

Tommy Norberg,Lars Rosen,et al. On modeling discrete geological structures markov random fields [J]. Mathematical Gelogy,2002,34:63-77.

Vande G,EaleyP. Geological modeling for simulation studies[J]. AAPG Bulletin,1989,73(11):1436

-1444.

Vasco D, Yoon S, Datta Gupta A. Integrating dynamic data into high resolution reservoir models using streamline-based analytic sensitivity coefficients[J]. SPE Journal,1999,4:389-399.

Wen X,Deutsch C,Cullick A. Construction of geostatistical aquifer models integrating dynamic flow and tracer data using inverse technique[J]. Journal of Hydrology,2002,255:151-168.

YngveA,Kelkar M G,Gupta S P. An application of geostatistic sand fractal geometry for reservoir characterization[J]. SPE Formation Evaluation,1991:11-19.

Zafari M,Reynolds A. Assessing the uncertainty in reservoir description and performance predictions with the ensemble Kalman filter[C]//SPE Annual Technical Conference and Exhibition. Dallas, 2005.

Zhang D,Lu Z,Chen Y. Dynamic reservoir data assimilation with an efficient, dimension-reduced Kalman filter[J]. SPE Journal ,2007,12(1):108-129.